Claudio Romeni
Fisica
I concetti, le leggi e la storia
Elettromagnetismo
Relatività e quanti

- LA FISICA DI TUTTI I GIORNI
- DENTRO LA FORMULA
- IL RACCONTO DELLA FISICA

Per sapere quali risorse digitali integrano il tuo libro, e come fare ad averle, connettiti a Internet e vai su:

http://my.zanichelli.it/risorsedigitali

Segui le istruzioni e tieni il tuo libro a portata di mano: avrai bisogno del codice ISBN*, che trovi nell'ultima pagina della copertina, in basso a sinistra.

- L'accesso alle risorse digitali protette è personale: non potrai condividerlo o cederlo.
- L'accesso a eventuali risorse digitali online protette è limitato nel tempo: alla pagina http://my.zanichelli.it/risorsedigitali trovi informazioni sulla durata della licenza.

* Se questo libro fa parte di una confezione, l'ISBN si trova nella quarta di copertina dell'ultimo libro nella confezione.

Copyright © 2015 Zanichelli editore S.p.A., Bologna [62120]
www.zanichelli.it

I diritti di elaborazione in qualsiasi forma o opera, di memorizzazione anche digitale su supporti di qualsiasi tipo (inclusi magnetici e ottici),
di riproduzione e di adattamento totale o parziale con qualsiasi mezzo (compresi i microfilm e le copie fotostatiche), i diritti di noleggio, di prestito
e di traduzione sono riservati per tutti i paesi. L'acquisto della presente copia dell'opera non implica il trasferimento dei suddetti diritti né li esaurisce.

Le fotocopie per uso personale (cioè privato e individuale, con esclusione quindi di strumenti di uso collettivo) possono essere effettuate, nei limiti
del 15% di ciascun volume, dietro pagamento alla S.I.A.E. del compenso previsto dall'art. 68, commi 4 e 5, della legge 22 aprile 1941 n. 633.
Tali fotocopie possono essere effettuate negli esercizi commerciali convenzionati S.I.A.E. o con altre modalità indicate da S.I.A.E.

Per le riproduzioni ad uso non personale (ad esempio: professionale, economico, commerciale, strumenti di studio collettivi, come dispense e simili)
l'editore potrà concedere a pagamento l'autorizzazione a riprodurre un numero di pagine non superiore al 15% delle pagine del presente volume.
Le richieste per tale tipo di riproduzione vanno inoltrate a

Centro Licenze e Autorizzazioni per le Riproduzioni Editoriali (CLEAredi)
Corso di Porta Romana, n.108
20122 Milano
e-mail autorizzazioni@clearedi.org e sito web www.clearedi.org

L'editore, per quanto di propria spettanza, considera rare le opere fuori del proprio catalogo editoriale, consultabile al sito
www.zanichelli.it/f_catalog.html.
La fotocopia dei soli esemplari esistenti nelle biblioteche di tali opere è consentita, oltre il limite del 15%, non essendo concorrenziale all'opera.
Non possono considerarsi rare le opere di cui esiste, nel catalogo dell'editore, una successiva edizione, le opere presenti in cataloghi di altri editori
o le opere antologiche. Nei contratti di cessione è esclusa, per biblioteche, istituti di istruzione, musei e archivi, la facoltà di cui all'art. 71 - ter legge
diritto d'autore. Maggiori informazioni sul nostro sito: www.zanichelli.it/fotocopie/

Realizzazione editoriale:
- Coordinamento redazionale: Silvia Merialdo
- Redazione: Giorgio Bettineschi
- Impaginazione: Maria Pia Galluzzo
- Segreteria di redazione: Deborah Lorenzini
- Progetto grafico: Studio Emme Grafica+, Bologna
- Disegni: Graffito
- Indice analitico: Giorgio Bettineschi

Contributi:
- Rilettura critica: Cristian Massimi, Antonia Ricciardi
- Stesura delle pagine *I concetti e le leggi*: Antonia Ricciardi
- Collaborazione alla stesura degli esercizi: Markus Cirone, Riccardo Dossena, Nicola Manca,
  Andrea Martinelli, Giuseppe Olivieri, Grazia Strano
- Rilettura e risoluzione degli esercizi: Giorgio Bettineschi, Markus Cirone, Serena Gradari,
  Carlo Incarbone, Cristian Massimi, Antonia Ricciardi

I contributi alla realizzazione delle risorse digitali sono online su online.scuola.zanichelli.it/romeniconcetti

Copertina:
- Progetto grafico: Miguel Sal & C., Bologna
- Realizzazione: Roberto Marchetti e Francesca Ponti
- Immagine di copertina: Paolo Bona/Shutterstock

Prima edizione: marzo 2015

Ristampa:

5   4   3   2016   2017   2018   2019

 Zanichelli garantisce che le risorse digitali di questo volume sotto il suo controllo saranno accessibili,
a partire dall'acquisto dell'esemplare nuovo, per tutta la durata della normale utilizzazione didattica
dell'opera. Passato questo periodo, alcune o tutte le risorse potrebbero non essere più accessibili
o disponibili: per maggiori informazioni, leggi my.zanichelli.it/fuoricatalogo

 File per sintesi vocale
L'editore mette a disposizione degli studenti non vedenti, ipovedenti, disabili motori o con disturbi specifici
di apprendimento i file pdf in cui sono memorizzate le pagine di questo libro. Il formato del file permette
l'ingrandimento dei caratteri del testo e la lettura mediante software screen reader. Le informazioni
su come ottenere i file sono sul sito http://www.zanichelli.it/scuola/bisogni-educativi-speciali

Suggerimenti e segnalazione degli errori
Realizzare un libro è un'operazione complessa, che richiede numerosi controlli: sul testo, sulle immagini
e sulle relazioni che si stabiliscono tra essi. L'esperienza suggerisce che è praticamente impossibile pubblicare
un libro privo di errori. Saremo quindi grati ai lettori che vorranno segnalarceli. Per segnalazioni o suggerimenti
relativi a questo libro scrivere al seguente indirizzo:

lineauno@zanichelli.it

Le correzioni di eventuali errori presenti nel testo sono pubblicate nel sito www.zanichelli.it/aggiornamenti

Zanichelli editore S.p.A. opera con sistema qualità
certificato CertiCarGraf n. 477
secondo la norma UNI EN ISO 9001:2008

 Questo libro è stampato su carta che rispetta le foreste.
www.zanichelli.it/la-casa-editrice/carta-e-ambiente/

Stampa: Grafica Ragno
Via Lombardia 25, 40064 Tolara di Sotto, Ozzano Emilia (Bologna)
per conto di Zanichelli editore S.p.A.
Via Irnerio 34, 40126 Bologna

Claudio Romeni

Fisica
I concetti, le leggi e la storia

Elettromagnetismo
Relatività e quanti

- LA FISICA DI TUTTI I GIORNI
- DENTRO LA FORMULA
- IL RACCONTO DELLA FISICA

*a Donatella,
intrecciando linee d'universo*

Indice

ELETTROMAGNETISMO

13 Elettrostatica

1	Fenomeni elettrostatici elementari	362
2	Conduttori e isolanti	366
3	La legge di Coulomb	368
4	Il campo elettrico	370
5	Il teorema di Gauss	373
6	L'energia potenziale elettrica	374
7	Il potenziale elettrico	376
8	Relazioni tra campo elettrico e potenziale elettrico	377
9	Il condensatore piano	380
	Il racconto della fisica Le prime indagini sui fenomeni dell'elettricità	382
	I concetti e le leggi	384
	Esercizi	385

RISORSE DIGITALI

VIDEO
Fenomeni elettrostatici
Nastro adesivo aperto violentemente: si richiude su se stesso

SIMULAZIONI
L'hockey del campo elettrico
I condensatori

IN 3 MINUTI
La legge di Coulomb
Il campo elettrico
La differenza di potenziale elettrico

TEST INTERATTIVI
Allenamento
Verifica

14 La corrente elettrica

1	L'intensità di corrente elettrica	396
2	Un modello microscopico per la conduzione nei metalli	397
3	Il generatore di tensione	398
4	Le leggi di Ohm	401
5	L'effetto Joule	403
6	Circuiti con resistori	405
7	La risoluzione di un circuito di resistori	409
8	La resistenza interna di un generatore di tensione	410
9	La corrente elettrica nei liquidi e nei gas	411
10	Utilizzazione sicura e consapevole dell'energia elettrica	414
	I concetti e le leggi	416
	Esercizi	417

SIMULAZIONI
La conduzione nei metalli
La resistenza elettrica

IN 3 MINUTI
Le leggi di Ohm

TEST INTERATTIVI
Allenamento
Verifica

15 Il campo magnetico

1	Calamite e fenomeni magnetici	428
2	Il campo magnetico	429
3	Forza magnetica su una corrente e forza di Lorentz	432
4	Il motore elettrico	433
5	Campi magnetici generati da correnti elettriche	435
6	Proprietà magnetiche della materia	438
7	Circuitazione e flusso del campo magnetico	440
	I concetti e le leggi	443
	Esercizi	444

RISORSE DIGITALI

VIDEO
Fenomeni magnetici
Interazioni tra campi magnetici e correnti elettriche

SIMULAZIONE
Il campo magnetico di un magnete

IN 3 MINUTI
Il campo magnetico
La forza magnetica di Lorentz
La forza di Ampère

TEST INTERATTIVI
Allenamento
Verifica

16 Induzione e onde elettromagnetiche

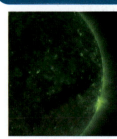

1	I fenomeni dell'induzione elettromagnetica	452
2	La legge dell'induzione di Faraday-Neumann-Lenz	455
3	L'alternatore e la corrente alternata	459
4	Il trasformatore	462
5	Campi elettrici indotti	463
6	Campi magnetici indotti e legge di Ampère-Maxwell	465
7	Le equazioni di Maxwell	467
8	Le onde elettromagnetiche	467
9	Lo spettro elettromagnetico	470
	Il racconto della fisica Dall'azione a distanza al campo elettromagnetico	474
	I concetti e le leggi	476
	Esercizi	477

VIDEO
Induzione elettromagnetica

SIMULAZIONI
L'induzione elettromagnetica
Onde radio e campi elettromagnetici

TEST INTERATTIVI
Allenamento
Verifica

RELATIVITÀ E QUANTI

17 La relatività ristretta

1	Fisica classica e relatività	486
2	La relatività di Einstein	487
3	Relatività del tempo	489
4	Relatività dello spazio	493
5	Equivalenza massa-energia	494
	I concetti e le leggi	496
	Esercizi	497

18 Oltre la fisica classica

1	La fisica classica	500
2	La radiazione termica	501
3	Il fotone ovvero la quantizzazione dell'energia	504
4	Gli spettri atomici	505
5	I primi modelli atomici	507
6	L'atomo di Bohr	509
7	Processi ottici nei materiali	512
	I concetti e le leggi	516
	Esercizi	517

19 Dai nuclei alle stelle

1	Le prime ricerche sulla radioattività	520
2	Il nucleo atomico	521
3	La stabilità dei nuclei	522
4	Le caratteristiche della radioattività	523
5	La fissione nucleare	526
6	Le centrali nucleari	527
7	La fusione nucleare	528
8	Elementi di fisica stellare	530
	I concetti e le leggi	533
	Esercizi	534

Physics in English A1   **Indice analitico** A4   **Tavole** A7

RISORSE DIGITALI

IN 3 MINUTI

Dilatazione del tempo e contrazione delle lunghezze

$E = mc^2$

TEST INTERATTIVI

Allenamento

Verifica

SIMULAZIONI

La radiazione di corpo nero

L'esperimento di Rutherford

Modelli dell'atomo di idrogeno

Luce dagli atomi

IN 3 MINUTI

$E = hf$

TEST INTERATTIVI

Allenamento

Verifica

SIMULAZIONE

Fissione nucleare

IN 3 MINUTI

La legge del decadimento radioattivo

TEST INTERATTIVI

Allenamento

Verifica

Elettromagnetismo
Relatività e quanti

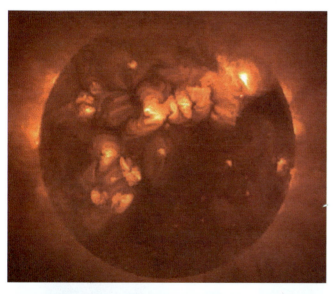

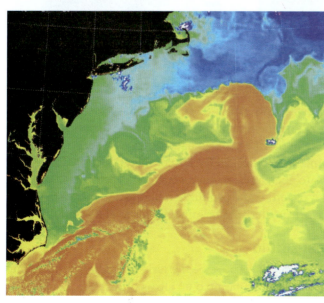

capitolo 13 Elettrostatica

1 Fenomeni elettrostatici elementari

▶ VIDEO

Fenomeni elettrostatici

L'esistenza di una proprietà della materia nota come **carica elettrica** si manifesta in modo evidente in molti fenomeni della vita quotidiana.

In realtà la carica elettrica è una proprietà fondamentale della materia che, come la massa, non può essere interpretata in termini di concetti più elementari. Essa interviene nella quasi totalità dei fenomeni naturali: basti pensare che gli atomi sono tenuti assieme da forze che hanno origine proprio dalla carica elettrica.

Il suo studio sistematico iniziò solo nel XVIII secolo, ma già nel VI secolo a.C. Talete di Mileto aveva osservato che l'ambra, una resina fossile, acquista la capacità temporanea di attrarre piccoli oggetti come pagliuzze o fili quando viene strofinata. Dal nome greco dell'ambra, *elektron*, deriva il termine moderno **elettricità**.

■ Elettrizzazione per strofinìo

Il modo più semplice di **elettrizzare** un corpo, cioè metterlo in grado di attrarre piccoli oggetti, è quello di strofinarlo con un panno o un altro corpo.

Notiamo una prima caratteristica della forza, che chiamiamo **elettrica**, con cui il corpo elettrizzato attrae un piccolo oggetto:

> la forza elettrica diminuisce con la distanza.

Infatti un pezzetto di plastica elettrizzata attrae in modo deciso una pallina di carta stagnola posta vicino a essa, mentre l'attrazione è trascurabile se la pallina dista oltre 10 cm.

Un pezzettino di carta viene facilmente sollevato da una penna elettrizzata per strofinio: ciò significa che la forza elettrica su di esso è maggiore del suo peso. Questo deve far riflettere: il peso è la forza con cui un corpo immenso come la Terra attrae il pezzettino di carta. Da un lato, quindi, la forza gravitazionale esercitata da una massa di $6 \cdot 10^{24}$ kg sul pezzettino di carta, dall'altra la forza elettrica esercitata da una penna: il fatto che vinca la penna fa supporre che la forza elettrica sia in generale molto più intensa di quella gravitazionale.

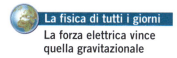
La fisica di tutti i giorni
La forza elettrica vince quella gravitazionale

Per studiare le interazioni fra due corpi entrambi elettrizzati per strofinio, consideriamo una coppia di bacchette di vetro e una coppia di bacchette di bachelite (una plastica dura) elettrizzate mediante un panno di seta. Quando si avvicinano due bacchette libere di ruotare, si osservano i fenomeni seguenti.

| Le due bacchette di vetro si respingono l'un l'altra. | Le due bacchette di bachelite si respingono l'un l'altra. | La bacchetta di vetro e quella di bachelite si attraggono l'un l'altra. |

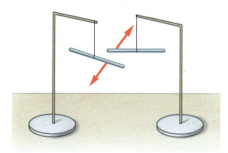
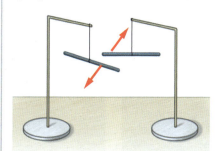
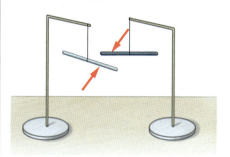

Concludiamo che

> la forza elettrica può essere sia attrattiva sia repulsiva.

Elettromagnetismo

Indichiamo con V e B rispettivamente le bacchette di vetro e bachelite. Ripetendo queste esperienze con bacchette e panni di materiali diversi, si osservano i fatti seguenti:

- le bacchette si dividono in due gruppi distinti:
  – quelle che attirano V e respingono B;
  – quelle che respingono V e attirano B;
- due bacchette dello stesso gruppo si respingono, mentre due bacchette di gruppi diversi si attraggono.

Da questi fatti si deduce che

> esistono solo due tipi di carica.

Ai due tipi di carica si attribuisce un *segno*: per convenzione la carica della bacchetta di vetro strofinata è detta **positiva**, mentre quella della bacchetta di bachelite è detta **negativa**. Un corpo non elettrizzato è detto **neutro**.

Da quanto abbiamo visto deriva che

> corpi elettrizzati con cariche dello stesso segno si respingono, mentre corpi elettrizzati con cariche di segno opposto si attraggono.

Se avviciniamo una bacchetta al panno con cui è stata elettrizzata, notiamo che bacchetta e panno si attraggono. Questo significa che hanno cariche di segno opposto.

■ L'elettroscopio

Per procedere nello studio dei fenomeni di elettrizzazione è necessario dotarsi di uno strumento per confrontare fra loro «quantità» di carica elettrica: l'**elettroscopio**.

Un semplice elettroscopio è formato da un recipiente di vetro, chiuso da un tappo di gomma attraverso il quale passa un'asta di metallo: l'estremo inserito nel recipiente termina con due sottilissime foglioline di alluminio, mentre quello all'esterno è formato da una sferetta metallica.

Avvicinando alla sferetta un corpo elettrizzato le foglioline divergono, mentre ritornano in posizione verticale quando il corpo elettrizzato è allontanato.

L'ampiezza dell'angolo del quale divergono le foglioline è una misura della «quantità» di carica elettrica presente nel corpo elettrizzato:

- due corpi elettrizzati che fanno divergere le foglioline dello stesso angolo hanno la stessa «quantità» di carica, anche se di segno diverso;
- più è grande l'angolo tra le foglioline, maggiore è la «quantità» di carica del corpo.

Mediante un elettroscopio si verifica che

La «quantità» di carica sulla bacchetta è uguale alla «quantità» di carica sul panno con cui è stata strofinata.

■ Il modello microscopico

Oggi sappiamo che i fenomeni elettrici sono manifestazione delle proprietà delle particelle elementari che costituiscono gli atomi:

- l'**elettrone**, che ha una di massa $9{,}11 \cdot 10^{-31}$ kg e una carica negativa indicata con il simbolo $-e$;
- il **protone**, che ha una di massa $1{,}67 \cdot 10^{-27}$ kg, circa 2000 volte maggiore di quella dell'elettrone, e una carica positiva $+e$ uguale a quella dell'elettrone ma di segno opposto.

La complessa struttura degli atomi è nota con grande precisione, ma per il momento è sufficiente limitarsi a un modello estremamente semplificato, secondo il quale un **atomo**

- ha un diametro di circa $2 \cdot 10^{-10}$ m;
- è formato da un nucleo, circa 100 000 volte più piccolo, in cui sono confinati i protoni;
- gli elettroni si muovono attorno al nucleo per effetto dell'attrazione elettrica;
- è neutro in quanto ha un numero di elettroni uguale al numero di protoni del nucleo.

Nel modello atomico si assume il seguente fatto sperimentale, noto come **quantizzazione della carica**:

la carica elettrica $-e$ dell'elettrone (come quella del protone) è l'unità di carica fondamentale e non è ulteriormente suddivisibile in cariche più piccole.

Ogni carica elettrica è un multiplo di $-e$ o di $+e$, proprio come una somma di denaro è sempre multipla dell'unità più piccola, il centesimo di euro. Non esistono quindi cariche di valore $0{,}2\,e$ o $-11{,}4\,e$. Nel Sistema Internazionale la carica si misura in *coulomb* (C). Il *coulomb* viene definito in termini rigorosi nel capitolo 15: per il momento ci limitiamo a riportare che l'unità di carica elementare è

$$e = 1{,}6022 \cdot 10^{-19} \text{ C}$$

■ La conservazione della carica elettrica

Dagli esperimenti emerge una proprietà fondamentale della carica elettrica, nota come **principio di conservazione della carica**:

in un sistema chiuso la somma algebrica delle cariche elettriche rimane costante.

In altri termini: le singole cariche si possono trasferire all'interno del sistema ma la carica totale non cambia, indipendentemente dai processi fisici che avvengono nel sistema.

Quando sfreghiamo tra loro un panno di lana e una bacchetta di plastica, la carica totale del sistema formato dai due corpi rimane costante: sui due corpi si accumulano piccolissime quantità di carica uguali ma di segno opposto.

2 Conduttori e isolanti

I materiali mostrano differente attitudine a trasferire cariche elettriche.

Strofiniamo con un panno di seta solo un estremo di una bacchetta di bachelite.	Solo la parte strofinata con la seta è elettrizzata e attira i pezzetti di carta.
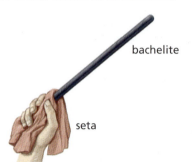	

La carica accumulatasi in un estremo della bacchetta non si trasferisce all'altro estremo, ma rimane quasi totalmente localizzata nella regione in cui è avvenuto il contatto con il panno.

I materiali (come la gomma, il vetro, la plastica, la ceramica) che manifestano questo comportamento sono detti **isolanti**.

> Gli isolanti sono materiali attraverso i quali la carica elettrica si trasferisce con estrema difficoltà.

Esistono materiali, invece, all'interno dei quali la carica elettrica fluisce con facilità, come mostrano la sfera, l'asta e le foglioline di metallo di un elettroscopio.

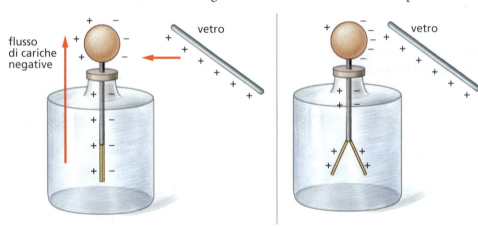

Inizialmente i componenti metallici sono neutri. Quando la bacchetta di vetro elettrizzata si avvicina, alcune cariche negative si spostano verso la sfera, lasciando un eccesso di carica positiva sulle foglie, che quindi si respingono.

I materiali come i metalli si dicono **conduttori**.

> I conduttori sono materiali attraverso i quali la carica elettrica si trasferisce con facilità.

Isolanti e conduttori non sono due classi rigidamente distinte. All'interno di ogni sostanza le cariche elettriche si possono muovere, ma incontrano più o meno difficoltà a seconda delle caratteristiche degli atomi e delle molecole della sostanza.

In genere i metalli come l'argento e il rame sono ottimi conduttori, il vetro e la plastica sono pessimi conduttori, ovvero buoni isolanti, mentre elementi come il germanio e il silicio, detti **semiconduttori**, hanno proprietà intermedie fra i conduttori e gli isolanti.

Il corpo umano è un discreto conduttore; questo spiega perché non è possibile elettrizzare per strofinio una barretta di metallo tenendola con una mano: le cariche si trasferiscono dal metallo al nostro corpo e fluiscono verso terra.

L'aria secca è un buon isolante, ma normalmente nell'aria è presente vapor d'acqua: le molecole d'acqua «catturano» le cariche in eccesso sui corpi elettrizzati, che perdono quindi nel giro di qualche decina di secondi tutta la carica accumulata.

■ Elettrizzazione dei conduttori per contatto e per induzione

I conduttori possono essere caricati mediante **elettrizzazione per contatto**.

| Una sferetta fatta con stagnola appallottolata (alluminio) è attratta da una bacchetta di vetro elettrizzata. | Quando sferetta e bacchetta si toccano, cariche negative passano dall'alluminio al vetro. La sferetta rimane carica positivamente. | L'effetto finale è una redistribuzione della carica positiva sui due conduttori. Pertanto, subito dopo il contatto, la sferetta si allontana dalla bacchetta per effetto della repulsione fra cariche dello stesso segno. |

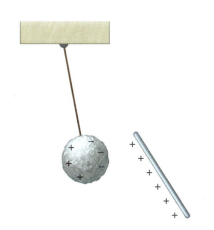 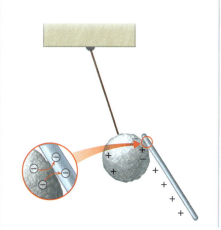 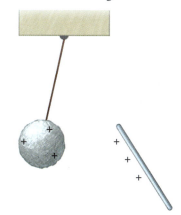

Come evidenzia la sferetta di alluminio, per caricare un conduttore basta metterlo in contatto con un corpo elettrizzato.

Un isolante, invece, non può essere caricato in modo significativo mediante contatto. La carica trasferita, infatti, rimane vincolata nella regione intorno al punto di contatto: ciò impedisce il flusso di altre cariche dal corpo elettrizzato verso l'isolante.

Un conduttore può essere caricato anche mediante **elettrizzazione per induzione**. Con il termine *induzione* si intende la ridistribuzione di cariche in un conduttore per effetto della vicinanza di un corpo carico.

Se non avviene contatto fra i due corpi, l'elettrizzazione indotta del conduttore è reversibile: sparisce allontanando il corpo carico. Per vedere come è possibile renderla stabile, consideriamo una sferetta appesa a un filo e fatta di stagnola appallottolata (alluminio) e supponiamo che inizialmente sia neutra.

| Una bacchetta di bachelite elettrizzata è avvicinata alla sferetta. | Toccando la sferetta con un dito la carica negativa abbandona la sferetta. | La sferetta rimane carica positivamente. |

 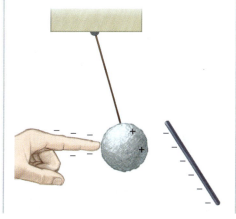 

Elettromagnetismo

Il contatto con il dito ha permesso alle cariche negative (elettroni) di fluire al suolo o, come spesso si dice, ha *messo a terra* la sferetta.

L'espressione **mettere a terra un conduttore** significa porlo in contatto, mediante una serie di conduttori, con il suolo, che è a sua volta un conduttore immenso in cui le cariche si disperdono facilmente. La messa a terra di un corpo è indicata col simbolo in **figura**.

3 La legge di Coulomb

Le proprietà della forza elettrica sono riassunte dalla legge determinata sperimentalmente dal francese Charles Augustin de Coulomb attorno al 1785 e nota pertanto come **legge di Coulomb**:

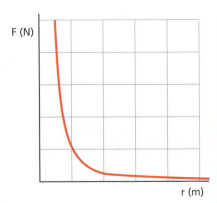

> due cariche puntiformi Q_1 e Q_2 distanti r nel vuoto esercitano una sull'altra una forza che
> - agisce lungo la retta congiungente le due cariche;
> - è repulsiva se le cariche hanno lo stesso segno e attrattiva se le cariche hanno segno opposto;
> - ha modulo
>
> $$F = k_0 \frac{Q_1 Q_2}{r^2}$$
>
> dove la costante k_0 vale $8{,}9875 \cdot 10^9$ N·m²/C².

Dentro la formula

- La forza di Coulomb ha **raggio d'azione infinito**, perché è diversa da zero per ogni valore di r.
- Le forze F_{21} e F_{12} che due cariche esercitano l'una sull'altra sono una coppia di forze di azione e reazione (**figura**).

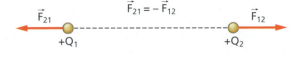

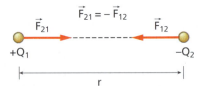

- La costante k_0 è spesso scritta come

$$k_0 = \frac{1}{4\pi\varepsilon_0}$$

dove ε_0 è detta **costante dielettrica del vuoto** e vale

$$\varepsilon_0 = 8{,}8542 \cdot 10^{-12} \text{ C}^2/(\text{N·m}^2)$$

In termini della costante dielettrica del vuoto, la legge di Coulomb diviene

$$F = \frac{1}{4\pi\varepsilon_0} \frac{Q_1 Q_2}{r^2}$$

Tra cariche poste all'interno di un mezzo isolante come l'acqua, detto **dielettrico**, la forza elettrica F_m risulta ridotta di un fattore ε_r rispetto alla forza F nel vuoto:

$$F_m = \frac{F}{\varepsilon_r}$$

La costante ε_r è detta **costante dielettrica relativa** ed è una proprietà caratteristica dei singoli mezzi. La costante ε_r è sempre maggiore di 1: nel caso dell'acqua $\varepsilon_r = 80$, mentre per l'aria è praticamente $\varepsilon_r = 1$ e dunque la forza tra due cariche è uguale a quella nel vuoto.

Una proprietà fondamentale della forza elettrica è nota come **principio di sovrapposizione**:

> la forza elettrica totale che esercitano più cariche su una carica Q è la somma vettoriale delle forze che ciascuna di esse eserciterebbe su Q se fosse presente da sola.

La forza esercitata da una *distribuzione* di cariche, ossia da un insieme di cariche, su una carica Q è la somma vettoriale delle forze che ciascuna carica della distribuzione esercita singolarmente su Q.

Gli elettroni del silicio presente in un granello di sabbia di 0,2 mm hanno carica totale di circa −1 C: questo significa che i nuclei atomici di silicio in quello stesso granello hanno carica totale di +1 C. Supponiamo per assurdo di poter separare completamente le cariche positive da quelle negative e porle a una distanza di 1 m. Fra esse si eserciterebbe una forza attrattiva immensa:

$$F = (9 \cdot 10^9 \text{ N} \cdot \text{m}^2/\text{C}^2) \frac{(1 \text{ C})(1 \text{ C})}{1 \text{ m}^2} = 9 \cdot 10^9 \text{ N}$$

comparabile con il peso di una superpetroliera!

■ Analogie e differenze tra forza elettrica e forza gravitazionale

Come appare evidente dalla somiglianza formale delle leggi di gravitazione universale e di Coulomb, la gravità e la forza elettrica presentano analogie sostanziali:

Interazione	Gravitazionale	Elettrica
Forza	$F = G \dfrac{m_1 m_2}{r^2}$	$F = k_0 \dfrac{Q_1 Q_2}{r^2}$
Grandezza fisica legata alla forza	Massa m	Carica elettrica Q
Direzione della forza	Centrale	Centrale
Andamento con la distanza	$1/r^2$	$1/r^2$

Le differenze tra le due forze sono altrettanto significative e hanno conseguenze rilevanti:

- la forza di gravità è sempre attrattiva, mentre la forza elettrica può essere anche repulsiva; la struttura su grande scala dell'Universo è dominata dalla gravità, perché le masse non possono che attrarsi, mentre il sostanziale equilibrio delle cariche positive e negative nella materia rende assai minore il contributo della forza elettrica nella dinamica dei corpi celesti;
- la forza elettrica è molto più intensa di quella gravitazionale; per giustificare questa affermazione calcoliamo il rapporto tra le due forze nel caso di due elettroni posti a distanza r:

$$\frac{F_{\text{elet}}}{F_{\text{grav}}} = \frac{k_0 \dfrac{e^2}{r^2}}{G \dfrac{m_e^2}{r^2}} = \frac{k_0 e^2}{G m_e^2} = \frac{(9{,}0 \cdot 10^9 \text{ N} \cdot \text{m}^2/\text{C}^2)(1{,}6 \cdot 10^{-19} \text{ C})^2}{(6{,}7 \cdot 10^{-11} \text{ N} \cdot \text{m}^2/\text{kg}^2)(9{,}1 \cdot 10^{-31} \text{ kg})^2} = 4 \cdot 10^{42}$$

La repulsione elettrica fra due elettroni è circa 10^{42} volte più grande della loro attrazione gravitazionale: questo implica che, nelle interazioni atomiche, la gravità è assolutamente trascurabile rispetto alla forza elettrica.

4 Il campo elettrico

L'interazione fra due cariche elettriche avviene senza alcun contatto tra le cariche. In modo analogo alla gravitazione, anche l'interazione elettrica sembra essere un effetto di **azione a distanza**: la forza tra due corpi si propaga istantaneamente nello spazio senza bisogno di alcun mezzo materiale che trasmetta l'interazione.

In realtà l'interpretazione corretta di queste interazioni si basa su un concetto introdotto da Michael Faraday attorno al 1830, il **campo di forza**, oggi considerato uno dei fondamenti della fisica moderna.

L'idea alla base del concetto di campo di forza elettrico, o semplicemente campo elettrico, è semplice:

> la presenza di un insieme di cariche modifica lo spazio circostante e attribuisce a ogni suo punto P la proprietà di esercitare una forza $\vec{F}$ su una carica collocata in esso.

Per esplorare le proprietà del punto P, utilizziamo una **carica di prova positiva** Q_0, cioè una carica positiva tanto piccola da non alterare in modo significativo le caratteristiche della distribuzione di cariche.

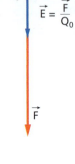

Come discusso nelle pagine precedenti, si verifica sperimentalmente che la forza $\vec{F}$ che si esercita su una carica Q in un dato punto P è proporzionale a Q: quindi il rapporto $\vec{F}/Q$ è indipendente da Q.

Si introduce quindi la seguente definizione:

> Il **campo elettrico** $\vec{E}$ generato da una distribuzione di cariche nel punto P è la forza per unità di carica che si esercita su una carica di prova positiva Q_0 quando è posta in P:
> $$\vec{E} = \frac{\vec{F}}{Q_0}$$

L'unità di misura del campo elettrico è quella di una forza per unità di carica, ossia *newton/coulomb* (N/C).

▪ Proprietà del campo elettrico

Le caratteristiche del campo elettrico $\vec{E}$ derivano da corrispondenti proprietà della forza di Coulomb. In particolare, poiché il campo elettrico è una forza per unità di carica, anche per il campo elettrico vale il **principio di sovrapposizione**:

> il campo elettrico totale che una distribuzione di carica S genera in P è la somma vettoriale dei singoli campi elettrici che ciascuna carica di S genera in P.

Una distribuzione di cariche S genera un **campo elettrico** in tutti i punti dello spazio, che diventa quindi sede di un **campo vettoriale**: in ogni punto P è definito un vettore $\vec{E}$, indicante la forza per unità di carica positiva, del quale risente una carica elettrica posta in P per effetto della distribuzione di carica S.

Il campo elettrico $\vec{E}$ contiene tutta l'informazione fisica necessaria per determinare la forza elettrica $\vec{F}$ su una carica Q posta in qualsiasi punto dello spazio e dovuta a una data distribuzione di carica. Il modulo F della forza è $F = E \cdot Q$, mentre

se $Q > 0$, la forza e il campo hanno la stessa direzione e lo stesso verso;	se $Q < 0$, la forza e il campo hanno la stessa direzione e verso opposto.
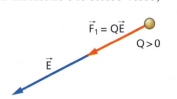	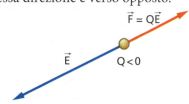

QUESTIONS AND ANSWERS

What is an "electric field"?

 Risposta nelle risorse digitali

Il campo elettrico di una carica puntiforme

Su una carica di prova positiva Q_0 collocata in un punto P a distanza r dalla carica Q posta in O agisce una forza nella direzione OP di modulo

$$F = k_0 \frac{QQ_0}{r^2}$$

e quindi una forza per unità di carica

$$\frac{F}{Q_0} = k_0 \frac{QQ_0}{r^2} \frac{1}{Q_0} = k_0 \frac{Q}{r^2}$$

Siamo quindi in grado di stabilire quanto segue:

> il campo elettrico creato nel punto P dalla carica puntiforme Q posta in O è un vettore $\vec{E}$ che
> - ha modulo
>
> $$E = k_0 \frac{Q}{r^2}$$
>
> - è diretto lungo la direzione OP;
> - ha verso uscente da O se Q è positiva, diretto verso O se Q è negativa.

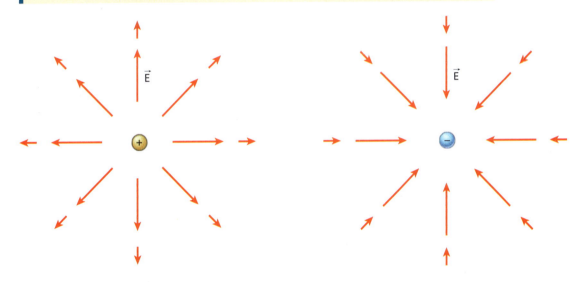

Dentro la formula

- L'unità di misura del campo elettrico è quella relativa a una forza per unità di carica: *newton/coulomb* (N/C).
- Il campo elettrico non dipende dalla carica di prova, ma solo dalla carica Q che lo genera.
- E decresce con l'inverso del quadrato della distanza dalla carica Q.
- Il raggio d'azione della forza di Coulomb è infinito, per cui la carica Q genera un **campo elettrico** in tutto lo spazio.
- Il campo generato da una carica puntiforme fissa in O è detto **campo elettrico radiale** perché in ogni punto P il vettore $\vec{E}$ è diretto lungo la retta OP.

Le linee di forza del campo elettrico

Rappresentare graficamente il campo elettrico in un punto dello spazio è semplice: basta tracciare un vettore. Diversa è la situazione nel caso del campo elettrico in una regione estesa: non è certo possibile tracciare un vettore per ogni punto. Così facendo, i vettori sarebbero sovrapposti gli uni agli altri, rendendo la rappresentazione priva di alcun contenuto informativo.

In questi casi l'andamento del campo elettrico si visualizza mediante **linee di forza**, cioè curve che hanno la seguente proprietà:

> la tangente alla linea di forza in ogni suo punto *P* ha la stessa direzione del campo elettrico in *P*.

Dalle proprietà del campo elettrico derivano le caratteristiche delle linee di forza:

- per ogni punto dello spazio passa una sola linea di forza ed è orientata come il campo elettrico in quel punto;
- le linee di forza escono dalle cariche positive ed entrano nelle cariche negative;
- disegnando solo alcune linee di forza si nota che queste sono più dense dove il campo è più intenso.

Le linee di forza del campo elettrico radiale di una carica puntiforme sono semirette con origine sulla carica.

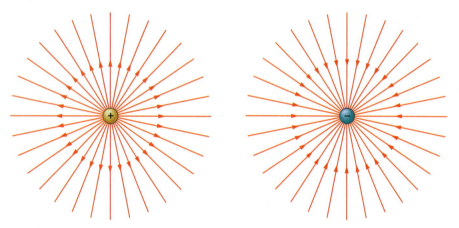

Le linee di forza del campo elettrico di due cariche puntiformi uguali e del **campo elettrico di dipolo**, formato da due cariche uguali e opposte, sono mostrate nella figura seguente.

SIMULAZIONE

L'hockey del campo elettrico

(PhET, University of Colorado)

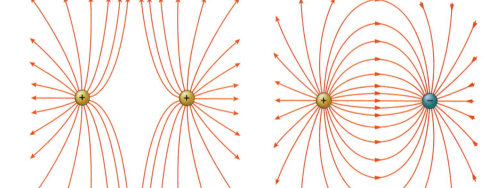

Nelle regioni di spazio in cui il campo elettrico è **uniforme**, ossia uguale in tutti i punti, le linee di forza sono parallele fra loro.

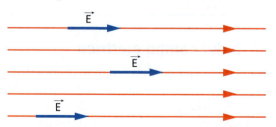

5 Il teorema di Gauss

Nell'interpretazione dei fenomeni elettrici e magnetici gioca un ruolo fondamentale una grandezza fisica nota come **flusso di un campo vettoriale**.

■ Il flusso del campo elettrico

Il flusso (dal latino *fluere* = scorrere, fluire) è un ente matematico che permette di esprimere in modo sintetico importanti proprietà di un campo vettoriale. Nel caso dei fluidi il flusso è legato a una grandezza facilmente visualizzabile: la portata, ossia il volume di fluido che attraversa in un secondo una sezione trasversale di un condotto. La portata dipende dalla velocità v con cui scorre il fluido nel condotto e dall'area A della sezione del condotto stesso:

$$\text{portata} = A \cdot v$$

Nel caso del campo elettrico $\vec{E}$, nulla «fluisce» attraverso una superficie di area A. Ciononostante si mantiene il nome di *flusso* per la grandezza legata al prodotto $E \cdot A$.

> Il **flusso del campo elettrico uniforme** $\vec{E}$ attraverso la superficie piana S di area A è
> $$\Phi(\vec{E}) = E_\perp A$$
> dove $E_\perp$ è la componente del campo $\vec{E}$ perpendicolare alla superficie piana.

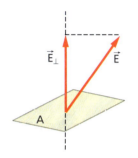

Dentro la formula

- L'unità di misura del flusso del campo elettrico è $N \cdot m^2/C$.
- Per stabilire il segno del flusso si sceglie in modo arbitrario una delle due facce della superficie: il flusso è positivo quando i vettori $\vec{E}$ escono da quella faccia.

Il flusso si può calcolare anche attraverso una superficie curva quando il campo non è uniforme: basta suddividere la superficie in porzioni elementari piccolissime, ciascuna delle quali può essere considerata una superficie piana immersa in un campo uniforme. Il flusso totale è la somma dei flussi $\Phi_1(\vec{E}), \Phi_2(\vec{E}), \ldots, \Phi_N(\vec{E})$, calcolati in ciascuna porzione elementare mediante la formula precedente.

■ Il teorema di Gauss per il campo elettrico

Mediante il flusso si esprime una proprietà fondamentale del campo elettrico, nota come **teorema di Gauss**:

> Il flusso del campo elettrico attraverso una superficie chiusa posta nel vuoto è
> $$\Phi(\vec{E}) = \frac{Q_T}{\varepsilon_0}$$
> dove Q_T è la carica totale contenuta all'interno della superficie.

Dentro la formula

- Il flusso del campo elettrico non dipende
  - dalla forma o dalle dimensioni della particolare superficie chiusa scelta;
  - dalle singole cariche all'interno di S ma solo dalla loro somma algebrica Q_T.

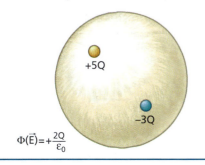
$\Phi(\vec{E}) = +\frac{2Q}{\varepsilon_0}$

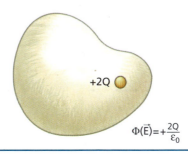
$\Phi(\vec{E}) = +\frac{2Q}{\varepsilon_0}$

Elettromagnetismo

Ricordando il legame fra linee di forza e campo elettrico, si conclude che:

nelle zone in cui le linee di forza entrano nella superficie, il contributo al flusso del campo elettrico è negativo;	nelle zone in cui le linee di forza escono dalla superficie, il contributo al flusso del campo elettrico è positivo.
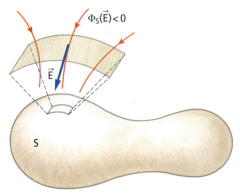	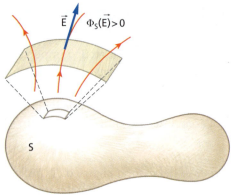

Il teorema di Gauss esprime una proprietà fondamentale dell'interazione elettrica. Si può dimostrare infatti che

> il teorema di Gauss è equivalente alla legge di Coulomb.

In altri termini: se vale il teorema di Gauss allora vale la legge di Coulomb e, viceversa, se vale la legge di Coulomb allora vale il teorema di Gauss.

Nell'ambito dell'elettrostatica, il teorema di Gauss e la legge di Coulomb hanno lo stesso contenuto empirico relativo alla forza elettrica: entrambi stabiliscono che la forza elettrica che agisce su una carica Q è una forza centrale che decresce in modo inversamente proporzionale al quadrato della distanza e che è proporzionale alla carica Q.

6 L'energia potenziale elettrica

■ Dalla forza elettrica all'energia potenziale elettrica

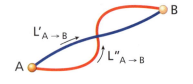

Sperimentalmente si verifica che il lavoro compiuto dalla forza di Coulomb su una carica che si sposta da un punto A a un punto B non dipende dalla traiettoria percorsa ma solo dalla posizione di A e B.

Secondo quanto discusso nel paragrafo 4 del capitolo 7, ciò implica che la forza di Coulomb è una *forza conservativa*. Pertanto il lavoro fatto contro di essa viene «immagazzinato» sotto forma di energia potenziale, che resta disponibile per essere convertita in altre forme di energia. Questa energia è detta *energia potenziale elettrica U*.

Consideriamo la seguente situazione: la carica positiva Q è fissa in un punto dello spazio, mentre la carica positiva Q_1 è in un punto O così distante da Q che la forza di repulsione fra esse è trascurabile.

Per spostare Q_1 in un punto P vicino a Q dobbiamo agire con una forza esterna contro la forza di Coulomb, che in questo caso è repulsiva, e compiere il lavoro $L_{O \to P}$.	Il lavoro è immagazzinato sotto forma di energia potenziale U_P. Lasciata libera, Q_1 si allontana da Q trasformando l'energia potenziale U_P in energia cinetica.

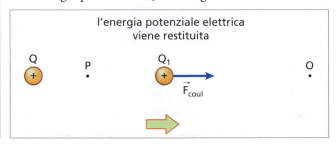

L'energia potenziale elettrica non è una proprietà della singola carica, ma del complesso di cariche elettriche a cui questa appartiene. Nell'esempio precedente, l'energia potenziale U_P è una caratteristica del sistema formato dalle due cariche Q e Q_1.

Tutto ciò sembra molto astratto, ma in realtà spiega moltissimi fenomeni quotidiani. Per esempio, quando ricarichi il tuo cellulare, il caricabatteria immagazzina energia potenziale elettrica all'interno della batteria. Quando adoperi il cellulare, questa energia potenziale viene trasformata dai circuiti del dispositivo in altre forme di energia, per esempio energia luminosa dello schermo.

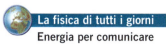

La fisica di tutti i giorni
Energia per comunicare

■ Energia potenziale elettrica di un sistema di cariche

Durante la formazione di un sistema di cariche, le forze elettriche esercitano un lavoro che viene immagazzinato sotto forma di energia potenziale elettrica del sistema. In altri termini:

> l'energia potenziale elettrica è una proprietà del sistema di cariche che interagiscono fra loro.

Scegliamo di porre uguale a zero l'energia potenziale elettrica di un sistema di cariche quando queste si trovano a distanza infinita le une dalle altre.

L'opposto del lavoro fatto *dalla* forza elettrica è pari al lavoro fatto contro di essa dall'esterno, per cui

> l'energia potenziale elettrica di un sistema di cariche è uguale al lavoro compiuto da una forza esterna per assemblare il sistema contro la forza elettrica.

Questo lavoro viene restituito dalla forza elettrica quando il sistema si disassembla. È quindi corretto affermare che

> l'energia potenziale elettrica di un sistema di cariche è uguale al lavoro che la forza elettrica compirebbe se le cariche fossero portate a distanza infinita le une dalle altre.

Un caso importante è quello di un sistema formato da due cariche puntiformi:

> l'energia potenziale elettrica di un sistema costituito da due cariche puntiformi Q_1 e Q_2 poste a distanza r nel vuoto è
> $$U(r) = k_0 \frac{Q_1 Q_2}{r}$$

Dentro la formula

- L'unità di misura del secondo membro è il *joule*, infatti:
$$(\text{N} \cdot \text{m}^2/\text{C}^2)(\text{C}^2/\text{m}) = \text{N} \cdot \text{m} = \text{J}$$

- Consideriamo un sistema di due cariche inizialmente separate da una distanza infinita e poi portate a una distanza r; la loro energia potenziale finale è:
  – positiva, quando hanno lo stesso segno, perché il lavoro è stato fatto contro la forza repulsiva fra di esse;
  – negativa, quando hanno segno opposto, perché il lavoro è stato fatto dalla forza con cui si attraggono.

Per esempio, l'energia potenziale elettrica del sistema formato dalle cariche $Q_1 = -12\ \mu\text{C}$ e $Q_2 = +43\ \text{nC}$ poste alla distanza di 0,15 m è:

$$U = (9{,}0 \cdot 10^9\ \text{N} \cdot \text{m}^2/\text{C}^2) \frac{(-1{,}2 \cdot 10^{-5}\ \text{C})(4{,}3 \cdot 10^{-8}\ \text{C})}{0{,}15\ \text{m}} = -0{,}031\ \text{J}$$

Il segno negativo indica che la forza elettrica compirebbe un lavoro negativo se le due cariche, aventi segni opposti, fossero allontanate l'una dall'altra.

Elettromagnetismo

7 Il potenziale elettrico

A partire dall'energia potenziale elettrica di una distribuzione di cariche, si introduce una nuova grandezza, il **potenziale elettrico** V:

> il potenziale elettrico V_P in un punto P dovuto a una distribuzione di cariche è il rapporto
>
> $$V_P = \frac{U_P}{Q_0}$$
>
> dove U_P è l'energia potenziale della configurazione di cariche formata da una carica di prova positiva Q_0 e dalla distribuzione di cariche.

Dentro la formula

- L'unità di misura del potenziale elettrico è *joule/coulomb* ed è chiamata *volt* (V), in onore del fisico italiano Alessandro Volta (1745-1827):

$$1\,V = \frac{1\,J}{1\,C}$$

- Il potenziale elettrico è una grandezza scalare mentre il campo elettrico ha natura vettoriale.

- La formula vale nell'ipotesi di porre uguale a zero l'energia potenziale dell'interazione di cariche poste a distanze infinite l'una dall'altra.

- Il potenziale elettrico nel punto P è il lavoro per unità di carica per spostare una carica positiva dall'infinito al punto P.

- Il potenziale elettrico in un punto P dello spazio dipende dalle caratteristiche della distribuzione di cariche che lo genera e dal punto P ma non dipende dalla carica di prova.

■ Potenziale di una carica puntiforme

Vogliamo determinare il potenziale elettrico generato da una carica puntiforme Q in un punto P. A tal fine, immaginiamo di spostare una carica di prova positiva Q_0 dall'infinito a P. Il lavoro compiuto da una forza esterna per effettuare tale spostamento viene immagazzinato dal sistema formato da Q e Q_0 sotto forma di energia potenziale elettrica:

$$U(r) = k_0 \frac{Q_0 Q}{r}$$

Per definizione, il potenziale elettrico è dato dal rapporto $V(r) = U(r)/Q_0$ fra l'energia potenziale del sistema di cariche e la carica di prova Q_0. Sostituendo l'espressione di $U(r)$ trovata si ha che

> il potenziale elettrico di un punto nel vuoto a distanza r dalla carica Q è
>
> $$V(r) = k_0 \frac{Q}{r}$$

Come per il campo elettrico, il potenziale di Q in P non dipende dalla particolare carica di prova scelta. Nella pratica si ha a che fare con distribuzioni di cariche elettriche formate da più cariche puntiformi. In questi casi il campo elettrico in un punto viene calcolato mediante il principio di sovrapposizione ed è uguale alla somma dei campi elettrici generati in quel punto da ciascuna singola carica. Da ciò discende una fondamentale proprietà del potenziale elettrico:

> il potenziale elettrico generato da un sistema di n cariche in un punto P è la somma algebrica dei potenziali che ciascuna carica singola genera in P.

Capitolo 13 Elettrostatica

■ Differenza di potenziale

Nello studio delle interazioni elettriche, la grandezza fondamentale è la differenza di potenziale elettrico fra due punti B e A.

> La **differenza di potenziale elettrico** $\Delta V = V_B - V_A$ tra i punti B e A, detta anche **tensione**, è l'opposto del lavoro per unità di carica fatto dalla forza elettrica su una carica di prova positiva lungo lo spostamento da A a B:
> $$\Delta V = -\frac{L_{A \to B}}{Q_0}$$

La differenza di potenziale si misura in *volt*.

Il lavoro $L_{A \to B}$ che compie la forza elettrica su una carica Q che si sposta fra due punti a differenza di potenziale ΔV è dato da

$$L_{A \to B} = -Q\,\Delta V$$

Una carica Q si sposta in modo spontaneo per effetto della forza elettrica quando questa ha lo stesso verso dello spostamento di Q e quindi compie un lavoro positivo su Q. Dalla relazione precedente deriva che:

- una carica positiva tende a muoversi spontaneamente verso zone a potenziale minore; la forza elettrica compie un lavoro positivo $L_{A \to B} > 0$ quando la carica si sposta dal punto A al punto B in cui $\Delta V = V_B - V_A < 0$ ossia $V_B < V_A$;

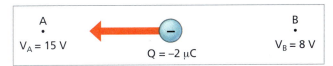

- una carica negativa tende a muoversi spontaneamente verso zone a potenziale maggiore; la forza elettrica compie un lavoro positivo $L_{A \to B} > 0$ quando la carica si sposta dal punto A al punto B in cui $\Delta V = V_B - V_A > 0$ ossia $V_B > V_A$.

Tra gli estremi, detti *elettrodi*, di una comune pila alcalina c'è una differenza di potenziale di $\Delta V = 1{,}5$ V. Per spostare dal polo negativo al polo positivo $Q = -2{,}0$ μC di carica negativa, formata da elettroni, la forza elettrica compie un lavoro

$$L = -(-2{,}0\ \mu C)(1{,}5\ V) = 3{,}0 \cdot 10^{-6}\ J$$

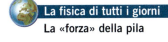

La fisica di tutti i giorni
La «forza» della pila

8 Relazioni tra campo elettrico e potenziale elettrico

L'evoluzione di un sistema meccanico può essere studiata utilizzando due grandezze fisiche fondamentali: la forza e l'energia. In modo analogo, i fenomeni elettrostatici possono essere descritti mediante il campo elettrico (forza per unità di carica) e il potenziale elettrico (energia per unità di carica).

Una qualsiasi distribuzione di cariche genera nello spazio un campo $\vec{E}$ e un potenziale V che contengono tutta l'informazione fisica necessaria per descrivere i fenomeni elettrostatici che avvengono in prossimità di essa. Queste due grandezze sono intimamente connesse, tanto che è possibile determinare le caratteristiche di una di esse a partire dalle proprietà dell'altra.

377

Dal potenziale al campo elettrico

Noti i valori del potenziale in una data regione di spazio, si può calcolare il campo elettrico in ogni punto interno a quella regione. Vale infatti il seguente risultato:

> la componente del campo elettrico lungo una direzione s è
> $$E_s = -\frac{\Delta V}{\Delta s}$$
> dove ΔV è la differenza di potenziale agli estremi dello spostamento Δs.

Notiamo che il campo elettrico è diretto nel verso in cui il potenziale decresce: infatti, se $\Delta V < 0$, si ha $E > 0$.

Dal campo elettrico al potenziale

Consideriamo due punti A e B di una regione di spazio in cui è presente un campo elettrico uniforme $\vec{E}$.

Per la definizione introdotta in precedenza, la differenza di potenziale $V_B - V_A$ tra i due punti è uguale all'opposto del lavoro $L_{A \to B}$ per unità di carica compiuto dalla forza elettrica su una carica di prova positiva Q_0 lungo lo spostamento da A a B:

$$V_B - V_A = -\frac{L_{A \to B}}{Q_0}$$

Il lavoro di una forza costante $\vec{F}$ lungo uno spostamento Δs è

$$L = F_\parallel \Delta s$$

dove $F_\parallel$ è la componente della forza lungo lo spostamento. La forza elettrica che agisce su una carica Q_0 immersa in un campo elettrico $\vec{E}$ è $\vec{F} = Q_0 \vec{E}$, per cui

$$L_{A \to B} = Q_0 E_\parallel \Delta s$$

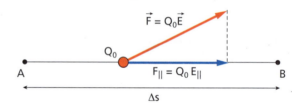

Sostituendo nella definizione di differenza di potenziale abbiamo in definitiva

$$V_B - V_A = -\frac{Q_0 E_\parallel \Delta s}{Q_0}$$

ossia

$$\boxed{V_B - V_A = -E_\parallel \Delta s}$$

Questo risultato vale in generale:

> la differenza di potenziale fra due punti si può calcolare a partire dalla conoscenza del campo elettrico lungo un qualsiasi percorso fra essi.

La circuitazione del campo elettrico

A partire dalla relazione precedente si può esplicitare il legame tra una proprietà della forza di Coulomb, la sua conservatività, e il campo elettrico. Come discusso nel paragrafo 6, la forza di Coulomb è una forza conservativa: il lavoro che essa compie su una carica che si sposta da A a B è indipendente dal cammino che essa percorre ma dipende solo dai punti A e B. Questa proprietà può essere espressa in modo alternativo:

> il lavoro compiuto su una carica dalla forza elettrica lungo un qualsiasi percorso chiuso è nullo
> $$L_{A \to A} = 0$$

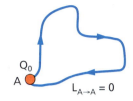

In termini intuitivi, possiamo renderci conto della correttezza di questa asserzione osservando che:

- se la carica Q_0 rimane ferma in A, il lavoro compiuto su di essa dalla forza di Coulomb è nullo;
- la forza di Coulomb è conservativa, pertanto il lavoro che essa compie sulla carica Q_0 è indipendente dall'effettivo cammino percorso. Se la carica parte dal punto A e arriva al punto A, per quanto detto in precedenza $L_{A \to A} = 0$, ossia il lavoro totale della forza di Coulomb su Q_0 è nullo.

Supponiamo di spostare una carica Q_0 lungo un percorso chiuso formato da tre spostamenti consecutivi $A \to B$, $B \to C$ e $C \to A$ in un campo elettrico uniforme $\vec{E}$.

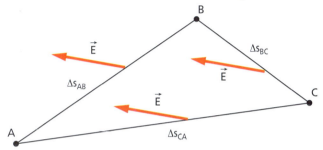

Il lavoro totale compiuto dalla forza di Coulomb su Q_0 è la somma dei lavori compiuti lungo i tre spostamenti successivi

$$L_{A \to A} = L_{A \to B} + L_{B \to C} + L_{C \to A} = 0$$

Scriviamo il lavoro lungo ciascuno dei tre spostamenti in funzione del campo elettrico:

$$L_{A \to B} = Q_0 E_\parallel^{AB} \Delta s_{AB} \qquad L_{B \to C} = Q_0 E_\parallel^{BC} \Delta s_{BC} \qquad L_{C \to A} = Q_0 E_\parallel^{CA} \Delta s_{CA}$$

Sostituendo nella relazione precedente e semplificando per Q_0 otteniamo

$$E_\parallel^{AB} \Delta s_{AB} + E_\parallel^{BC} \Delta s_{BC} + E_\parallel^{CA} \Delta s_{CA} = 0$$

Il termine a primo membro è detto **circuitazione del campo elettrico** $\vec{E}$ e indicato con $\Gamma(\vec{E})$ lungo il cammino $ABCA$. Dunque

$$\Gamma(\vec{E}) = 0$$

Questo risultato vale in generale per qualunque campo elettrico e per qualunque cammino chiuso:

> la circuitazione del campo elettrico lungo una qualunque curva chiusa γ è nulla
> $$\Gamma_\gamma(\vec{E}) = 0$$

Dentro la formula

- Questa proprietà deriva dal fatto che la forza di Coulomb è una forza conservativa che compie un lavoro nullo su una carica che si muove lungo un percorso chiuso.
- La formula equivale ad affermare che il campo elettrico è **conservativo**.
- La circuitazione è nulla solo per i campi elettrostatici, cioè per i campi generati da cariche in quiete rispetto al sistema di riferimento considerato.

Come nel caso del flusso, aver introdotto un ente matematico complesso come la circuitazione permette di esprimere in modo sintetico una proprietà fondamentale del campo elettrico, ossia la sua conservatività.

9 Il condensatore piano

■ Proprietà elettrostatiche di un conduttore

Nei conduttori come i metalli le cariche elettriche si muovono con facilità quando sono sottoposte a un campo elettrico. Se il conduttore è in equilibrio elettrostatico, cioè le cariche non si spostano in esso, significa che non esiste alcun campo elettrico in grado di metterle in moto. Dunque all'interno di un conduttore in equilibrio elettrostatico il campo elettrico è nullo:

$$\vec{E}_{\text{int}} = 0$$

Quando due o più conduttori carichi sono posti in contatto elettrico, per esempio mediante fili metallici, le cariche in eccesso si ridistribuiscono fra essi fino a quando non raggiungono tutti lo stesso potenziale. Nelle applicazioni pratiche spesso i conduttori sono posti a contatto con il terreno, cioè sono **messi a terra**. Il potenziale di un conduttore messo a terra è lo stesso potenziale della Terra che, per convenzione, è posto uguale a zero.

Nel caso di un conduttore carico isolato, la carica in eccesso si dispone sulla superficie esterna.

Infatti le cariche in eccesso dello stesso segno si respingono e sono libere di muoversi nel conduttore. È ragionevole supporre che queste tendano ad allontanarsi il più possibile le une dalle altre e quindi si dispongano sulla superficie esterna del conduttore.

Grazie a questa proprietà del campo elettrico, è possibile realizzare la **schermatura elettrostatica**, cioè mantenere una regione di spazio libera da campi elettrostatici ponendola all'interno di una cavità di un conduttore.

Nella pratica si ha una buona schermatura anche se il conduttore non racchiude completamente la cavità, ma questa presenta aperture verso l'esterno. Si parla in questi casi di **gabbia di Faraday** perché, come evidenziò lo stesso Faraday, si può realizzare mediante una trama di fili metallici. Una gabbia di Faraday assicura l'isolamento da campi elettrici esterni, anche non statici come nel caso di scariche elettriche. Per questa ragione l'interno di un'automobile è un posto sicuro in cui proteggersi dai fulmini. L'auto ha infatti un involucro metallico e sulla superficie interna della cavità che forma l'abitacolo non si dispongono le cariche elettriche dovute al fulmine.

I ragazzi della foto non sentono alcun effetto anche se la gabbia di Faraday che li ospita è colpita da una forte scarica elettrica.

■ Il condensatore

Un **condensatore** è un dispositivo formato da due conduttori, detti **armature**, vicini ma isolati l'uno dall'altro. Quando i due conduttori sono lastre piane e parallele il condensatore è detto piano.

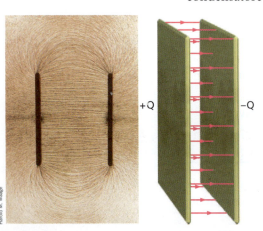

Il campo elettrico di un condensatore piano ideale con una carica Q sulle armature è un campo uniforme localizzato fra le due armature con modulo

$$E = \frac{Q}{A\varepsilon}$$

dove A è l'area di un'armatura e $\varepsilon = \varepsilon_r \varepsilon_0$ è la **costante dielettrica del mezzo** interposto fra le armature. All'esterno del condensatore il campo è nullo. Il campo di un condensatore reale è tanto più simile al caso ideale quanto più le armature sono vicine fra loro: ciò limita gli *effetti di bordo*, cioè le deformazioni del campo uniforme ai bordi delle armature.

Per caricare le armature di un condensatore si può connettere una di esse a terra e si trasferisce sull'altra una carica +Q. Così facendo, sulla prima armatura si accumula una carica indotta −Q mentre fra le armature si stabilisce una tensione ΔV.

■ La capacità di un condensatore

Si verifica sperimentalmente che

> in un condensatore la carica Q e la tensione ΔV fra le armature sono direttamente proporzionali:
>
> $$Q = C \Delta V$$
>
> La costante di proporzionalità è detta **capacità** C del condensatore.

Dentro la formula

- La capacità $C = Q/\Delta V$ è una proprietà intrinseca di un condensatore e non dipende dalla tensione a cui è sottoposto o dalla carica presente sulle sue armature: il valore di C permette di calcolare l'una a partire dalla conoscenza dell'altra.
- La capacità $C = Q/\Delta V$ si misura in *coulomb/volt* ossia in *farad* (F):

$$1\,\text{F} = \frac{1\,\text{C}}{1\,\text{V}}$$

- La capacità di 1 F è immensa: per incrementare di 1 V il potenziale di un conduttore bisogna fornirgli una carica di ben 1 C. Per questa ragione si utilizzano sottomultipli del farad come il microfarad (1 μF = 10^{-6} F), il nanofarad (1 nF = 10^{-9} F) e il picofarad (1 pF = 10^{-12} F).

La capacità di un condensatore piano dipende dall'area delle armature, dalla loro distanza e dal mezzo interposto fra esse:

> la capacità di un condensatore piano avente armature di area A poste a distanza d è
>
> $$C = \varepsilon \frac{A}{d}$$
>
> dove $\varepsilon = \varepsilon_0 \varepsilon_r$ è la costante dielettrica del mezzo interposto fra le armature.

Poiché la costante dielettrica relativa ε_r è sempre un numero maggiore di 1, la capacità di un condensatore aumenta quando fra le sue armature è inserito un dielettrico.

■ Energia immagazzinata in un condensatore

Per caricare un condensatore inizialmente scarico bisogna compiere lavoro. Questo lavoro viene immagazzinato sotto forma di energia potenziale elettrica U nel campo elettrico fra le armature del condensatore. L'energia U viene rilasciata all'esterno durante il processo di scarica del condensatore.

L'energia immagazzinata in un condensatore dipende dalla sua capacità C e dalla tensione delle sue armature. Infatti vale il seguente risultato:

> l'energia potenziale elettrica immagazzinata in un condensatore di capacità C quando la differenza di potenziale fra le armature è V, vale
>
> $$U = \frac{1}{2} C V^2$$

SIMULAZIONE
I condensatori
(PhET, Univerity of Colorado)

Il flash della macchina fotografica converte in un lampo di luce l'energia data dalla scarica di un condensatore. Se il condensatore ha una capacità di 200 μF e una tensione di 300 V, immagazzina un'energia pari a

$$U = \frac{1}{2} C V^2 = \frac{1}{2} (200 \cdot 10^{-6}\,\text{F})(3 \cdot 10^2\,\text{V})^2 = 9\,\text{J}$$

La fisica di tutti i giorni
L'energia di un flash

Elettromagnetismo

Il racconto della fisica — Le prime indagini sui fenomeni dell'elettricità

Le due direttrici della fisica del Settecento

Il Settecento vide l'affermarsi di due direttrici di indagine sul mondo fisico. Da un lato i successi della teoria della gravitazione di Newton suggerivano la possibilità di scoprire leggi di portata generale, formulate nel linguaggio della matematica e in grado di spiegare le relazioni tra le grandezze fisiche coinvolte nei fenomeni naturali. Dall'altro l'impetuosa crescita di indagini sperimentali portava alla raccolta di un'enorme quantità di informazioni empiriche su fenomeni sempre nuovi, come quelli dell'elettricità e del magnetismo.

Nel primo di questi filoni si inquadrava la scoperta da parte di Coulomb, attorno al 1780, della legge che porta il suo nome, secondo la quale due cariche elettriche esercitano l'una sull'altra una forza che decresce con l'inverso del quadrato della distanza ($1/r^2$), proprio come la legge di gravitazione universale di Newton.

Sul versante sperimentale invece si registrava un accumulo di osservazioni e di esperienze sui fenomeni di elettrizzazione, la cui varietà impediva di delineare un quadro interpretativo stabile e coerente. Il primo risultato significativo fu ottenuto dal francese Dufay, che attorno al 1730 enunciò un principio di validità generale:

> Vi sono due generi di elettricità, molto diversi l'uno dall'altro; l'uno, che io chiamo elettricità vetrosa [positiva], e l'altro che chiamo elettricità resinosa [negativa] [...] [queste] si respingono di per sé e si attraggono l'un l'altra. Così un corpo di elettricità vetrosa respinge tutti gli altri che possiedono la vetrosa, e attraggono al contrario tutti quelli di elettricità resinosa.

L'importanza della bottiglia (di Leida)

Una delle principali difficoltà affrontate dagli sperimentatori era la mancanza di sorgenti di elettricità, che doveva essere prodotta per sfregamento. Ma nel 1745 l'olandese Pieter van Musschenbroek mise a punto un dispositivo, noto come bottiglia di Leida, in grado di accumulare elettricità in quantità fino ad allora impensabili. Questo primo esempio di condensatore ebbe un influsso enorme nello sviluppo delle ricerche sull'elettricità perché rese disponibile agli sperimentatori la prima macchina elettrostatica capace di rilasciare grandi quantità di carica. Proprio studiando le caratteristiche della bottiglia di Leida, l'americano Benjamin Franklin elaborò una teoria secondo la quale esisteva un unico fluido elettrico: un corpo risultava positivo quando ne conteneva in eccesso e negativo quando ne conteneva meno della sua condizione naturale, ossia quando era neutro. La teoria di Franklin venne ripresa in Italia dal torinese Giovanni Battista Beccaria, il cui trattato *Dell'elettricismo artificiale e naturale* del 1753 divenne uno dei testi di elettrologia più studiati in Europa.

Galvani e l'elettricità animale

Lo sviluppo di dispositivi elettrostatici simili alla bottiglia di Leida contribuì in modo determinante ai primi studi di elettrofisiologia. Queste ricerche culminarono nel 1791 con la dimostrazione sperimentale da parte di Luigi Galvani della possibilità di indurre contrazioni nei muscoli di una rana anche senza l'impiego di macchine elettrostatiche. Uno dei suoi esperimenti più famosi fu realizzato su una preparazione anatomica di una rana, ossia sui soli arti inferiori, distaccati con cura dal corpo in modo da mantenere intatta la connessione tra i nervi crurali e il midollo spinale: toccando con gli estremi di un arco conduttore il nervo crurale e il muscolo della coscia, questo si contraeva muovendo violentemente l'arto. Galvani propose un'interpretazione basata sull'esistenza di una sorta di «elettricità animale» che fluiva per conduzione dal cervello, dove veniva prodotta, attraverso i nervi fino ai muscoli. Poiché una guaina non conduttrice separa il nervo dalla parte esterna del muscolo, secondo Galvani l'elettricità si accumulava nel nervo proprio come in una bottiglia di Leida: quando l'arco conduttore metteva in contatto nervo e muscolo si originava una scarica, ossia una corrente di cariche elettriche, che faceva contrarre il muscolo.

La scoperta di Galvani sollevò un interesse enorme in tutta Europa sulla natura animale delle correnti dette appunto galvaniche. Tra i primi fisici che ripeterono le esperienze di Galvani al fine di confutare l'origine animale dell'elettricità vi fu Alessandro Volta, che iniziò immediatamente una metodica indagine tesa ad acquisire misure attendibili delle grandezze coinvolte nel fenomeno.

La pila di Volta

Il primo risultato originale ottenuto da Volta fu la costruzione di una scala in cui ordinare «i conduttori [...] che posseggono diverso potere di spingere il fluido elettrico e cacciarlo avanti ne' conduttori umidi». Attraverso lo studio sistematico delle proprietà dei corpi conduttori, Volta giunse a chiarire che le contrazioni galvaniche nulla avevano a che fare con mezzi organici quali i muscoli della rana. Egli infatti dimostrò che la tensione elettrica causa delle correnti galvaniche nasce dal contatto tra due metalli.

Lo sviluppo di queste indagini sperimentali lo condusse alla sua scoperta più grande, quella della pila, annunciata il 20 marzo 1800:

l'apparecchio [...] non è che l'insieme di un numero di buoni conduttori di differenti specie, disposti in modo particolare, 30, 40 o 60 pezzi [...] di rame, applicati ciascuno a un pezzo [...] di zinco, e un numero uguale di strati d'acqua, o di qualche altro umore che sia miglior conduttore [...] come l'acqua salata.

La notizia della costruzione della pila di Volta si diffuse rapidamente in Europa. Uno dei fisici sperimentali più eminenti, l'inglese Humphry Davy, affermò che la pila voltaica ebbe l'effetto della sveglia per tutti gli sperimentatori europei. Grazie ad essa, lo stesso Volta giunse a chiarire la natura fisica delle grandezze elettriche. Egli scoprì che il fluido elettrico è mosso dalla tensione, che tensioni uguali esercitano spinte uguali, che la rapidità con cui le cariche fluiscono dipende sia dalla pila sia dal circuito esterno a cui è connessa. Inoltre Volta scoprì che le grandezze elettriche sono legate da una ben precisa relazione, detta legge di Ohm, che studieremo nel prossimo capitolo, secondo la quale «la rapidità della corrente elettrica è in ragione composta della tensione elettrica e della libertà o facilità di passaggio attraverso tutte le parti della pila o del cerchio [circuito]».

Grazie alla proprietà della pila di erogare una corrente elettrica costante, ben presto si consolidarono vari itinerari di ricerca nel campo non solo dell'elettrologia ma più in generale delle correnti elettriche e dei fenomeni magnetici. La pila concluse l'epoca pionieristica delle prime ricerche sui fenomeni elettrici e assicurò a Volta una fama immensa, che nessun italiano aveva più conosciuto dai tempi di Galileo.

Elettromagnetismo

I concetti e le leggi

IN 3 MINUTI
La legge di Coulomb • Il campo elettrico • La differenza di potenziale elettrico

Legge di Coulomb

La forza che agisce tra due cariche Q_1 e Q_2 puntiformi poste nel vuoto
- agisce lungo la retta congiungente le due cariche;
- è repulsiva se le cariche hanno lo stesso segno e attrattiva se le cariche hanno segno opposto;
- ha modulo

$$F = k_0 \frac{Q_1 Q_2}{r^2}$$

Campo elettrico

- È il rapporto tra la forza elettrica che si esercita su una carica di prova posta in punto P e la carica di prova stessa:

$$\vec{E} = \frac{\vec{F}}{Q_0}$$

- Si misura in N/C.

Linea di forza

- È una curva la cui tangente in ogni suo punto P fornisce la direzione del campo elettrico in P.

Flusso del campo elettrico

- Il flusso del campo elettrico uniforme $\vec{E}$ attraverso una superficie piana di area A è definito come

$$\Phi(\vec{E}) = E_\perp A$$

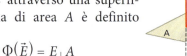

Teorema di Gauss

- Il flusso del campo elettrico attraverso una superficie chiusa posta nel vuoto e contenente una carica totale Q_T è dato da

$$\Phi(\vec{E}) = \frac{Q_T}{\varepsilon_0}$$

Energia potenziale elettrica di un sistema di cariche

- È uguale al lavoro compiuto da una forza esterna per assemblare il sistema contro la forza elettrica.

Energia potenziale elettrica di due cariche puntiformi

$$U(r) = k_0 \frac{Q_1 Q_2}{r}$$

Potenziale elettrico

- È il rapporto tra l'energia potenziale della configurazione di cariche U_P e la carica di prova positiva Q_0:

$$V_P = \frac{U_P}{Q_0}$$

- È una grandezza scalare.
- Si misura in *volt* (V).

Potenziale elettrico generato da una carica puntiforme

- A una distanza r dalla carica Q vale

$$V(r) = k_0 \frac{Q}{r}$$

Differenza di potenziale (o tensione)

- La differenza di potenziale tra i punti B e A è data da

$$\Delta V = -\frac{L_{A \to B}}{Q_0}$$

dove $L_{A \to B}$ è il lavoro della forza elettrica lungo lo spostamento da A a B.

Relazione tra campo elettrico e potenziale elettrico

- La componente del campo elettrico lungo la direzione s è data da

$$E_s = -\frac{\Delta V}{\Delta s}$$

- Il campo elettrico è diretto nel verso in cui il potenziale decresce.

Capacità di un condensatore

$$C = \frac{Q}{\Delta V}$$

- Si misura in *farad* (F).

Energia immagazzinata da un condensatore

$$U = \frac{1}{2} CV^2$$

Esercizi

1 Fenomeni elettrostatici elementari

1 Considera una carica da $-1\ \mu C$.

▶ Quanti sono gli elettroni contenuti in essa?

$$[6 \cdot 10^{12}]$$

2 Uno studente strofina una penna biro contro il suo maglione di lana. Ipotizza che la biro abbia assunto una carica pari a $-10^{-7}\ C$.

▶ Quanti elettroni hanno lasciato il maglione?

$$[6 \cdot 10^{11}]$$

3 Un corpo presenta una carica totale $q = +4{,}7\ \mu C$.

▶ Quanti elettroni in meno sono presenti rispetto alla condizione di equilibrio? $\qquad [2{,}9 \cdot 10^{13}]$

3 La legge di Coulomb

4 Considera due elettroni che distano $0{,}1\ nm$.

▶ Quanto vale la forza di repulsione fra di essi?

$$[20\ nN]$$

5 Due cariche puntiformi di $2{,}8\ \mu C$ sono immerse in un liquido lubrificante ($\varepsilon_r = 2{,}4$) e distano $3{,}8\ cm$.

▶ Calcola il modulo della forza di Coulomb a cui ciascuna carica è soggetta. $\qquad [20\ N]$

6 Due sferette hanno ciascuna una carica che è pari a $-0{,}02\ \mu C$. Considera le sferette puntiformi.
Calcola il modulo della forza elettrica esercitata da una sfera sull'altra nel caso la loro distanza sia:

▶ 2 cm.

▶ 0,2 m.

▶ 2 m. $\qquad [9 \cdot 10^{-3}\ N;\ 9 \cdot 10^{-5}\ N;\ 9 \cdot 10^{-7}\ N]$

7 Una carica $q_1 = 2\ nC$ si trova a 3 cm da una carica $q_2 = 3\ \mu C$.

▶ Calcola il modulo della forza che agisce su q_1.

▶ Calcola il modulo della forza che agisce su q_2.

$$[0{,}06\ N;\ 0{,}06\ N]$$

8 Due cariche esercitano una forza di 20 N l'una sull'altra.

▶ Qual è il valore della forza nel caso si triplichi la loro distanza?

▶ E nel caso si dimezzi? $\qquad [2{,}2\ N;\ 80\ N]$

9 Due sferette neutre distano 15 cm. Trasferisci N elettroni da una sferetta all'altra.
Determina la forza esercitata su ciascuna sferetta

▶ se $N = 2{,}0 \cdot 10^8$.

▶ se $N = 5{,}0 \cdot 10^{12}$. $\qquad [4{,}1 \cdot 10^{-10}\ N;\ 0{,}26\ N]$

ESERCIZIO GUIDATO

10 Una carica di 2,5 nC è a una distanza r da una carica di 9,2 nC. La forza agente su ciascuna carica è $2{,}7 \cdot 10^{-8}\ N$.

▶ Calcola la distanza r.

Esplicitiamo r nella legge di Coulomb	$F = k_0 \dfrac{Q_1 Q_2}{r^2} \ \Rightarrow \ r = \sqrt{k_0 \dfrac{Q_1 Q_2}{F}}$
Dati numerici	$Q_1 = 2{,}5\ nC$ $\qquad$ $Q_2 = 9{,}2\ nC$ $F = 2{,}7 \cdot 10^{-8}\ N$ $\qquad$ $k_0 = 9{,}0 \cdot 10^9\ N \cdot m^2/C^2$
Risultato	$r = \sqrt{(9{,}0 \cdot 10^9\ N \cdot m^2/C^2) \dfrac{(2{,}5 \cdot 10^{-9}\ C)(9{,}2 \cdot 10^{-9}\ C)}{2{,}7 \cdot 10^{-8}\ N}} = 2{,}8\ m$

---

11 Una carica di 4,9 nC è soggetta a una forza di $2{,}6 \cdot 10^{-7}\ N$ quando si trova a una distanza di 7,3 m da una seconda carica q_2.

▶ Calcola il valore di q_2.

$$[3{,}1 \cdot 10^{-7}\ C]$$

Elettromagnetismo

12 Quattro cariche $q_A = -1{,}0$ nC, $q_B = +1{,}0$ nC, $q_C = -1{,}0$ nC e $q_D = +1{,}0$ nC sono disposte rispettivamente ai vertici di un rombo $ABCD$. La diagonale maggiore AC misura 3,8 cm mentre la minore BD è 1,9 cm.

▶ Calcola a quale forza è sottoposta una carica Q posta al centro del rombo. [0 N]

13 Considera l'esercizio precedente. Scambia due cariche tra di loro adiacenti.

▶ A quale forza è sottoposta, questa volta, la carica Q posta al centro del rombo?

[$(2{,}1 \cdot 10^5 \, Q)$ N]

14 Una carica $q_1 = 4{,}0$ μC è nell'origine e una seconda carica $q_2 = 6{,}0$ μC si trova lungo l'asse x a 3,0 cm dall'origine.

▶ Quanto vale la forza che agisce sulla carica q_2?

▶ E sulla carica q_1?

▶ Come cambiano le risposte precedenti nel caso sia $q_2 = -6{,}0$ μC?

[$2{,}4 \cdot 10^2$ N, $-2{,}4 \cdot 10^2$ N; $-2{,}4 \cdot 10^2$ N, $2{,}4 \cdot 10^2$ N]

15 Tre cariche puntiformi sono disposte lungo l'asse x: $q_1 = -6{,}0$ μC è nel punto $x = -3{,}0$ m, $q_2 = 4{,}0$ μC è nell'origine e $q_3 = -6{,}0$ μC è nel punto $x = 3{,}0$ m.

▶ Determina la forza agente su q_1. [0,015 N]

16 Tre cariche $+Q$, $-Q$ e q sono poste ai vertici di un triangolo equilatero. La carica q è libera di muoversi sotto l'azione delle altre due cariche.

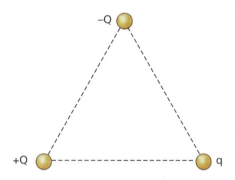

▶ Traccia in modo qualitativo sul grafico direzione e verso della sua accelerazione.

17 Tre cariche Q_1, Q_2 e Q_3 sono poste ai vertici di un triangolo equilatero. Q_3 è libera e si muove sotto l'azione delle altre due cariche.
Traccia in modo qualitativo sul grafico direzione e verso dell'accelerazione con cui si muoverebbe Q_3 nei casi seguenti:

▶ $Q_1 = Q_2 = Q_3 = +3$ mC

▶ $Q_1 = Q_2 = Q_3 = -3$ mC

▶ $Q_1 = Q_2 = 2$ mC, $Q_3 = +3$ mC

▶ $Q_1 = Q_2 = 2$ mC, $Q_3 = -3$ mC

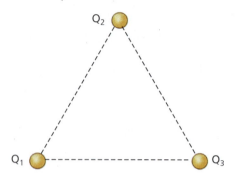

18 Quattro cariche uguali di 6,0 μC sono disposte nei vertici di un quadrato di lato $l = 40$ cm.

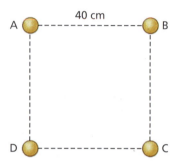

▶ Determina modulo, direzione e verso della forza che si esercita sulla carica posta in B.

[3,9 N, in direzione della diagonale, in verso opposto a D]

19 Le cariche dell'esercizio precedente sono sostituite da quattro cariche uguali di $-3{,}0$ μC.

▶ Utilizzando il risultato precedente, determina modulo, direzione e verso della forza che agisce sulla carica posta in B.

[0,97 N perché il valore assoluto della carica si dimezza, quindi...]

20 Su una sferetta di rame è presente una carica $q = 24$ μC. Un'altra sferetta identica, ma inizialmente scarica, è posta a contatto con la prima e successivamente portata a una distanza di 40 cm dalla prima sfera. La distanza è molto maggiore del diametro delle sferette.

▶ Determina modulo, verso e direzione del vettore forza. [8,1 N, lungo la congiungente le due sferette, repulsiva]

21 Su una piccola sfera di materiale conduttore è presente una carica di 2,70 μC. La sfera viene toccata da un'altra sfera conduttrice, inizialmente scarica, avente raggio diverso dalla prima. La distanza tra i centri è molto maggiore del raggio delle sfere e, quando i centri delle due sfere distano 30 cm, la forza repulsiva è pari a $80 \cdot 10^{-4}$ N.

▶ Come si è ripartita la carica sulle due sfere?

[2,67 μC ; 0,03 μC]

4 Il campo elettrico

22 In un punto P di un campo elettrico, una carica di 3,5 nC risente di una forza di $9,8 \cdot 10^{-6}$ N.

▶ Determina l'intensità del campo elettrico in P.

[2800 N/C]

23 Una carica di 2 nC è posta in un campo elettrico di $8 \cdot 10^6$ N/C.

▶ Calcola la forza che agisce su di essa. [$2 \cdot 10^{-2}$ N]

24 Una carica Q risente di una forza di 5,7 mN quando è sottoposta a un campo elettrico il cui modulo vale 1800 N/C.

▶ Qual è il valore di Q? [3,2 μC]

25 Un elettrone ($e = -1,6 \cdot 10^{-19}$ C, $m = 9,1 \cdot 10^{-31}$ kg) in quiete è lasciato libero in un campo elettrico $E = 8,2$ μN/C.

▶ Calcola l'accelerazione della particella.

[$1,4 \cdot 10^6$ m/s^2]

26 Stabilisci in quale punto, R o S, è maggiore il campo elettrico generato dalla carica Q.

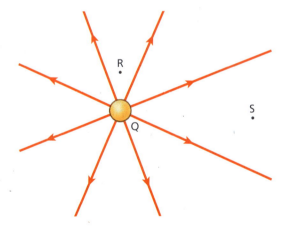

▶ Spiega perché.

27 Un protone, che ha una massa di $1,67 \cdot 10^{-27}$ kg e una carica di $1,60 \cdot 10^{-19}$ C, è posto in un campo elettrico di 650 N/C. Supponi che la forza elettrica sia la sola forza che agisce sul protone.

▶ Determina l'accelerazione del protone.

[$6,22 \cdot 10^{10}$ m/s^2]

28 Stabilisci in quale punto, A o B, è maggiore il campo elettrico di cui la figura mostra le linee di forza.

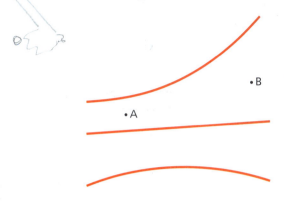

▶ Spiega perché.

29 Considera le tre regioni di spazio in cui è presente un campo elettrico.

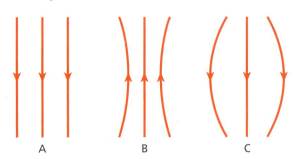

▶ Per ciascuna di esse stabilisci se il campo elettrico è uniforme. [È uniforme solo nella regione A]

ESERCIZIO GUIDATO

30 Due cariche, rispettivamente di 18 nC e 22 nC, distano 12 cm.

▶ Calcola il valore del campo elettrico nel punto medio del segmento congiungente le due cariche.

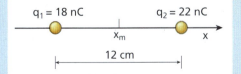

Schematizziamo le due cariche lungo un asse x e poniamo una carica nell'origine.

Il campo elettrico dovuto alla carica q_1 è diretto lungo x e verso destra (E_1), mentre il campo elettrico dovuto alla carica q_2 è diretto verso sinistra (E_2). Scriviamo il modulo del campo elettrico generato da ciascuna carica nel punto medio:

$$E_1 = k_0 \frac{q_1}{r_1^2} \qquad E_2 = -k_0 \frac{q_2}{r_2^2}$$

Elettromagnetismo

Il campo elettrico è dato dalla somma dei singoli campi:	$E = E_1 + E_2 = k_0 \dfrac{q_1}{r_1^2} - k_0 \dfrac{q_2}{r_2^2} = k_0 \left(\dfrac{q_1}{r_1^2} - \dfrac{q_2}{r_2^2} \right)$
Dati numerici	$q_1 = 18$ nC $= 1{,}8 \cdot 10^{-8}$ C $\quad\quad q_2 = 22$ nC $= 2{,}2 \cdot 10^{-8}$ C $\\ r_1 = r_2 = 6{,}0$ cm $= 6{,}0 \cdot 10^{-2}$ m $\quad\quad k_0 = 9{,}0 \cdot 10^9$ N·m²/C²
Risultato	$E = \dfrac{9{,}0 \cdot 10^9 \text{ N·m}^2/\text{C}^2}{(6{,}0 \cdot 10^{-2} \text{ m})^2} (1{,}8 \cdot 10^{-8} \text{ C} - 2{,}2 \cdot 10^{-8} \text{ C}) = 10$ kN/C

31 Due cariche uguali distano 10 cm.
▶ Qual è il valore del campo elettrico nel punto medio del segmento congiungente le due cariche?
[0 N/C]

32 Una carica di prova $q_0 = 3{,}0$ nC è posta nell'origine ed è soggetta a una forza di $6{,}0 \cdot 10^{-4}$ N nel verso positivo dell'asse y.
▶ Calcola il modulo del campo elettrico nell'origine.
▶ Quali sono intensità e verso della forza che agisce su una carica $q = -4{,}0$ nC posta nell'origine?
[$2{,}0 \cdot 10^5$ N/C; 0,80 mN nel verso $-y$]

33 Una carica di 4,0 μC è nell'origine.
▶ Determina il modulo e il verso del campo elettrico lungo l'asse x nei seguenti punti: $x = 6{,}0$ m, $x = 10$ m, $x = -4{,}0$ m.
[1,0 kN/C nel verso $+x$; $3{,}6 \cdot 10^2$ N/C nel verso $+x$; $2{,}3 \cdot 10^3$ N/C nel verso $-x$]

34 Vicino alla superficie della Terra è presente un campo elettrico di modulo 100 N/C diretto verso il basso. Una monetina di massa 3,0 g è carica elettricamente.
▶ Determina il valore e il segno della carica affinché la forza elettrica equilibri il peso della monetina vicino alla superficie della Terra.
[−0,29 mC]

35 Una goccia d'acqua con raggio 0,30 cm e carica $q = 0{,}14$ μC è posta in un campo elettrico uniforme e verticale ed è in una situazione di equilibrio.
▶ Calcola il vettore $\vec{E}$. [7,9 kN/C, verticale e verso l'alto]

36 Due cariche uguali e opposte, q_1 e q_2, di modulo $q = 13$ nC, si trovano rispettivamente nei punti $x_1 = 5{,}0$ cm e $x_2 = 15$ cm.
▶ Calcola il valore del campo elettrico nel punto $x = 8{,}0$ cm. [$1{,}5 \cdot 10^5$ N/C]

37 Due sferette cariche sono vincolate agli estremi di una sbarretta lunga 18 cm. La carica presente sulle sfere è $q_1 = 14$ nC e $q_2 = 23$ nC. Una sferetta mobile, avente carica dello stesso segno delle altre, è posta tra le due sfere.
▶ Calcola a quale distanza da q_1 la sferetta mobile è in equilibrio. [7,9 cm]

5 Il teorema di Gauss

38 Considera un campo elettrico uniforme di 5 N/C attraverso una superficie sferica di raggio 30 cm.
▶ Quanto vale il suo flusso? [0 N·m²/C]

39 Tre cariche di valore pari a $q_1 = q_2 = 1{,}7$ nC e $q_3 = -3{,}4$ nC sono racchiuse da una superficie chiusa.
▶ Calcola il flusso di $\vec{E}$ attraverso la superficie.
[0 N·m²/C]

40 Un profilo rettangolare di base $AB = 5{,}0$ cm e altezza $BC = 15$ cm è immerso in un campo elettrico uniforme di intensità 12 N/C. La base è perpendicolare alle linee di campo mentre l'altezza forma un angolo di 30° con la direzione del campo.
▶ Determina il flusso del campo $\vec{E}$ uscente dalla superficie rettangolare. [0,045 N·m²/C]

41 Una calotta semisferica di raggio 10,0 cm aperta è immersa in un campo elettrico uniforme di 1,45 kN/C e disposta con la base parallela o perpendicolare alle linee del campo elettrico, come in figura.

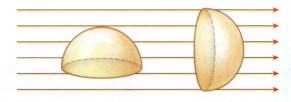

▶ Quanto vale il flusso del campo $\vec{E}$ nei due casi?
[0 N·m²/C, 45,5 N·m²/C]

6 L'energia potenziale elettrica

42 Considera un atomo di idrogeno e una distanza tra elettrone e protone di 50 pm.

▶ Quanto vale l'energia potenziale elettrostatica dell'atomo? [$-5 \cdot 10^{-18}$ J]

43 Considera due cariche da 1 μC che formano un sistema con 1 J di energia potenziale.

▶ Quanto sono distanti le due cariche? [9 mm]

44 Due cariche uguali da 12 nC sono poste a una distanza di 15 cm.

▶ Calcola l'energia potenziale elettrostatica. [$8,6 \cdot 10^{-6}$ J]

7 Il potenziale elettrico

45 Il campo elettrico compie un lavoro di 5,0 μJ per spostare una carica elettrica di 5,0 nC dall'infinito al punto P.

▶ Determina il potenziale elettrico nel punto P. [$-1,0$ kV]

46 Per spostare una carica di 2 μC dall'infinito al punto A il campo elettrico compie un lavoro di 0,16 J.

▶ Determina il potenziale elettrico nel punto A. [-80 kV]

47 Per spostare una carica di -6 μC dall'infinito al punto A il campo elettrico compie un lavoro di $-1,5 \cdot 10^{-3}$ J.

▶ Quanto vale il potenziale elettrico in A? [-250 V]

48 Una carica di 6,8 μC viene spostata dal punto A al punto B in un campo elettrico. Per effettuare lo spostamento le forze esterne compiono un lavoro di 0,045 J.

▶ Quanto vale la differenza di potenziale $V_B - V_A$?

Suggerimento: il lavoro delle forze esterne è l'opposto del lavoro della forza elettrica. [6,6 kV]

49 Una carica di $-7,5$ μC viene spostata dal punto A al punto B in un campo elettrico. Per effettuare lo spostamento le forze esterne compiono un lavoro di $5,4 \cdot 10^{-4}$ J.

▶ Calcola la differenza di potenziale $V_B - V_A$. [-72 V]

50 Una particella di carica $3,0 \cdot 10^{-7}$ C, inizialmente ferma, viene accelerata da una differenza di potenziale di $3,0 \cdot 10^2$ V.

▶ Determina la sua energia cinetica finale. [$9,0 \cdot 10^{-5}$ J]

51 Una carica $q = 3,8$ μC è ferma nel punto P di un campo elettrico uniforme di modulo $E = 680$ N/C. Calcola il lavoro che una forza esterna deve compiere per spostare la carica lungo

▶ il segmento PA;

▶ il segmento PB;

▶ il cammino PBA.

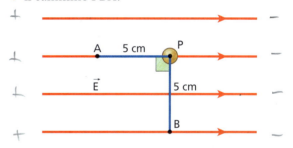

[Cammino PA: $L = 1,3 \cdot 10^{-4}$ J; cammino PB: $L = 0$ J; cammino PBA: $L = 1,3 \cdot 10^{-4}$ J]

ESERCIZIO GUIDATO

52 Una particella puntiforme con carica elettrica $Q = 6,1$ nC e massa $m = 3,5$ μg si trova in un punto A di un campo elettrico uniforme dove il potenziale è $V_A = 95$ V.

▶ Calcola quanto lavoro bisogna compiere per portare la carica in un punto B dove $V_B = 190$ V.

La carica viene lasciata libera di muoversi dal punto B, da dove parte con velocità nulla.

▶ Quanto vale la sua velocità quando raggiunge il punto di potenziale nullo?

Il lavoro delle forze esterne è uguale e opposto a quello del campo elettrico ed è legato alla differenza di potenziale ΔV dalla relazione	$L_{A \to B} = Q \; V = Q (V_B - V_A)$
Dati numerici	$Q = 6,1$ nC $V_A = 95$ V $V_B = 190$ V
Risultato	$L_{A \to B} = (6,1 \cdot 10^{-9}\text{ C})(190\text{ V} - 95\text{ V}) = 5,8 \cdot 10^{-7}$ J

Elettromagnetismo

L'energia si conserva: quando passa per il punto a potenziale zero tutta la sua energia iniziale si è trasformata in energia cinetica	$E_f = E_i \Rightarrow K_f = U_i$
L'energia iniziale è energia potenziale elettrica	$U_i = QV_B \Rightarrow QV_B = \frac{1}{2}mv^2$
La velocità con cui transita nel punto a potenziale nullo è	$v = \sqrt{\dfrac{2QV_B}{m}}$
Dati numerici	$m = 3,5\ \mu g = 3,5 \cdot 10^{-9}\ kg$ $Q = 6,1\ nC \qquad V_B = 190\ V$
Risultato	$v = \sqrt{\dfrac{2(6,1 \cdot 10^{-9}\ C)(190\ V)}{3,5 \cdot 10^{-9}\ kg}} = 26\ m/s$

53 Una carica puntiforme $q = 37$ nC è posta nell'origine di un sistema di assi cartesiani.

▶ Quanto vale il potenziale in un punto P a una distanza $d = 20$ cm lungo l'asse y?

Successivamente si pone una carica $q_0 = 45$ nC in P.

▶ Determina il lavoro necessario per avvicinare la seconda carica. [1,7 kV; 7,5 · 10⁻⁵ J]

54 Due cariche $q_1 = 62$ nC e $q_2 = -24$ nC si trovano a una distanza di 15 cm.

▶ A quale distanza da q_2, sulla congiungente le due cariche, si ha potenziale nullo? [4,2 cm; 9,5 cm]

55 Una carica puntiforme $q_1 = 12$ μC si trova nell'origine.

▶ Quanto lavoro bisogna compiere per portare una seconda carica puntiforme $q_2 = 3,0$ μC, inizialmente a grande distanza, nel punto $x = 5,0$ m?

La seconda carica, inizialmente ferma, viene lasciata libera di muoversi nel punto $x = 5,0$ m.

▶ Qual è il valore della sua energia cinetica quando è a grande distanza dall'origine? [6,5 · 10⁻² J; 6,5 · 10⁻² J]

56 Una proteina di massa $2,6 \cdot 10^{-24}$ kg ha una carica di $1,6 \cdot 10^{-19}$ C e si muove con una velocità iniziale di $8,0 \cdot 10^4$ m/s. La proteina è sottoposta a una differenza di potenziale di -5500 V.

▶ Calcola la velocità finale della proteina.

[7,9 · 10⁴ m/s]

8 Relazioni tra campo elettrico e potenziale elettrico

ESERCIZIO GUIDATO

57 Un campo elettrico uniforme è diretto lungo la perpendicolare a un piano, mentre il piano è a potenziale nullo ($V = 0$ V). Allontanandosi dal piano verso l'alto, il potenziale aumenta di 18 V ogni centimetro.

▶ Calcola il modulo e la direzione orientata del campo elettrico.

Il campo elettrico E è legato alla differenza di potenziale ΔV agli estremi dello spostamento Δs dalla relazione	$E = -\dfrac{\Delta V}{\Delta s}$
Dati numerici	$\Delta V = 18\ V \qquad \Delta s = 1\ cm = 10^{-2}\ m$
Risultato	$E = -\dfrac{18\ V}{10^{-2}\ m} = -1,8\ kV/m$

58 Un campo elettrico uniforme è diretto lungo il semiasse negativo delle x e ha modulo $7,8 \cdot 10^5$ N/C.

▶ Quanto vale la differenza di potenziale tra i punti $A = (1, 1)$ e $B = (-4, 4)$? [3,9 MV]

390

9 Il condensatore piano

59 Un parafulmine con punta sferica di raggio $r = 2$ cm è posto sulla punta di un campanile ed è connesso al suolo mediante un cavo di rame.

▶ Quanto vale la differenza di potenziale fra la Terra e la punta sferica del parafulmine? **[0 V]**

60 Considera un condensatore da 1 μF con una carica di 8 μC.

▶ Quanto vale la differenza di potenziale fra le sue armature? **[8 V]**

61 La differenza di potenziale applicata alle armature di un condensatore piano è di $5{,}0 \cdot 10^2$ V e la carica sulle armature è di 40 μC.

▶ Quanto vale la sua la capacità? **[0,080 μF]**

62 In un ipotetico condensatore piano la distanza tra le armature è di 0,1 mm e la capacità di 1 F.

▶ Determina l'area delle sue armature.

▶ Calcola la lunghezza del lato nell'ipotesi di armature quadrate. **[$1 \cdot 10^7$ m²; 3 km]**

63 Due lastre quadrate di lato 10 cm vengono utilizzate per realizzare un condensatore che immagazzina una carica di 35 nC quando la d.d.p. applicata è di $7{,}0 \cdot 10^2$ V.

▶ A quale distanza bisogna porre le lastre? **[1,8 mm]**

64 Un condensatore da 1 nF viene caricato fino a quando fra le sue armature è presente una tensione di 9 V.

▶ Calcola il lavoro che è stato necessario. **[40 nJ]**

ESERCIZIO GUIDATO

65 Due lastre piane metalliche molto estese e distanti 1,0 cm sono tenute a una differenza di potenziale di 2,0 V.

▶ Determina il campo elettrico tra le lastre.

Le lastre piane sono molto estese quindi fra esse	$\vec{E}$ è uniforme
Il modulo del campo elettrico è legato alla differenza di potenziale ΔV delle lastre distanti d	$E = \dfrac{\Delta V}{d}$
Dati numerici	$\Delta V = 2{,}0$ V $\qquad d = 1{,}0$ cm $= 1{,}0 \cdot 10^{-2}$ m
Risultato	$E = \dfrac{2{,}0 \text{ V}}{1{,}0 \cdot 10^{-2} \text{ m}} = 200$ V/m

---

66 Tra le armature quadrate di lato 3,0 cm di un condensatore a lastre piane si interpone un dielettrico di costante relativa 5,6. Le armature distano 2,0 mm e hanno una differenza di potenziale di 4,5 V.

▶ Calcola la carica sulle armature.

▶ Calcola il campo elettrico tra le armature.

[$1{,}0 \cdot 10^{-10}$ C; 2,3 kV/m]

67 Un condensatore piano ha armature quadrate di 15 cm di lato distanti tra loro 2,0 mm.

▶ Quanto vale la capacità del condensatore?

Successivamente viene inserito un dielettrico con $\varepsilon_r = 3$.

▶ Come è cambiata la capacità in presenza del dielettrico? **[0,10 nF]**

68 Un condensatore con dielettrico a facce piane e parallele ha una capacità di 3,0 nF, la distanza tra le armature è di 0,40 mm, la loro superficie è di 10 cm² e la differenza di potenziale applicata è di 250 V.

▶ Determina il campo elettrico tra le armature.

[$6{,}3 \cdot 10^5$ V/m]

69 Un condensatore di 3,00 μF è caricato a 100 V.

▶ Quanta energia è immagazzinata nel condensatore?

▶ E quanta energia in più è necessaria per caricare il condensatore da 100 V a 200 V? **[15,0 mJ; 45,0 mJ]**

70 Un condensatore di capacità 10 μF è caricato con $Q = 4{,}0$ μC.

▶ Quanta energia è immagazzinata?

Successivamente porti via metà della carica.

▶ Calcola l'energia rimanente. **[0,8 μJ; 0,2 μJ]**

Elettromagnetismo

PROBLEMI FINALI

71 Non ti voglio vicino
La forza elettrostatica esercitata da uno ione su un altro identico è di $1,4 \cdot 10^{-9}$ N quando sono a una distanza di $1,8 \cdot 10^{-10}$ m.

▶ Calcola quanti elettroni hanno perso i due atomi.

[2]

72 Sfera levitante
Una pallina metallica di massa 10 g viene tenuta in levitazione sopra un piano anch'esso metallico. Il piano possiede una densità di carica tale da generare un campo elettrico di 15 N/C.

▶ Quanto vale la carica presente sulla pallina?

[$6,5 \cdot 10^{-3}$ C]

73 Quanta energia contiene
I condensatori «comuni», che si possono trovare nei negozi di hobbystica elettronica, arrivano ad avere capacità di circa 10 000 µF. La tensione massima applicabile dipende dalle caratteristiche costruttive, ma tipicamente è intorno ai 25 V.

▶ Calcola l'energia immagazzinata nel condensatore.

[3,1 J]

74 Scosse da tappeto
Una persona di corporatura media, in piedi su una pedana isolante, ha una capacità di circa 100 pF. Camminando su un tappeto di tessuto sintetico in una giornata secca, la sua differenza di potenziale può variare facilmente di 500 V.

▶ Calcola quanta carica scambia con l'esterno.

[$5 \cdot 10^{-8}$ C]

75 Nube di potenziale
Spesso avrai visto delle scariche elettriche come i fulmini o le scintille. Una scarica elettrica si forma quando il campo elettrico supera quello massimo che un materiale (per esempio l'aria) riesce a sopportare. Questo valore è detto *rigidità dielettrica* e per l'aria secca vale $3 \cdot 10^6$ V/m. Un fulmine parte da una nube a 400 m di altezza.

▶ Quanto vale approssimativamente il potenziale della nube?

[$1,2 \cdot 10^9$ V; in realtà sarebbe minore perché l'aria è umida e quindi la rigidità dielettrica minore]

76 Un condensatore piano equivalente al corpo umano
La capacità del corpo umano isolato da terra è circa 100 pF. Vuoi costruire un condensatore piano con la stessa capacità ponendo due armature piane alla distanza di 1 mm.

▶ Quale area devono avere le armature, se fra esse c'è solo aria?

[0,011 m^2]

77 Energie a confronto
Una pila ricaricabile e un condensatore sono sistemi per accumulare energia sotto forma di cariche. La differenza sostanziale tra essi è che la pila accumula l'energia spostando cariche tra le sostanze chimiche che la compongono, di fatto usando quasi tutta la sua massa, mentre un condensatore usa solo la superficie delle sue armature. L'energia accumulata da un condensatore è, a parità di volume, molto minore di quella di una pila ricaricabile. Però l'energia di un condensatore può essere utilizzata tutta istantaneamente, mentre l'energia di una pila è rilasciata in tempi molto lunghi. Così, ad esempio, per il flash della macchina fotografica si usa un condensatore che rilascia velocemente la carica necessaria a produrre il lampo.
Confronta un condensatore da 80 µF e una pila ricaricabile da 1,2 V che contiene circa 3,7 kJ quando è carica.

▶ Alla medesima d.d.p., quanti condensatori occorrono per accumulare la stessa energia della pila?

[Circa 64 milioni]

78 Non immaginavo!

Una pila carica ha sempre la stessa tensione, mentre la tensione ai capi di un condensatore può anche diventare grande, almeno fino a quando il condensatore non si buca. Nel condensatore del problema precedente è stampata la dicitura 330 V, a indicare la massima d.d.p. che il condensatore può sopportare.

▶ Quanti condensatori di questo tipo caricati al massimo sono necessari per avere la stessa energia della pila carica? [850]

79 La fisica del temporale

Considera il suolo terrestre come un'armatura di un condensatore a facce piane parallele e una nuvola, a un'altitudine di 600 m, come l'altra armatura. Le forti correnti convettive trasportano le gocce d'acqua che si caricano per strofinìo. Considera la superficie della nuvola come se fosse un quadrato di lato 10 km.

▶ Quanto vale la capacità di questo condensatore?

▶ Quanta carica può trattenere la nuvola prima che venga superata la rigidità dielettrica dell'aria umida (campo elettrico > 2,1 kV/cm) e si produca una scintilla (fulmine)?

▶ Calcola la differenza di potenziale fra la terra e la nuvola prima del fulmine.

▶ Determina l'energia immagazzinata nel campo elettrico. [1,5 µF; 0,2 kC; 0,13 GV; 1,2·10^{10} J]

80 Attrazione fra armature

Le armature di un condensatore piano carico si attraggono perché una è caricata positivamente con carica $+Q$ e l'altra è caricata negativamente con carica $-Q$. La forza di attrazione non è data dalla legge di Coulomb perché le cariche non sono su piccoli oggetti.

▶ Calcola questa forza usando il fatto che un piccolo spostamento x delle armature produce una variazione di energia ΔU e questa è pari al lavoro fatto per spostare le armature. Considera due armature piane di area A a una distanza iniziale d, separate da aria.

▶ La forza con cui si attraggono non cambia all'aumentare della loro distanza. Sai spiegare perché ciò accade?

[$F = Q^2/(2\varepsilon A)$]

81 Condensatori... pensanti

La membrana di un assone di un neurone è una sottile guaina cilindrica avente il raggio $r = 10^{-5}$ m, la lunghezza $L = 0,1$ m e lo spessore $d = 10^{-8}$ m. La membrana, che ha una carica positiva da un lato e una negativa dall'altro, si comporta come un condensatore piano di area

$$A = 2\pi r L$$

e distanza tra le armature d. La sua costante dielettrica relativa è all'incirca $\varepsilon_r = 3$ e supponi che si applichi alla membrana una differenza di potenziale di 70 mV.

▶ Quanto vale la capacità della membrana?

▶ E la carica su ciascun lato della membrana?

▶ Calcola il campo elettrico tra le due superfici.

[0,02 µF; 1 nC; 7 MV/m]

82 Supercondensatori

L'utilizzo delle nanotecnologie permette di realizzare dei materiali che hanno una grandissima superficie rispetto alla loro massa. Combinandoli con opportuni elettroliti che consentono la realizzazione dell'isolamento su distanze molecolari (0,8 nm), è possibile costruire condensatori con capacità immense, oltre 1 kF. Si ritiene che uno degli impieghi più promettenti sia nei sistemi di recupero dell'energia in frenata dei veicoli per riceverla in fase di accelerazione.

La tecnologia più diffusa utilizza film di carbonio che permettono di ottenere una grande superficie attiva disponibile (1400 m^2/g) con una capacità specifica di 75 F/g.

▶ Calcola la costante dielettrica dell'elettrolita utilizzato.

L'elettrolita può essere utilizzato fino a una tensione di 2,7 V.

▶ Calcola l'energia specifica (per grammo) accumulabile. [4,8; 0,27 kJ/g]

Elettromagnetismo

LE COMPETENZE DEL FISICO

83 Teme l'umidità

L'aria secca è un buon isolante ma, a causa delle molecole d'acqua in essa presente, i corpi elettrizzati possono perdere nel giro di qualche decina di secondi tutta la carica accumulata. In giornate molto umide l'effetto delle molecole d'acqua è così forte che praticamente non si riesce a elettrizzare un corpo per strofinìo. Infatti, hai mai preso la scossa levandoti il maglione di lana in una giornata piovosa?

In una secca giornata invernale, prova a elettrizzare per strofinìo un oggetto di plastica: gli effetti saranno molto evidenti. Poi ripeti le stesse operazioni in una cucina in cui l'acqua di una pentola sta bollendo e nel bagno dopo aver fatto una doccia con l'acqua calda.

▶ Che cosa noti?

84 Un utile pendolino

Per eseguire semplici esperimenti sull'elettrizzazione dei corpi puoi costruirti un pendolino. Procurati un filo di cotone o di nylon e una pallina di alluminio da cucina. Fissa la pallina al filo e sospendila su un supporto. Poi esegui i seguenti esperimenti e registra ciò che accade:

▶ avvicina e allontana un pezzo di plastica strofinato con un panno di lana senza toccare la pallina;

▶ tocca la pallina con la plastica elettrizzata;

▶ tocca con un dito la pallina dopo che questa ha toccato la plastica.

85 Anche i muri hanno la loro attrattiva

Una parte della superficie di un palloncino è stata strofinata su un pezzo di stoffa e la carica che si trova sulla superficie mantiene attaccato il palloncino a una parete. Puoi considerare che la parte di palloncino aderente alla parete sia sostanzialmente piatta e abbia un'area $A \approx 30$ cm². Questa parte induce sulla parete una carica praticamente uguale Q, in questo modo puoi usare la formula della forza di attrazione tra due lastre:

$$F = \frac{1}{2} \frac{Q^2}{\varepsilon_0 A}$$

La massa del palloncino è circa 3 g.

▶ Stima la carica che si trova sulla superficie del palloncino che aderisce alla parete. [Q è almeno $4 \cdot 10^{-8}$ C]

86 Lattina a motore... elettrico

Procurati una lattina di alluminio come quelle delle bibite da 330 mL, svuotala e ponila su un tavolo. Puoi muoverla sfruttando l'induzione elettrostatica: basta avvicinare a essa senza toccarla un pezzo di plastica elettrizzato per strofinìo con un panno di lana.

▶ Fai un disegno della disposizione delle cariche elettriche durante l'induzione elettrostatica.

▶ La lattina rimane neutra?

▶ E allora perché si sposta?

▶ Questo fatto è una manifestazione di una proprietà fondamentale della forza elettrica: quale?

87 Nastro autoadesivo

Procurati un rotolo di nastro adesivo. In una giornata secca, puoi facilmente realizzare l'effetto mostrato nel video.

▶ Spiega l'origine dell'effetto.

▶ **VIDEO**

Nastro adesivo aperto violentemente: si richiude su se stesso

88 La carica della Terra

Vale il seguente risultato noto anche come *teorema di Coulomb*: il campo elettrico nelle immediate vicinanze di un conduttore in equilibrio elettrostatico ha modulo

$$E = \frac{\sigma}{\varepsilon}$$

dove σ è la densità locale di carica superficiale, ossia il rapporto fra la carica e l'area su cui si dispone.

In prossimità del suolo in media il campo elettrico terrestre è circa 150 V/m. Supponi che la Terra sia una sfera di raggio $R = 6,4 \cdot 10^6$ m e che la sua densità superficiale di carica sia uniforme.

▶ Stima la carica elettrica totale sulla superficie terrestre. [Circa 700 000 C]

Capitolo 13 Elettrostatica

89 Il condensatore «condensa» energia al suo interno
■■■

Durante il processo di carica, fra le armature di un condensatore si genera un campo elettrico. L'energia U immagazzinata durante il processo può essere interpretata anche come l'energia necessaria per creare un campo elettrico in una regione di spazio, l'interno del condensatore, in cui era assente.

Considera un condensatore piano ideale con armature di area A, poste a distanza d, fra le quali è interposto un isolante con costante dielettrica ε.

▶ Dimostra che l'energia immagazzinata nel campo elettrico al suo interno è

$$\text{energia} = \frac{1}{2}\varepsilon E^2 A d$$

▶ Dimostra che la densità di energia u, cioè il rapporto *energia/volume*, del campo elettrico nel condensatore è

$$u = \frac{1}{2}\varepsilon E^2$$

TEST DI AMMISSIONE ALL'UNIVERSITÀ

90
La differenza di potenziale elettrico ai capi di una lampadina è costante e pari a 100 V. Per un periodo di tempo pari a 1000 s la lampadina assorbe una potenza elettrica di 160 W.

▶ Sapendo che la carica dell'elettrone è $1,60 \cdot 10^{-19}$ C, quanti elettroni si può ritenere abbiano attraversato una sezione trasversale del filo che alimenta la lampadina nell'intervallo di tempo considerato?

- **A** 10^{-16}
- **B** 10^{22}
- **C** $1,60 \cdot 10^{22}$
- **D** 10^{23}
- **E** $6,02 \cdot 10^{23}$

(Medicina e Chirurgia, 2011/2012)

91
La maggior presenza di ossigeno in camera operatoria rende pericolosa la formazione di scintille.

▶ Al solo fine di scongiurare il rischio di produzione di scintille per via elettrostatica, gli operatori sanitari dovrebbero:

- **A** tenere bassa l'umidità dell'aria perché l'aria secca non disperde le cariche
- **B** indossare guanti di materiale isolante per ostacolare il passaggio delle cariche
- **C** indossare scarpe isolanti per impedire pericolose scariche a terra
- **D** indossare scarpe in grado di condurre, per scaricare a terra qualsiasi carica
- **E** evitare di strofinare con un panno bagnato gli aghi metallici, che potrebbero disperdere cariche per effetto della dispersione delle punte

(Medicina e Chirurgia, 2011/2012)

92
Due cariche elettriche uguali ed opposte si trovano ad una distanza D.

▶ Quanto vale il potenziale elettrico nel punto di mezzo tra le due cariche?

- **A** La metà del potenziale dovuto ad ogni singola carica
- **B** Il doppio del potenziale dovuto ad ogni singola carica
- **C** Zero
- **D** Tende all'infinito
- **E** Non è definito

(Medicina e Chirurgia, 2008/2009)

93
Gli squali sono dotati di organi in grado di rilevare debolissimi campi elettrici, sino a valori di 1 μV/m.

▶ A che distanza dovremmo porre due piani conduttori paralleli a cui applichiamo una differenza di potenziale di 1,5 mV per avere campi elettrici dell'ordine di quelli rilevati da uno squalo?

- **A** 1,5 μm
- **B** 15 μm
- **C** 1,5 mm
- **D** 1,5 m
- **E** 1,5 km

(Medicina veterinaria, 2010/2011)

esercizi

395

capitolo 14
La corrente elettrica

1 L'intensità di corrente elettrica

Si parla di **corrente** in presenza di un moto ordinato, rilevabile macroscopicamente, di unità elementari, come per esempio le molecole dei fluidi.

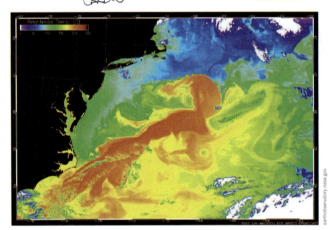

La Corrente del Golfo è un immenso flusso di acqua marina che si origina nel Golfo del Messico e risale la costa atlantica degli Stati Uniti fino oltre la Groenlandia.

Il vento è un moto di masse d'aria che avviene per effetto di differenze di pressione fra zone diverse della superficie terrestre.

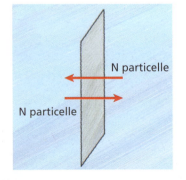

In realtà, a livello microscopico, le particelle dei fluidi si muovono incessantemente, ma in modo del tutto caotico. Se immaginiamo una superficie all'interno di un fluido in equilibrio, il numero di particelle che l'attraversa in un senso è uguale, in media, al numero di quelle che l'attraversa in verso opposto. Questo fa apparire immobile il fluido nel suo insieme.

Quando però tra due zone si stabilisce una differenza di densità, le molecole si spostano, in media, verso la zona di densità minore. Ciò è una conseguenza del fatto che, in quel verso, è minore la probabilità di urtare contro altre molecole che ne contrastino il moto. Al moto caotico delle particelle si somma una piccola componente di velocità, detta **velocità di deriva** v_d, verso la zona a densità minore. Questa velocità di deriva riguarda tutte le molecole dell'aria: il risultato macroscopico è una corrente di particelle che, nel caso dell'aria, chiamiamo «vento».

■ La corrente elettrica e la sua intensità

L'azione di un campo elettrico su un corpo può dar luogo a un moto «collettivo» delle cariche elettriche in esso presenti che prende il nome di **corrente elettrica**.

Si dice **intensità di corrente elettrica** i la quantità di carica che attraversa una sezione di un conduttore nell'unità di tempo.

Quando la quantità di carica ΔQ attraversa una sezione di un conduttore nell'intervallo di tempo Δt l'intensità di corrente è

$$i = \frac{\Delta Q}{\Delta t}$$

L'unità di misura dell'intensità di corrente è l'*ampere* (A). Una corrente ha un'intensità di 1 ampere quando fluisce 1 coulomb di carica ogni secondo:

$$1\,\text{A} = \frac{1\,\text{C}}{1\,\text{s}}$$

Per convenzione, si stabilisce che

il segno positivo dell'intensità di corrente è quello in cui si muovono le cariche positive e il segno negativo quello in cui si muovono le cariche negative.

Quando l'intensità di una corrente non cambia nel tempo, e quindi il rapporto $\Delta Q/\Delta t$ rimane invariato, si parla di **corrente continua**.

2 Un modello microscopico per la conduzione nei metalli

I metalli sono ottimi conduttori perché uno o due elettroni per atomo sono liberi di muoversi all'interno dei reticoli cristallini che formano la loro struttura interna; questi elettroni sono detti **elettroni di conduzione**.

In assenza di campo elettrico esterno gli elettroni di conduzione si muovono ad altissima velocità, in modo caotico e senza alcuna direzione privilegiata. Immaginando di registrare le loro traiettorie otterremmo nuvolette di forma mediamente sferica.

Sotto l'azione di un campo elettrico esterno $\vec{E}$, tutti gli elettroni di conduzione si spostano in modo coordinato con una velocità di deriva $\vec{v}_d$, anche se il loro moto resta caotico: le nuvolette si spostano lentamente in verso opposto a $\vec{E}$.

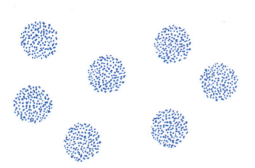

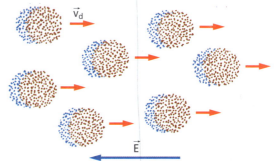

In presenza di un campo elettrico esterno, lo spostamento degli elettroni di conduzione lungo la direzione del campo elettrico dà origine a una corrente elettrica.

La velocità di deriva con cui gli elettroni si muovono in un conduttore sottoposto a un campo elettrico è molto piccola, solo qualche decimetro all'ora!

Elettromagnetismo

SIMULAZIONE

La conduzione nei metalli

(PhET, Univerity of Colorado)

■ Una stima della velocità di deriva

Consideriamo un tratto di conduttore metallico di lunghezza L e sezione A, al cui interno sono presenti n_e elettroni di conduzione per ogni metro cubo. In presenza di un campo elettrico $\vec{E}$ acquistano una velocità di deriva $\vec{v}_d$.

Gli N elettroni, ciascuno con carica e, che attraversano la sezione A nell'intervallo di tempo Δt, danno luogo a un'intensità di corrente

$$i = N\frac{e}{\Delta t}$$

Gli elettroni si spostano con la velocità di deriva v_d, per cui nell'intervallo di tempo Δt attraversano la sezione A gli elettroni contenuti in uno strato di spessore $v_d \Delta t$. Il loro numero N è dato dal prodotto

$$N = \text{(volume in m}^3\text{ dello strato)}\text{(numero di elettroni per m}^3\text{)}$$

Il volume dello strato è $v_d \Delta t A$, pertanto il numero N di elettroni che attraversano la sezione A nell'intervallo Δt è

$$N = n_e v_d \Delta t A$$

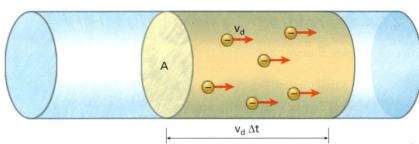

Inserendo questa relazione nella prima formula si ottiene che l'intensità di corrente è

$$i = e n_e v_d A$$

La fisica di tutti i giorni
Una corrente... lenta

Analizziamo un caso concreto. Durante la fase di carica, attraverso un filo ($A = 2$ mm^2) di rame ($n_e = 8{,}1 \cdot 10^{28}$ elettroni/m^3) che collega il caricabatterie al computer portatile scorre una corrente di circa 2 A. La velocità di deriva degli elettroni nel cavo è circa

$$v_d = \frac{i}{e n_e A} =$$

$$= \frac{2\,\text{A}}{(1{,}6 \cdot 10^{-19}\,\text{C})(8{,}1 \cdot 10^{28}\,\text{elettroni/m}^3)(2 \cdot 10^{-6}\,\text{m}^2)} = 8 \cdot 10^{-5}\,\text{m/s}$$

ossia 0,08 mm/s. Per spostarsi lungo un filo di 2 m un elettrone impiega 25 000 s, circa 7 ore!

3 Il generatore di tensione

Quando un conduttore viene immerso in un campo elettrico $\vec{E}_{est}$, i suoi elettroni liberi si muovono e danno luogo a una corrente. Però questa corrente si interrompe immediatamente perché gli elettroni, spostandosi, creano distribuzioni di cariche indotte agli estremi. Tali distribuzioni creano un campo indotto $\vec{E}_{ind}$ che annulla il campo elettrico dentro al conduttore.

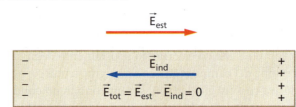

398

Per mantenere un campo elettrico, e quindi una corrente, all'interno del conduttore è necessario rimuovere continuamente queste cariche con l'ausilio di una sorgente di energia esterna. Il dispositivo che mantiene una differenza di potenziale ai capi di un conduttore è detto **generatore di tensione**.

Una semplice analogia meccanica del generatore di tensione è una pompa che agisce come «generatore di dislivello».

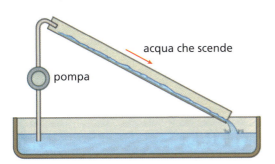

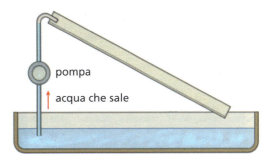

L'acqua scende verso il basso per effetto della differenza di potenziale gravitazionale fra i livelli iniziale e finale.

La pompa «ricrea» il dislivello iniziale compiendo sull'acqua un lavoro opposto a quello della forza di gravità.

■ La fem di un generatore di tensione

Un generatore di tensione ha due **terminali** o **poli** e mantiene una differenza di potenziale (d.d.p.) fra essi, compiendo un lavoro per spostare al suo interno le cariche elettriche in verso opposto a quello in cui fluirebbero spontaneamente.

> La **forza elettromotrice** (**fem**) di un generatore è il lavoro per unità di carica che esso compie per spostare le cariche al suo interno.

La forza elettromotrice di un generatore che compie un lavoro L per spostare una quantità di carica ΔQ è

$$\text{fem} = \frac{L}{\Delta Q}$$

L'unità di misura della fem è *joule/coulomb* (J/C), cioè *volt* (V).

Nella **figura a fianco** è rappresentato il simbolo del generatore di fem. La barra lunga indica la zona a potenziale alto (il polo positivo) e quella corta la zona a potenziale basso (il polo negativo).

I generatori più comuni sono la pila alcalina da 1,5 V, la batteria di automobile da 12 V, l'alimentatore per ricaricare il cellulare da 4,5 V.

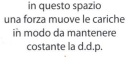

in questo spazio una forza muove le cariche in modo da mantenere costante la d.d.p.

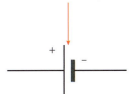

Con due pile da 1,5 V si può ottenere un generatore da 3,0 V: basta connettere il polo negativo di una pila col polo positivo dell'altra.

Mediante connessioni in serie di questo tipo, si può ottenere un generatore con una fem totale che è la somma delle fem dei singoli generatori utilizzati.

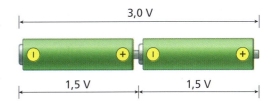

Elettromagnetismo

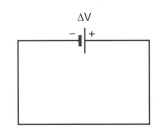

La potenza elettrica

Quando i terminali di un generatore di tensione sono connessi fra loro mediante un **circuito**, ossia mediante una serie di conduttori, si realizza un ciclo continuo caratterizzato da due fasi:

- la corrente scorre nel circuito dal polo positivo al polo negativo del generatore, cioè verso la zona che ha minore potenziale elettrico;
- il generatore «riporta» le cariche nella zona con maggior potenziale elettrico, trasferendole al suo interno dal polo negativo al polo positivo.

Per effettuare questo spostamento, il generatore compie lavoro sulle cariche che poi a loro volta lo restituiscono durante l'attraversamento del circuito. In questo modo il generatore eroga al circuito una potenza elettrica

$$P = \Delta V \cdot i$$

dove ΔV è la differenza di potenziale ai capi del generatore e i è la corrente elettrica che scorre nel circuito.

L'unità di misura della potenza è il *watt*; infatti

$$(1\,\text{V})(1\,\text{A}) = 1\,\frac{\text{J}}{\text{C}} \cdot 1\,\frac{\text{C}}{\text{s}} = 1\,\frac{\text{J}}{\text{s}} = 1\,\text{W}$$

Per dimostrare la relazione precedente, consideriamo un piccolo tratto rettilineo di conduttore di lunghezza l, percorso da una corrente i per effetto della differenza di potenziale ΔV presente ai suoi estremi.

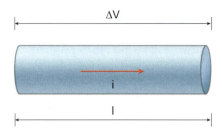

Il campo elettrico nel conduttore ha intensità

$$E = \frac{\Delta V}{l}$$

e produce una forza di modulo $F = E\Delta Q$ su una quantità di carica ΔQ. Il lavoro compiuto dal campo sulla carica ΔQ lungo il tratto l è

$$L = Fl = \Delta Q\, El = \Delta Q\, \frac{\Delta V}{l}\, l = \Delta Q\, \Delta V$$

Se lo spostamento avviene in un intervallo di tempo Δt, la potenza prodotta è

$$P = \frac{\Delta L}{\Delta t} = \frac{\Delta Q\, \Delta V}{\Delta t} = \frac{\Delta Q}{\Delta t}\, \Delta V$$

Osservando che $i = \Delta Q/\Delta t$, si ottiene:

$$P = i\,\Delta V$$

Consumi elettrici e kilowattora

Le aziende che forniscono energia elettrica conteggiano nella bolletta l'energia effettivamente erogata a ogni utenza. L'unità di energia utilizzata nella bolletta è il **kilowattora** (kWh), cioè l'energia assorbita in 1 ora da un dispositivo che dissipa la potenza di 1 kW:

$$1\,\text{kWh} = (1000\,\text{W})(3600\,\text{s}) = 3\,600\,000\,\text{J} = 3{,}6\cdot 10^6\,\text{J} = 3{,}6\,\text{MJ}$$

Capitolo **14** La corrente elettrica

La fisica di tutti i giorni
Kilowattora in bolletta

Nella bolletta dei consumi elettrici in genere è riportato il consumo annuo totale in kWh. Nel caso di una famiglia con un consumo annuo di $2{,}5 \cdot 10^3$ kWh, l'energia assorbita dalla rete elettrica è stata

$$E = (2{,}5 \cdot 10^3 \text{ kWh}) \left(\frac{3{,}6 \text{ MJ}}{1 \text{ kWh}} \right) = 9 \text{ GJ}$$

ossia circa 9 miliardi di joule.

Dalla combustione di 1 kg di carbone si ricavano 30 MJ/kg di energia, utilizzando i quali una centrale elettrica con rendimento del 35% produce circa

$$(30 \text{ MJ}) \cdot 0{,}35 = 10 \text{ MJ}$$

di energia elettrica. Per fornire energia elettrica a quella famiglia occorre ogni anno una quantità di carbone pari a circa

$$\frac{9 \text{ GJ}}{10 \text{ MJ/kg}} = 900 \text{ kg}$$

4 Le leggi di Ohm

■ Un semplice circuito elettrico

Quando tra i due estremi di un filo metallico si mantiene una differenza di potenziale costante nel tempo mediante un generatore di tensione, nel filo scorre una corrente elettrica. Se le condizioni in cui avviene l'esperimento rimangono stabili, anche la corrente rimane costante nel tempo.

È ragionevole attendersi che l'intensità della corrente dipenda da due fattori: la tensione del generatore, cioè la differenza di potenziale fornita ai capi del filo, e le caratteristiche del filo.

Come osservò per primo Alessandro Volta e in seguito dimostrò il tedesco Georg Simon Ohm (1775-1836), in un filo conduttore l'intensità di corrente è direttamente proporzionale alla differenza di potenziale applicata ai suoi capi.

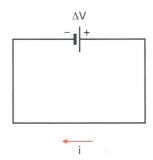
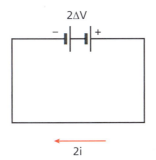
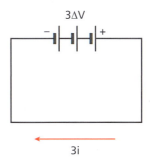

Riportando le misure (differenza di potenziale-intensità di corrente) in un grafico ΔV-i, si ottiene la curva caratteristica del filo, che è una retta passante per l'origine.

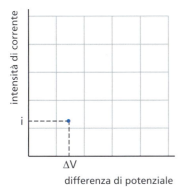
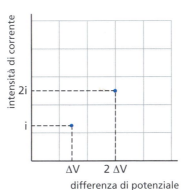
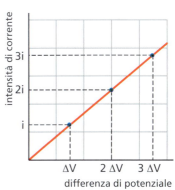

401

Elettromagnetismo

Questa relazione empirica è nota come **prima legge di Ohm**:

> l'intensità di corrente *i* che scorre in un filo metallico è proporzionale alla differenza di potenziale ΔV applicata ai suoi capi
> $$i = \frac{1}{R} \Delta V$$

Dentro la formula

- La costante di proporzionalità $1/R$ è l'inverso della **resistenza** R del filo: R è una grandezza caratteristica del filo e dipende dalle sue dimensioni, dal metallo di cui è fatto e dalla sua temperatura.

- Esplicitando la resistenza si ottiene $R = \Delta V/i$: R si misura quindi in *volt/ampere* (V/A). Questa unità di misura è detta *ohm* (Ω):
$$1\,\Omega = \frac{1\,\text{V}}{1\,\text{A}}$$

- Il termine *resistenza* indica che la corrente incontra un'opposizione nel passaggio attraverso il filo: tanto più grande è R, tanto più piccola è la costante $1/R$ e, quindi, l'intensità di corrente che attraversa il filo per una data tensione. Se due fili hanno resistenze R_1 e R_2, con $R_1 < R_2$, allora $1/R_1 > 1/R_2$: a parità di tensione, nel filo con resistenza minore passa una corrente maggiore.

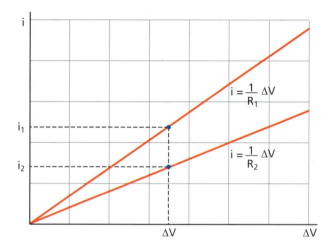

- La prima legge di Ohm è spesso scritta nella forma
$$\Delta V = R i$$

SIMULAZIONE

La resistenza elettrica

(PhET, Univerity of Colorado)

La prima legge di Ohm vale per una classe ampia di conduttori che vengono per questo detti **conduttori ohmici**. Nelle applicazioni pratiche, gli elementi di un circuito elettrico che soddisfano la prima legge di Ohm si dicono **resistori** e sono rappresentati dal simbolo

Nella rappresentazione grafica di un circuito, le linee continue indicano i fili di connessione fra i vari elementi; si suppone che questi fili abbiano resistenza trascurabile.

■ La seconda legge di Ohm

La resistenza di un filo di un dato materiale dipende dalle sue caratteristiche geometriche. Misure sperimentali mostrano infatti che la resistenza R di un filo risulta:

- direttamente proporzionale alla lunghezza L del filo: $R \propto L$;
- inversamente proporzionale alla sezione A del filo: $R \propto 1/A$.

D'altra parte fili con le stesse dimensioni ma fatti di materiali diversi hanno resistenze diverse.

Queste leggi empiriche sono sintetizzate nella seconda **legge di Ohm**:

> la resistenza R di un filo di lunghezza L e sezione A è
> $$R = \rho \frac{L}{A}$$
> dove ρ è la **resistenza specifica** o **resistività** del materiale di cui è composto.

Dentro la formula

- Esplicitando la resistività si ha
$$\rho = \frac{RA}{L}$$
La resistività si misura quindi in $\Omega \cdot m^2/m = \Omega \cdot m$.

La tabella riporta i valori della resistività di alcuni materiali a 20 °C.

Resistività di alcuni materiali a 20 °C	
Materiale	**Resistività ($\Omega \cdot m$)**
Argento	$1{,}6 \cdot 10^{-8}$
Rame	$1{,}7 \cdot 10^{-8}$
Oro	$2{,}4 \cdot 10^{-8}$
Alluminio laminato	$2{,}8 \cdot 10^{-8}$
Magnesio	$4{,}5 \cdot 10^{-8}$
Tungsteno	$5{,}3 \cdot 10^{-8}$
Ottone laminato	$6{,}4 \cdot 10^{-8}$
Ferro	$9{,}7 \cdot 10^{-8}$
Platino	$11 \cdot 10^{-8}$
Acciaio non legato	$14 \cdot 10^{-8}$
Piombo	$21 \cdot 10^{-8}$
Titanio	$55 \cdot 10^{-8}$
Acciaio inox	$71 \cdot 10^{-8}$
Nichel-cromo	$100 \cdot 10^{-8}$

5 L'effetto Joule

Un conduttore è attraversato da corrente perché i suoi elettroni si spostano per effetto della differenza di potenziale ai suoi estremi. Gli elettroni acquistano energia cinetica e la trasferiscono durante gli urti agli atomi del reticolo del conduttore. Questo processo di trasferimento di energia avviene incessantemente a causa dell'elevatissima frequenza con cui gli elettroni urtano gli atomi del conduttore. Il lavoro compiuto dal campo elettrico sugli elettroni viene dissipato all'interno del conduttore e si manifesta a livello macroscopico come energia termica che provoca il riscaldamento del conduttore.

L'effetto del passaggio di corrente in un conduttore è quindi la trasformazione di energia elettrica in calore ed è noto come **effetto Joule**.

La potenza dissipata da un conduttore è l'energia termica per unità di tempo prodotta dal passaggio di corrente in esso.

Elettromagnetismo

Vale il seguente risultato:

> la potenza dissipata in un conduttore con resistenza R attraversato da una corrente di intensità i è
>
> $$P = R \cdot i^2$$

Dentro la formula

- L'unità di misura della potenza è il *watt*; infatti

$$(1\,\Omega)(1\,\text{A})^2 = \frac{1\,\text{V}}{1\,\text{A}}(1\,\text{A})^2 = (1\,\text{V})(1\,\text{A}) = 1\,\frac{\text{J}}{\text{C}} \cdot 1\,\frac{\text{C}}{\text{s}} = 1\,\frac{\text{J}}{\text{s}} = 1\,\text{W}$$

Dimostriamo la formula dell'effetto Joule. La corrente i che attraversa il conduttore è dovuta alla differenza di potenziale ΔV presente ai capi di esso e fornita dal generatore di tensione. Per mantenere questa corrente il generatore eroga al conduttore una potenza elettrica

$$P = \Delta V \cdot i$$

Per la prima legge di Ohm, in un conduttore con resistenza R si ha

$$\Delta V = Ri$$

Sostituendo nella relazione precedente si ottiene in definitiva

$$P = (Ri) \cdot i = R\,i^2$$

La fisica di tutti i giorni
Dispositivi elettrici ed effetto Joule

Qualsiasi conduttore percorso da corrente elettrica si scalda. In alcuni casi l'effetto di riscaldamento è quello desiderato: per esempio il riscaldatore a immersione è formato da

un elemento conduttore, posto all'interno del tubicino di acciaio, che raggiunge temperature molto elevate quando è percorso da corrente.

In modo analogo, asciugacapelli, lavatrici e ferri da stiro usano elementi conduttori percorsi da corrente per generare calore da trasmettere all'aria, all'acqua o alla piastra di acciaio. Le lampadine con filamento portano agli estremi il processo di riscaldamento di un conduttore – che è il filamento stesso della lampadina – fino a raggiungere l'incandescenza e irradiare sotto forma di luce parte dell'energia termica prodotta.

In altri casi l'effetto di riscaldamento è indesiderato e deve essere limitato per evitare il surriscaldamento degli elementi del circuito. Le alette di raffreddamento e le ventole presenti su alcuni sistemi elettronici, come la scheda madre del computer, hanno lo scopo di dissipare il calore per evitare temperature troppo elevate che danneggerebbero il dispositivo.

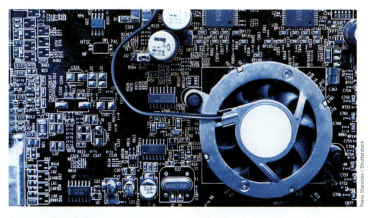

6 Circuiti con resistori

Anche senza saperlo usiamo quotidianamente circuiti con resistori, detti anche *resistivi*. Per esempio, tutti i dispositivi portatili come smartphone o tablet sono dotati di schermi «tattili», detti *touchscreen*, che «leggono» la posizione del punto toccato sullo schermo con il dito. I primi modelli di touchscreen, ancora largamente utilizzati, erano di tipo resistivo.

Quando il dito tocca la membrana conduttrice esterna di un touchscreen resistivo, di fatto chiude simultaneamente due circuiti resistivi, uno per l'asse orizzontale e uno per l'asse verticale.

Il sistema operativo del dispositivo interpreta il segnale elettrico generato dalla pressione del dito. Dopo aver identificato le coordinate del punto toccato, il software attiva la funzione visualizzata in quel punto dello schermo. Per esempio, se il dito tocca il pulsante di scelta della lettera «A», il software acquisisce tale scelta e colloca la lettera «A» in una finestra di inserimento.

La fisica di tutti i giorni
Touchscreen

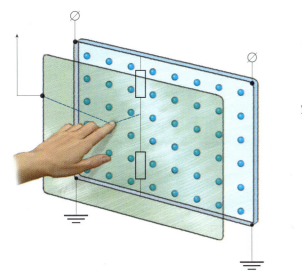

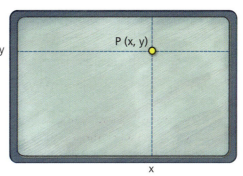

■ Connessioni in serie e in parallelo

I circuiti elettrici più semplici sono quelli composti da uno o più generatori di tensione collegati a una rete di resistori. Tra le molteplici configurazioni con cui si possono connettere fra di loro insiemi di resistori, rivestono particolare importanza le connessioni in serie e le connessioni in parallelo.

Nella **connessione in serie** un solo estremo di un resistore è collegato a un solo estremo del resistore adiacente in modo che la *stessa corrente* attraversi tutti i resistori.

Nella **connessione in parallelo** i resistori sono collegati agli stessi due punti del circuito in modo che siano sottoposti alla *stessa differenza di potenziale*.

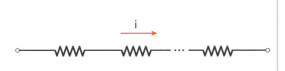

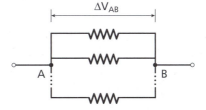

■ Resistenza equivalente

In molti casi è possibile determinare la **resistenza equivalente** R_{eq} di una configurazione di resistori, cioè la resistenza che dovrebbe avere un singolo resistore per assorbire la stessa corrente dell'intera configurazione di resistori, qualora fosse inserito nel circuito al posto di essa.

Elettromagnetismo

Immaginiamo di rimuovere dal circuito la configurazione di resistori e di sostituirla con un unico resistore.

Il resistore ha resistenza equivalente R_{eq} alla configurazione rimossa se assorbe dal circuito la stessa corrente, per cui

$$R_{eq} = \frac{\Delta V}{i}$$

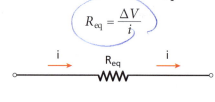

La sostituzione di una configurazione di resistori con un resistore avente una resistenza equivalente non provoca alcun cambiamento nel circuito esterno.

■ Partitori di tensione e resistori in serie

La connessione di due o più resistori in serie realizza un **partitore di tensione**. Per comprendere l'origine del nome consideriamo una serie formata da tre resistori, con resistenze R_1, R_2 e R_3, e sottoposta a una tensione totale ΔV_{AB}.

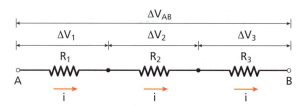

I tre resistori sono attraversati dalla stessa corrente perché le cariche non scompaiono né si accumulano all'interno dei conduttori. Mediante la prima legge di Ohm determiniamo la tensione ai capi di ciascun resistore:

$$\Delta V_1 = R_1 i \qquad \Delta V_2 = R_2 i \qquad \Delta V_3 = R_3 i$$

La tensione totale ΔV_{AB} è uguale alla somma delle tensioni ai capi dei tre resistori:

$$\Delta V_{AB} = \Delta V_1 + \Delta V_2 + \Delta V_3$$

Sostituendo in questa espressione le relazioni precedenti si ha

$$\Delta V_{AB} = R_1 i + R_2 i + R_3 i$$

Questo risultato può essere generalizzato:

> un partitore di tensione ripartisce la tensione totale ΔV_{AB} con cui viene alimentato in modo tale che ai capi di ciascun resistore la tensione sia direttamente proporzionale al valore della rispettiva resistenza.

Questa proprietà dei partitori di tensione consente di determinare la resistenza equivalente di una serie di resistori:

> la resistenza equivalente R_{eq} di più resistori posti in serie è la somma delle resistenze dei singoli resistori che la compongono:
> $$R_{eq} = R_1 + R_2 + R_3 + \cdots$$

Dimostriamo questa relazione nel caso di tre resistori. La serie dei tre resistori può essere sostituita con un resistore avente resistenza equivalente R_{eq} tale che

$$\Delta V_{AB} = R_{eq} i$$

Sostituendo nell'equazione per la tensione totale si ha

$$R_{eq}\, i = R_1\, i + R_2\, i + R_3\, i$$

Il resistore equivalente è attraversato dalla stessa corrente i dei tre resistori in serie, quindi i si semplifica e si ottiene

$$R_{eq} = R_1 + R_2 + R_3$$

Partitori di corrente e resistori in parallelo

La connessione di due o più resistori posti in parallelo realizza un **partitore di corrente**. Per comprendere l'origine del nome consideriamo un collegamento parallelo fra tre resistori, con resistenze rispettivamente R_1, R_2 e R_3, sottoposti alla stessa tensione ΔV_{AB}.

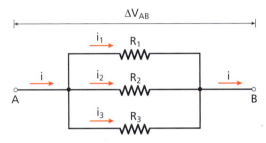

Per la legge di Ohm si ha:

$$i_1 = \frac{\Delta V_{AB}}{R_1} \qquad i_2 = \frac{\Delta V_{AB}}{R_2} \qquad i_3 = \frac{\Delta V_{AB}}{R_3}$$

La corrente i che transita nel parallelo è ripartita nelle tre correnti i_1, i_2 e i_3. Le cariche non scompaiono né si accumulano all'interno dei conduttori, per cui la corrente i è la somma delle correnti che attraversano ciascun resistore:

$$i = i_1 + i_2 + i_3$$

Sostituendo in questa espressione le relazioni precedenti si ha

$$i = \frac{\Delta V_{AB}}{R_1} + \frac{\Delta V_{AB}}{R_2} + \frac{\Delta V_{AB}}{R_3}$$

Questo risultato può essere generalizzato:

> il partitore di corrente ripartisce la corrente che lo attraversa in modo tale che ciascun resistore è attraversato da una corrente di intensità inversamente proporzionale al valore della rispettiva resistenza.

Questa proprietà dei partitori di corrente consente di determinare la resistenza equivalente di un parallelo di resistori:

> la resistenza equivalente R_{eq} di più resistori posti in parallelo è tale che il suo inverso è uguale alla somma degli inversi delle resistenze dei singoli resistori:
> $$\frac{1}{R_{eq}} = \frac{1}{R_1} + \frac{1}{R_2} + \frac{1}{R_3} + \cdots$$

Se il parallelo è formato da due resistori si può scrivere

$$\frac{1}{R_{eq}} = \frac{1}{R_1} + \frac{1}{R_2} = \frac{R_1 + R_2}{R_1 R_2}$$

e quindi la resistenza equivalente si calcola direttamente con la formula

$$R_{eq} = \frac{R_1 R_2}{R_1 + R_2}$$

Dimostriamo la relazione per R_{eq} nel caso di tre resistori. Il parallelo dei tre resistori può essere sostituito con un resistore avente resistenza equivalente R_{eq} tale che

$$i = \frac{\Delta V_{AB}}{R_{eq}}$$

Sostituendo nell'equazione per la corrente i si ha

$$\frac{\Delta V_{AB}}{R_{eq}} = \frac{\Delta V_{AB}}{R_1} + \frac{\Delta V_{AB}}{R_2} + \frac{\Delta V_{AB}}{R_3}$$

Il resistore equivalente è sottoposto alla stessa tensione degli altri resistori, quindi ΔV_{AB} si semplifica e si ottiene

$$\frac{1}{R_{eq}} = \frac{1}{R_1} + \frac{1}{R_2} + \frac{1}{R_3}$$

■ Potenza dissipata nei partitori

In un partitore di tensione tutti i resistori sono attraversati dalla stessa corrente i, quindi la potenza dissipata da ciascun resistore è direttamente proporzionale al valore della sua resistenza:

$$P = i^2 R$$

La resistenza maggiore dissipa più potenza. Consideriamo per esempio un semplice circuito formato da una lampadina connessa a un generatore per mezzo di due fili di rame.

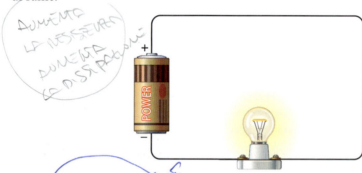

La lampadina e i fili sono in serie. Quando la lampadina è accesa quasi tutta la potenza garantita dal generatore è dissipata nel filamento, che diventa incandescente, mentre il riscaldamento dei fili è trascurabile perché hanno una resistenza molto più bassa di quella del filamento.

In un partitore di corrente i resistori sono sottoposti alla stessa tensione ΔV, quindi la potenza dissipata da ciascun resistore è inversamente proporzionale al valore della sua resistenza:

$$P = \Delta V\, i = \Delta V \frac{\Delta V}{R} = \frac{\Delta V^2}{R}$$

La potenza maggiore è dissipata dal resistore con minor resistenza. Consideriamo per esempio un semplice circuito formato da due lampadine in parallelo connesse a un generatore di tensione.

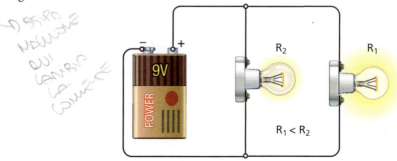

La lampadina più luminosa è quella che ha la resistenza più piccola.

7 La risoluzione di un circuito di resistori

Il funzionamento dei dispositivi elettrici si basa sull'impiego di un'enorme varietà di circuiti contenenti fra l'altro resistori. Le caratteristiche di un circuito dipendono dai collegamenti tra i diversi componenti, come i resistori e i generatori di tensione. Per comprendere le proprietà con cui opera è necessario saper *risolvere* il circuito. In particolare, risolvere un circuito di resistori significa determinare le intensità e i versi delle correnti che scorrono in esso a partire dalla conoscenza delle tensioni applicate e dei valori delle resistenze presenti.

Analizziamo mediante un esempio come si affronta la risoluzione di un semplice circuito.

Il circuito in esame si risolve sostituendo ai resistori in serie e in parallelo i rispettivi resistori equivalenti, fino a ridurre l'intera rete a un unico resistore equivalente.

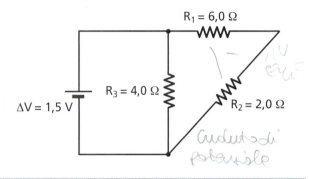

Sostituiamo la serie di R_1 e R_2 con il resistore equivalente che ha resistenza

$$R_4 = R_1 + R_2 = 6{,}0\ \Omega + 2{,}0\ \Omega = 8{,}0\ \Omega$$

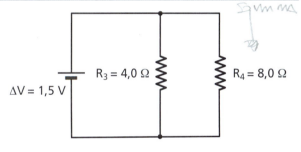

Sostituiamo il parallelo di R_3 e R_4 con il resistore equivalente che ha resistenza

$$R_5 = \frac{R_3 R_4}{R_3 + R_4} = \frac{(4{,}0\ \Omega)(8{,}0\ \Omega)}{4{,}0\ \Omega + 8{,}0\ \Omega} = 2{,}7\ \Omega$$

La corrente erogata dal generatore ha intensità

$$i = \frac{\Delta V}{R_5} = \frac{1{,}5\ \text{V}}{2{,}7\ \Omega} = 0{,}56\ \text{A}$$

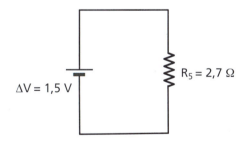

Nel parallelo le correnti sono

$$i_2 = \frac{\Delta V}{R_3} = \frac{1{,}5\ \text{V}}{4\ \Omega} = 0{,}37\ \text{A}$$

$$i_1 = \frac{\Delta V}{R_4} = \frac{1{,}5\ \text{V}}{8\ \Omega} = 0{,}19\ \text{A}$$

Notiamo che

$$i = i_1 + i_2$$

pertanto la corrente totale è

$$i = 0{,}37\ \text{A} + 0{,}19\ \text{A} = 0{,}56\ \text{A}$$

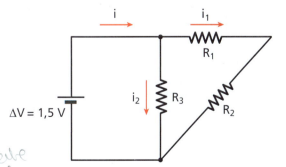

Elettromagnetismo

■ Amperometro e voltmetro

Per effettuare misure di intensità di corrente e di differenza di potenziale in un circuito si impiegano strumenti detti rispettivamente **amperometri** e **voltmetri**.

L'amperometro misura l'intensità di corrente che lo attraversa: per questo deve essere connesso in serie nel tratto di circuito in cui si vuole misurare la corrente i.

Il voltmetro misura la differenza di potenziale fra i punti A e B ai quali è connesso: deve quindi essere collegato in parallelo al tratto di circuito fra A e B di cui si vuole misurare ΔV.

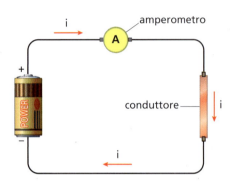
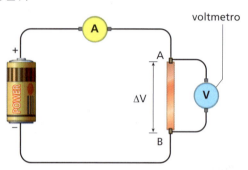

Uno strumento di misura deve alterare il meno possibile la grandezza che sta misurando: ciò pone un vincolo alla resistenza interna dell'amperometro e del voltmetro.

L'amperometro deve avere una resistenza interna R_{int} piccolissima, in modo da provocare ai suoi estremi una differenza di potenziale trascurabile: se

$$R_{int} \approx 0$$

allora

$$\Delta V = R_{int}\, i \approx 0$$

Il voltmetro deve avere una resistenza interna R_{int} grandissima, in modo da essere attraversato da una corrente trascurabile: se

$$R_{int} \to \infty$$

allora

$$i = \frac{\Delta V}{R_{int}} \approx 0$$

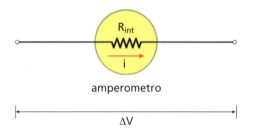

Il **multimetro** è uno strumento digitale che esegue le funzioni di amperometro e di voltmetro. Dopo aver selezionato la funzione desiderata, mediante la rotazione della ghiera centrale, si collegano i contatti mobili sui punti del circuito in cui si intende effettuare la misura con una fondamentale avvertenza: per misure di corrente la connessione deve essere in serie mentre per misure di tensione deve essere in parallelo.

8 La resistenza interna di un generatore di tensione

Supponiamo di mettere a punto in laboratorio la disposizione illustrata a pagina seguente. Un generatore è connesso a un circuito dotato di un interruttore e un voltmetro misura la differenza di potenziale ai terminali del generatore.

Quando l'interruttore è aperto, ossia i contatti A e B non si toccano, il voltmetro misura una differenza di potenziale ai capi del generatore uguale alla fem di questo. La resistenza del voltmetro è così alta che si può trascurare la corrente che scorre nel circuito. Per questo motivo il valore indicato dal voltmetro si dice differenza di potenziale *a terminali aperti*.

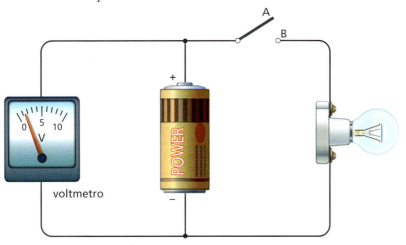

voltmetro

In generale

> la fem è la differenza di potenziale di un generatore *a terminali aperti*.

Quando si chiude l'interruttore, portando a contatto A con B, una corrente scorre attraverso il circuito costituito dal carico, in questo caso una lampadina, dai fili e dal generatore. Il voltmetro segnala che ai terminali del generatore è presente una differenza di potenziale minore della fem misurata precedentemente. Quindi fem a morsetti aperti e differenza di potenziale durante l'utilizzo non coincidono, ma il secondo valore è sempre più piccolo del primo. Responsabile di questo comportamento è la **resistenza interna** R_i del generatore, che ha origine dall'opposizione che le cariche elettriche risentono nel passaggio attraverso il generatore.

La resistenza interna provoca una caduta di potenziale

$$\Delta V_{int} = R_i \, i$$

e il voltmetro segna una differenza di potenziale ΔV effettiva che è minore della fem e vale

$$\Delta V = \text{fem} - \Delta V_{int} = \text{fem} - R_i \, i$$

dove i è la corrente che attraversa il circuito alimentato dal generatore.

9 La corrente elettrica nei liquidi e nei gas

La corrente elettrica nei liquidi

Le sostanze liquide possono essere isolanti o conduttrici. L'olio è un ottimo isolante, al contrario del mercurio che, pur essendo liquido a temperatura ambiente, è anche un metallo e come tale è un buon conduttore.

Per studiare la conduzione di un liquido o di una soluzione si usa un dispositivo detto **cella elettrolitica**, composto da un generatore di tensione a cui sono connessi due **elettrodi** metallici inseriti nel recipiente che contiene la sostanza in esame.

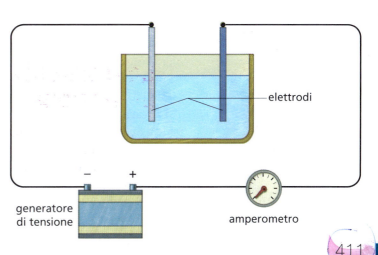

generatore di tensione — amperometro — elettrodi

Elettromagnetismo

L'acqua distillata è un buon dielettrico, ma diventa conduttrice quando viene disciolto in essa un **elettrolita**, cioè un soluto che si dissocia in ioni positivi e negativi, come per esempio il sale da cucina. In acqua le molecole di cloruro di sodio (NaCl) si dissociano in ioni Na$^+$ e Cl$^-$.

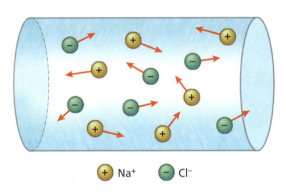
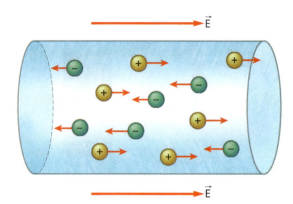

In una situazione di equilibrio senza generatore esterno, gli ioni si spostano in modo incessante e caotico. L'effetto medio di questi moti è nullo: a livello macroscopico non si rileva alcuna corrente.

In presenza di un campo elettrico $\vec{E}$ generato dagli elettrodi, sulle cariche agiscono forze che spingono gli ioni Na$^+$ nel verso di $\vec{E}$ e gli ioni Cl$^-$ nel verso opposto: questo moto ordinato di cariche è una corrente elettrica.

In generale i fenomeni che avvengono al passaggio della corrente nelle soluzioni sono piuttosto complessi. Vediamo per esempio il caso del cloruro di sodio sciolto in acqua. All'elettrodo positivo si forma cloro gassoso:

$$2\,\mathrm{Cl}^- - 2\,\mathrm{e}^- \to \mathrm{Cl}_2$$

Lo ione sodio positivo tende a prendere l'elettrone da una molecola d'acqua, per cui si ha la reazione

$$2\,\mathrm{Na}^+ + 2\,\mathrm{H_2O} + 2\,\mathrm{e}^- \to 2\,(\mathrm{Na}^+ + \mathrm{OH}^-) + \mathrm{H_2} \to 2\,\mathrm{NaOH} + \mathrm{H_2}$$

Si formano così idrogeno, che gorgoglia sotto forma di gas, e idrossido di sodio, che resta in soluzione.

■ La corrente nei gas

All'interno di un tubo di vetro pieno di gas, due elettrodi generano un campo elettrico $\vec{E}$. In condizioni normali le molecole del gas sono neutre: nel gas non passa corrente. Un urto con una particella carica veloce o una radiazione elettromagnetica ad alta frequenza può ionizzare alcune molecole del gas: il campo $\vec{E}$ accelera i prodotti della ionizzazione e si forma una debole corrente elettrica.

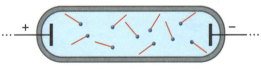

i ≠ 0 se il gas viene ionizzato

Quando la tensione fra gli elettrodi è molto elevata, gli elettroni liberi nel gas acquistano sufficiente energia da ionizzare le molecole del gas che vanno a urtare. In ogni urto si libera un elettrone, il quale è subito accelerato e produce per urto altri elettroni e così via. Questo effetto valanga dà origine a una scarica elettrica all'interno del gas.

Nella scarica la ionizzazione e la ricombinazione degli atomi del gas diventa così intensa da accompagnarsi a fenomeni luminosi.

La scarica in un gas è utilizzata in molti tipi di lampade. Le più diffuse sono le lampade a fluorescenza. Questi tubi contengono gas di mercurio a bassissima pressione (pochi pascal) che, urtati dalle particelle cariche della scarica, emettono radiazione ultravioletta. Questa radiazione non è luce visibile, ma viene convertita in luce visibile da particolari sostanze fluorescenti che ricoprono le pareti del tubo di vetro. Queste sostanze sono quelle che danno l'aspetto bianco al tubo fluorescente quando è spento.

■ I fulmini

I fenomeni più spettacolari di scarica nei gas sono i fulmini. Durante lo sviluppo di un temporale le correnti d'aria ascendenti e discendenti provocano una separazione di cariche all'interno della cella temporalesca.

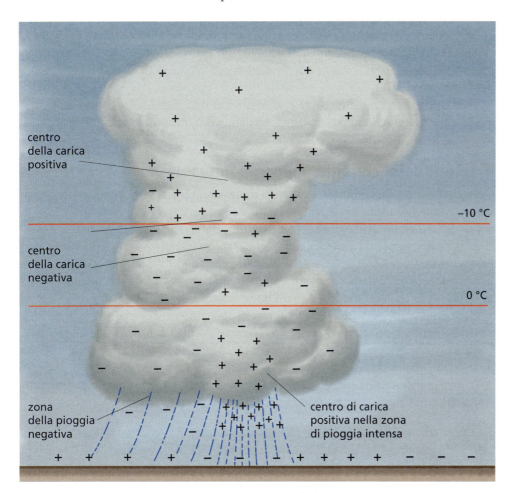

La parte alta della cella temporalesca ha una carica positiva e quella bassa una carica negativa, con l'eccezione di una piccola zona in fondo alla cella dove la carica è nuovamente positiva. Questa separazione di cariche produce una differenza di potenziale tra la parte alta e quella bassa di decine di milioni di volt. Il fulmine tra la cella e il suolo è una scarica delle cariche negative della parte bassa della cella temporalesca verso terra, dove si disperde. L'intensità della corrente di un fulmine può raggiungere i 10^4 A e porta via dalle nuvole una carica negativa dell'ordine di 20 C.

L'enorme corrente del fulmine riscalda l'aria attorno, provocando un'onda d'urto che è il tuono. Se sono presenti oggetti elevati o appuntiti come antenne, parafulmini o anche la sommità di un albero isolato, allora il campo elettrico delle cariche positive si concentra su tali punte e attira la scarica. Per questo è più facile che i fulmini colpiscano tali oggetti.

10 Utilizzazione sicura e consapevole dell'energia elettrica

Molti degli incidenti che annualmente si verificano fra le mura di casa, spesso con conseguenze molto gravi, sono legati a un uso scorretto dei dispositivi elettrici o a guasti nell'impianto elettrico. La maggior parte di questi infortuni potrebbe essere evitata osservando alcune semplici norme di prevenzione, che spesso vengono disattese anche perché non si valuta con la dovuta attenzione la grande energia in gioco nei fenomeni elettrici.

Basti un esempio: nessuno tocca con leggerezza il motore acceso di uno scooter 50 mentre molti usano in modo superficiale e disinvolto un asciugacapelli. Eppure i due dispositivi erogano quasi la stessa potenza, circa 2,5 kW.

■ Effetti della corrente nel corpo umano

Il corpo umano è un conduttore elettrico molto complesso: basti pensare che i nervi sono ottimi conduttori, ma allo stesso tempo sono perfettamente isolati dal resto del corpo. La resistenza del nostro corpo misurabile dall'esterno è sostanzialmente quella della pelle: raggiunti i vasi sanguigni o i nervi, la corrente incontra una resistenza molto bassa. La resistenza della pelle dipende però da molti fattori, che variano da persona a persona e dalle condizioni ambientali: la pelle bagnata o sudata conduce molto bene, la pelle callosa invece è un buon isolante.

Quando il corpo umano mette in contatto due conduttori con diverso potenziale elettrico entra a far parte di un circuito elettrico. Proprio come se fosse un semplice resistore viene attraversato da una corrente, che viene avvertita come una scossa quando l'intensità supera 1 mA.

In genere il contatto si realizza fra un elemento in tensione, come un filo scoperto, e un altro conduttore, come per esempio il pavimento o il terreno.

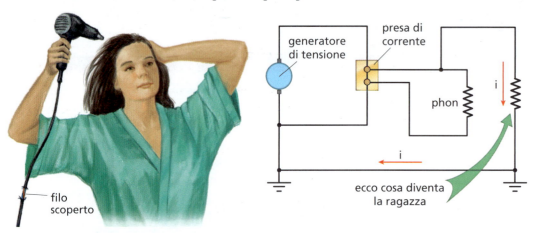

Le conseguenze del passaggio di corrente all'interno del corpo dipendono da molti fattori, come l'intensità della corrente, la durata del passaggio e gli organi attraversati dal flusso di carica.

I principali effetti del passaggio di corrente sono:

- **danni termici**: per effetto Joule si genera calore che riscalda i tessuti, con effetti anche gravi sulla pelle nei punti di contatto;
- **contrazioni muscolari**: avvengono quando l'intensità di corrente esterna supera l'intensità degli stimoli elettrici inviati dal cervello ai muscoli. Quando la corrente attraversa una mano, le contrazioni muscolari tendono a chiuderla. Se è a contatto con un elemento in tensione, la mano si stringe su di esso in modo involontario e incontrollabile. In genere si rimane «attaccati» quando la corrente supera i 20 mA;
- **fibrillazioni cardiache**: quando la corrente attraversa il torace, interferisce con il delicato sincronismo che attiva i muscoli cardiaci. L'attività cardiaca diventa irregolare o cessa con conseguenze drammatiche sulla circolazione sanguigna.

■ Alcune regole utili per evitare incidenti elettrici

Annualmente in Italia si verificano più di 40 000 infortuni domestici connessi all'uso dell'elettricità. La rete elettrica non distribuisce corrente continua ma corrente alternata: le avvertenze da tenere presenti per un uso sicuro dei dispositivi elettrici valgono però in generale.

La maggior parte degli incidenti può essere evitata, basta seguire alcune norme generali e semplici regole di comportamento.

- **Disporre di impianti elettrici a norma CEI** (Comitato Elettrotecnico Italiano), eseguiti a regola d'arte e dotati di dispositivi di sicurezza passiva che, in caso di incidente dovuto a guasto o errore umano, limitano o annullano i possibili danni a persone o cose.
- **Utilizzare apparecchi elettrici con il contrassegno CE** (Comunità Europea), che assicurano i massimi standard di sicurezza grazie alla solidità e all'isolamento dei contatti elettrici e all'involucro esterno fatto di materiale isolante.
- **Non entrare in contatto, con le dita o con oggetti metallici, con elementi in tensione.** Anche se sembra ovvia, questa regola viene frequentemente disattesa per fretta o disattenzione.

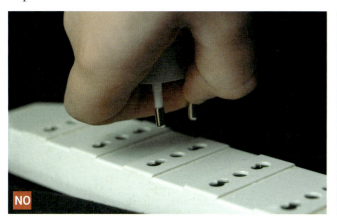
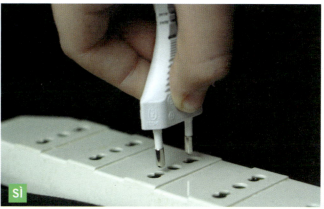

- **Non smontare, modificare o alterare un dispositivo elettrico.** Nel caso sia prevista la sostituzione di un elemento soggetto a usura, per esempio una lampadina, assicurarsi che il dispositivo non sia collegato alla rete elettrica.
- **Non superare la potenza massima indicata da una presa multipla.** La potenza che transita nella presa multipla è la somma delle potenze assorbite dai singoli dispositivi: in caso di potenza eccessiva per effetto Joule la presa si surriscalda e può provocare incendi. Per quanto riguarda le spine, bisogna infilarle a fondo nella presa allo scopo di realizzare un corretto contatto elettrico fra di esse.

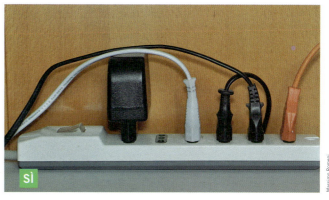

- **Non usare dispositivi elettrici con mani bagnate, scalzi o in ambienti umidi.** L'acqua riduce notevolmente la resistenza del corpo che, di conseguenza, viene attraversato da grandi correnti in presenza di perdita delle proprietà isolanti del dispositivo.

Elettromagnetismo

I concetti e le leggi

IN 3 MINUTI — Le leggi di Ohm

Intensità di corrente elettrica
- È la quantità di carica che attraversa una sezione di un conduttore nell'unità di tempo:
$$i = \frac{\Delta Q}{\Delta t}$$
- Si misura in *ampere* (A).
- Per convenzione è positivo il verso in cui si muovono le cariche positive.

Velocità di deriva degli elettroni
- È la velocità con cui si muovono gli elettroni in un conduttore sottoposto all'azione di un campo elettrico.
- È dell'ordine di qualche decimetro all'ora.
- Per un conduttore di sezione A è
$$v_d = \frac{i}{e n_e A}$$

Forza elettromotrice (fem) di un generatore di tensione
- È il lavoro per unità di carica che esso compie per spostare le cariche al suo interno:
$$\text{fem} = \frac{L}{\Delta Q}$$
- Si misura in *volt* (V).

Prima legge di Ohm
- L'intensità di corrente i che scorre in un filo metallico è proporzionale alla d.d.p. ΔV applicata ai suoi capi:
$$i = \frac{1}{R} \Delta V$$
- La resistenza R si misura in *ohm* (Ω).

Seconda legge di Ohm
- La resistenza R di un filo di lunghezza l e sezione A è
$$R = \rho \frac{l}{A}$$
- La resistività ρ è caratteristica del materiale e si misura in $\Omega \cdot m$.

Potenza elettrica
$$P = \Delta V \cdot i$$

Potenza dissipata in un conduttore per effetto Joule
$$P = R \cdot i^2$$

Connessione di resistori in serie
- La resistenza equivalente è la somma delle resistenze dei singoli resistori:
$$R_{eq} = R_1 + R_2 + R_3 + \cdots$$

Connessione di resistori in parallelo
- La resistenza equivalente è tale che il suo inverso è uguale alla somma degli inversi delle resistenze dei singoli resistori:
$$\frac{1}{R_{eq}} = \frac{1}{R_1} + \frac{1}{R_2} + \frac{1}{R_3} + \cdots$$

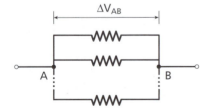

Amperometro
- Misura l'intensità di corrente che attraversa un circuito.
- Va collegato in serie.

Voltmetro
- Misura la d.d.p. tra due punti A e B ai quali è connesso.
- Va collegato in parallelo al tratto di circuito tra A e B.

Esercizi

1 L'intensità di corrente elettrica

1 Gli strumenti più sensibili possono misurare intensità di corrente dell'ordine del centesimo di picoampere.
▶ Quanti elettroni al secondo danno una corrente così piccola? [$6 \cdot 10^4$ elettroni/s]

2 La sezione di un filo di rame è attraversata da 18,0 C/min.
▶ Qual è l'intensità di corrente? [300 mA]

3 Attraverso una sezione di un filo di rame scorre una corrente di intensità pari a 1 mA.
▶ Quanti elettroni passano ogni millisecondo?
[$6 \cdot 10^{12}$ elettroni]

4 Un filo è percorso da un'intensità di corrente di 5 A.
▶ Quanto tempo occorre affinché una mole di elettroni attraversi una sezione del filo? [5 ore e 20 min]

5 Sul bordo di una ruota di raggio $r = 10$ cm ci sono 20 nC di carica per ogni centimetro. La ruota gira con velocità angolare $\omega = 200$ rad/s.

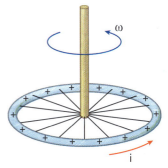

▶ Qual è l'intensità di corrente dovuta al moto della carica? [0,40 μA]

6 Per trasferire carica elettrica su un particolare conduttore si utilizza una cinghia di gomma che trasporta 20 μC ogni m². La cinghia è larga 15 cm e si muove a 10 m/s. La carica spostandosi attraversa una d.d.p. di 120 kV.
▶ Qual è l'intensità della corrente elettrica dovuta al moto della cinghia? [30 μA]

2 Un modello microscopico per la conduzione nei metalli

7 Un tuo compagno sostiene che la corrente elettrica è costituita da elettroni che si muovono solo in direzione parallela al filo e con velocità molto elevate, dell'ordine dei kilometri al secondo.
▶ Ha ragione?

8 Una corrente di intensità i è formata da elettroni che si muovono in un filo metallico.
▶ L'intensità i è direttamente proporzionale o inversamente proporzionale alla velocità di deriva v_d degli elettroni nel filo? Spiega.

9 Due fili, uno di raggio doppio dell'altro, sono attraversati dalla medesima corrente.
▶ Qual è il rapporto tra le velocità di deriva delle cariche nei due fili?
[Nel filo più sottile la velocità di deriva delle cariche è quattro volte maggiore]

10 La densità di elettroni di conduzione nel rame è $8{,}0 \cdot 10^{19}$ elettroni/mm³. In un filo di rame di sezione 1 mm² passa un'intensità di corrente $i = 2{,}0$ A.
▶ Calcola la velocità di deriva degli elettroni di conduzione. [0,16 mm/s]

3 Il generatore di tensione

11 Considera un collegamento in serie di 25 pile da 1,35 V ciascuna.
▶ Quanto vale la fem che ottieni? [34 V]

12 Un generatore eroga una corrente di 0,85 A alla differenza di potenziale di 12 V.
▶ Calcola la potenza erogata dal generatore. [10 W]

13 Un dispositivo riceve una potenza di 14 W da parte di un generatore da 6 V.
▶ Qual è l'intensità di corrente che attraversa il dispositivo? [2,3 A]

14 Considera una batteria d'automobile da 12 V che eroga un'intensità di corrente di 1,5 A.
▶ Quanta potenza trasmette? [18 W]

15 Una lavatrice funzionante a 220 V ha un consumo di 1500 W.
▶ Determina la corrente che assorbe. [6,8 A]

Elettromagnetismo

16 Un dispositivo elettrico necessita di una potenza di 25 W ma erogata mediante una corrente che non superi l'intensità di 1,5 A.

▶ Il dispositivo può essere alimentato mediante un generatore da 12 V? Spiega perché.

17 Un contenitore pieno d'acqua è collegato con un generatore di tensione, come mostra la figura in alto nella colonna a fianco. L'acqua gocciola dal beccuccio e le gocce d'acqua hanno una carica positiva media di 2 nC ciascuna. Escono circa 90 gocce/min, che cadono per effetto della gravità.

▶ Quanto vale l'intensità di corrente che esce dal beccuccio?

▶ L'intensità di corrente aumenta mentre le gocce accelerano cadendo?

[3 nA]

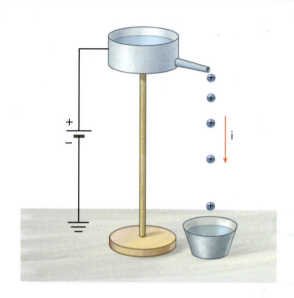

ESERCIZIO GUIDATO

18 Un dispositivo per ricaricare le pile alcaline eroga una corrente di 280 mA a 1,2 V.
▶ Quanto vale la potenza del generatore?
▶ Calcola la carica trasferita alla pila in 15 minuti.

Esprimiamo la potenza elettrica P erogata dal generatore in funzione della differenza di potenziale ΔV e della corrente i		$P = \Delta V \cdot i$	
Dati numerici	$\Delta V = 1,2$ V		$i = 280$ mA $= 280 \cdot 10^{-3}$ A $= 0,28$ A
Risultato		$P = (1,2$ V$)(0,28$ A$) = 0,34$ W	
Dalla definizione di intensità di corrente esplicitiamo la quantità di carica ΔQ		$i = \dfrac{\Delta Q}{\Delta t} \Rightarrow \Delta Q = i\,\Delta t$	
Dati numerici	$i = 0,28$ A		$\Delta t = 15$ min $= 15(60$ s$) = 900$ s
Risultato		$\Delta Q = (0,28$ A$)(900$ s$) = 252$ C	

19 Durante la fase di ricarica delle batterie, il telefono cellulare è connesso a un generatore di tensione continua che eroga una corrente di 0,55 A a 4,75 V.

▶ Quanto vale la potenza del generatore?

▶ Calcola la carica trasferita alla batteria del cellulare in 30 minuti.

[2,6 W; 990 C]

20 Le luci di posizione dell'auto vengono lasciate accese. Nel circuito che le alimenta scorre una corrente di 3,0 A. La carica iniziale della batteria è 45 Ah (Ah sta per ampere · ora; 1 Ah è la carica che attraversa le estremità della batteria quando fornisce 1 A di corrente per un'ora).

▶ Quante ore resiste la batteria prima di scaricarsi?

▶ Qual è il numero di moli di elettroni che transitano attraverso i filamenti delle luci di posizione?

[15 h; 1,7 mol]

4 Le leggi di Ohm

21 Considera un resistore da 50 Ω collegato a una batteria di automobile da 12 V.

▶ Quanto vale l'intensità di corrente che attraversa il resistore?

[0,24 A]

Capitolo 14 La corrente elettrica

22 Considera un filo di rame avente una resistenza di 1,0 Ω/m.

▶ Quanto vale il suo diametro? [0,15 mm]

23 Una differenza di potenziale di 12,0 V dà origine a un'intensità di corrente di 0,750 A attraverso un resistore.

▶ Quale differenza di potenziale applicata a quel resistore dà origine a un'intensità di corrente di 1,35 A? [21,6 V]

24 Un filo di rame ha una resistenza di 0,05 Ω/m.

▶ Calcola il valore del campo elettrico al suo interno quando è attraversato da un'intensità di corrente di 2,0 A. [0,10 V/m]

ESERCIZIO GUIDATO

25 Una prolunga lunga 50 m è costruita con filo di rame di raggio 1,2 mm. Attraverso il filo scorre una corrente di intensità 5,0 A.

▶ Calcola la differenza di potenziale ai capi del filo.

Per la prima legge di Ohm, la differenza di potenziale ai capi del filo è	$\Delta V = R\,i$
Per la seconda legge di Ohm, la resistenza R del filo è	$R = \rho\,\dfrac{L}{A}$
La sezione del filo è un cerchio di area	$A = \pi r^2$
In definitiva	$R = \rho\,\dfrac{L}{\pi r^2}$
Dati numerici	$\rho = 1{,}7 \cdot 10^{-8}\ \Omega \cdot m$ $\quad r = 1{,}2\ mm = 1{,}2 \cdot 10^3\ m$ $L = 50\ m$ $\quad\quad i = 5{,}0\ A$
Risultato	$R = (1{,}7 \cdot 10^{-8}\ \Omega \cdot m)\,\dfrac{50\ m}{3{,}14(1{,}2 \cdot 10^{-3}\ m)^2} = 0{,}19\ \Omega$ $\Delta V = R\,i = (0{,}19\ \Omega)(5{,}0\ A) = 0{,}95\ V$

---

26 L'intensità di corrente che passa attraverso il filamento di una lampadina da 60 W, mantenuta a una tensione di 220 V, è 0,27 A.

▶ Calcola la resistenza della lampadina accesa.

[0,81 kΩ]

27 Un resistore è attraversato da un'intensità di corrente di 25 mA quando ai suoi capi c'è una d.d.p. di 15 V.

▶ Qual è l'intensità che lo attraversa quando la d.d.p. è 20 V? [33 mA]

28 Considera 100 m di cavo di rame di sezione 5 mm².

▶ Quanto vale la sua resistenza? [0,34 Ω]

29 Un cavo di alluminio lungo 600 m trasporta un'intensità di corrente di 16,0 A.

▶ Qual è il diametro minimo del cavo che assicura una caduta di tensione minore di 2 V? [1,3 cm]

30 Negli USA la corrente che alimenta la metropolitana viene fatta passare in un terzo binario di acciaio con una sezione di 55 cm².

▶ Calcola la resistenza di 10 km del terzo binario.

[0,25 Ω]

31 Considera un cavo di acciaio e un cavo di rame di uguale lunghezza.

▶ Quanto deve essere più grande il diametro del cavo di acciaio per avere la stessa resistenza di quello di rame? [2,9 volte]

5 L'effetto Joule

32 Un filo metallico con resistenza 12 Ω viene attraversato da una corrente di 1,3 A.

▶ Calcola la potenza dissipata per effetto Joule.

[20 W]

419

Elettromagnetismo

33 Considera un resistore da 20 Ω attraversato da un'intensità di corrente di 5,0 A.

▶ Quanta potenza termica dissipa?

[0,50 kW]

ESERCIZIO GUIDATO

34 Una lavatrice deve riscaldare l'acqua per il lavaggio da 15 °C a 60 °C e lo fa con una resistenza che è tenuta a una tensione di 230 V. La lavatrice è in grado di scaldare 4,0 L d'acqua in 8 min.

▶ Qual è il valore della resistenza della lavatrice?

La resistenza deve fornire calore per scaldare l'acqua:	$Q = c_a\, m_a\, \Delta T$
Questo calore viene fornito in 8 minuti. La potenza occorrente vale:	$P = \dfrac{Q}{\Delta t}$
La potenza dissipata per effetto Joule è	$P = \dfrac{\Delta V^2}{R} \;\Rightarrow\; R = \dfrac{\Delta V^2}{P}$
Dati numerici	$c_a = 4{,}18\ \text{kJ/(kg}\cdot\text{°C)}$ $m_a = 4{,}0\ \text{kg}$ $\Delta T = 45\ \text{°C}$ $\Delta V = 230\ \text{V}$
Risultato	$Q = (4{,}18\ \text{kJ/kg}\cdot\text{°C})(4{,}0\ \text{kg})(45\ \text{°C}) = 752\ \text{kJ}$ $P = \dfrac{752\,\text{kJ}}{8\,(60\,\text{s})} = 1{,}57\ \text{kW}$ $R = \dfrac{(230\,\text{V})^2}{1{,}57\,\text{kW}} \approx 34\ \Omega$

35 Supponi di avere una resistenza da 50 Ω, mantenuta a una d.d.p. di 220 V, immersa nella neve, che è a 0 °C e ha un calore latente di fusione pari a 334 kJ/kg.

▶ Quanta neve riesce a fondere in 20 min? [3,5 kg]

36 Le lampadine a filamento recano di solito l'indicazione della tensione di funzionamento e la potenza emessa quando si trovano a quella tensione. Una lampadina reca l'indicazione «24 V - 6 W».

▶ Qual è la corrente che attraversa la lampadina accesa?

▶ Qual è il valore della resistenza della lampadina quando è alimentata a 24 V? [0,25 A; 96 Ω]

37 Una batteria di automobile ha una fem di 12 V e ha una carica iniziale di 50 Ah (vedi esercizio 20). Ciò significa che è in grado di erogare una corrente 1 A per 50 ore. La batteria è rimasta collegata a un piccolo ventilatore che consuma 40 W.

▶ Qual è la corrente che esce dalla batteria?

▶ Quante ore resiste la batteria prima di scaricarsi?

▶ Qual è l'energia totale della batteria?

[3,3 A ; 15 h; 2,2 MJ]

6 Circuiti con resistori

38 Considera una serie di 20 resistori da 100 Ω ciascuno.

▶ Quanto vale la resistenza complessiva? [2 kΩ]

39 Considera un parallelo di 20 resistori da 100 Ω ciascuno.

▶ Quanto vale la resistenza complessiva? [5 Ω]

40 La serie formata da un resistore da 24,0 Ω, uno da 60,0 Ω e uno da 116,0 Ω è collegata a un generatore di fem da 30,0 V.

▶ Qual è la d.d.p. su ciascun resistore?

[3,6 V; 9,0 V; 17,4 V]

41 Il parallelo di due resistenze R_1 e R_2 si può calcolare facendo il rapporto tra il prodotto delle due resistenze e la loro somma.

▶ Verifica questa relazione.

42 Disegna un circuito in cui due resistori con resistenze R_1 e R_2, connessi fra loro in serie, sono connessi in parallelo al resistore con resistenza R_3.

43 Disegna un circuito in cui due resistori con resistenze R_1 e R_2, connessi fra loro in parallelo, sono connessi in serie al resistore con resistenza R_3.

420

44 Considera il circuito in figura, dove $R_1 = 12\ \Omega$.

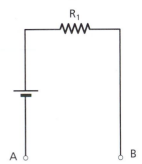

▶ Quale resistenza devi inserire fra i punti A e B in modo che la resistenza totale del circuito sia $40\ \Omega$?

▶ È possibile ottenere una resistenza totale minore di $10\ \Omega$? Spiega perché. [$28\ \Omega$; no]

45 Considera il circuito in figura, in cui il voltmetro segna 7,0 V.

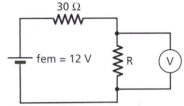

▶ Qual è il valore di R? [$42\ \Omega$]

7 La risoluzione di un circuito di resistori

46 La figura mostra come si devono utilizzare un voltmetro e un amperometro per misurare la resistenza di un resistore.

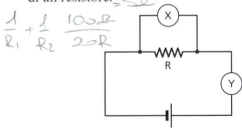

▶ Stabilisci quale strumento è il voltmetro e quale l'amperometro.

Gli strumenti danno le seguenti misure: 1,8 V e 0,3 A.

▶ Quanto vale R? [$6\ \Omega$]

47 Considera il circuito in figura in cui $R_1 = 5,0\ \Omega$ e $R_2 = 7,0\ \Omega$.

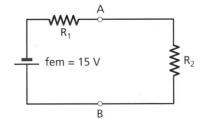

▶ Stabilisci quale resistenza devi inserire fra i punti A e B in modo che il generatore sia attraversato da una corrente di 2,1 A. [$3,1\ \Omega$]

48 Nel circuito in figura tutte le resistenze sono uguali e il generatore fornisce una corrente di 0,200 A.

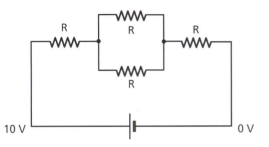

▶ Determina il valore di R. [$20\ \Omega$]

49 Considera il circuito mostrato in figura. Nel circuito è presente un resistore di valore $R = 10\ k\Omega$ e un generatore che fornisce una fem di 6,0 V. Finché non c'è nulla tra i morsetti, il circuito è aperto, non passa corrente e la d.d.p. ai capi della resistenza è zero.

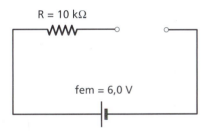

▶ Quale valore di resistenza occorre inserire tra i morsetti affinché la d.d.p. sulla resistenza R sia di 2,0 V?

▶ Se tra i morsetti si inserisce invece un filo a resistenza nulla, quale diventa il valore della d.d.p. su R? [$20\ k\Omega$; 6,0 V]

50 Nel circuito in figura il generatore fornisce una fem di 13,5 V.

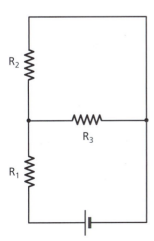

I valori delle resistenze sono:

$R_1 = 42\ \Omega \qquad R_2 = 24\ \Omega \qquad R_3 = 12\ \Omega$.

Elettromagnetismo

▶ Quanto vale la resistenza del parallelo formato dalle resistenze R_2 e R_3?

▶ Calcola la resistenza totale delle tre resistenze.

▶ Determina l'intensità di corrente che attraversa ciascun resistore.

[$R_p = 8{,}0\ \Omega$; $R_{eq} = 50\ \Omega$; $i_1 = 0{,}270$ A, $i_2 = 0{,}090$ A, $i_3 = 0{,}180$ A]

51 Per misurare la tensione ai capi di un resistore da $0{,}50\ \Omega$ si utilizza un voltmetro che ha una resistenza interna di $50\ \Omega$.

▶ Determina la percentuale di corrente che attraversa il voltmetro.

▶ La presenza del voltmetro altera in modo sostanziale la potenza dissipata dal resistore? [Circa 1%; no]

52 Nel circuito in figura le tre resistenze sono uguali e valgono $20\ \Omega$. Il generatore fornisce una fem di $16{,}0$ V.

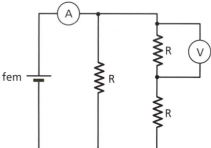

▶ Quali valori sono segnati dall'amperometro A e dal voltmetro V?

▶ Qual è la potenza fornita dall'alimentatore?

[1,2 A; 8,0 V; 19,2 W]

53 Considera il circuito in figura.

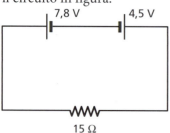

▶ Determina l'intensità e il verso della corrente.

[0,22 A in verso antiorario]

54 Considera il circuito dell'esercizio precedente. Per un errore, le polarità del generatore di sinistra sono state invertite.

▶ Determina l'intensità e il verso della corrente.

[0,82 A in verso orario]

ESERCIZIO GUIDATO

55 Considera il circuito in figura. I dati del circuito sono il valore della fem e quelli delle resistenze.

▶ Calcola la corrente erogata dal generatore.

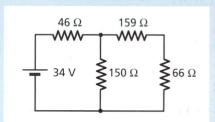

Notiamo che il resistore da $159\ \Omega$ è in serie con quello da $66\ \Omega$. La resistenza equivalente di questa serie è
$R_{serie} = 159\ \Omega + 66\ \Omega = 225\ \Omega$

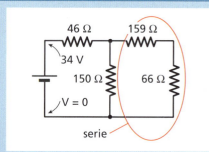

Questo resistore da $225\ \Omega$ è in parallelo con quello da $150\ \Omega$; la loro resistenza equivalente è
$R_{par} = \dfrac{(225\ \Omega)(150\ \Omega)}{225\ \Omega + 150\ \Omega} = 90\ \Omega$

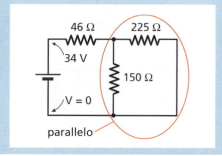

L'equivalente da 90 Ω è in serie con il resistore da 46 Ω:
$R_{eq} = 90\ \Omega + 46\ \Omega = 136\ \Omega$
Tutta la rete di resistori è stata ridotta a un'unica resistenza equivalente direttamente collegata al generatore.

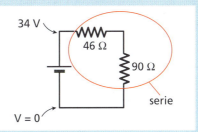

Ora applichiamo la legge di Ohm e troviamo l'intensità di corrente i_g erogata dal generatore

$i_g = \dfrac{\text{fem}}{R_{eq}} = \dfrac{34\ \text{V}}{136\ \Omega} = 0{,}25\ \text{A}$

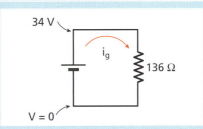

56 Considera il circuito analizzato nell'esercizio guidato. Calcola:
▶ la differenza di potenziale ai capi del resistore da 46 Ω.
▶ l'intensità di corrente che attraversa il resistore da 66 Ω.
▶ l'intensità di corrente che attraversa il resistore da 150 Ω.   [11,5 V; 0,10 A; 0,15 A]

57 Considera il circuito in figura.

▶ Per ciascun resistore del circuito determina l'intensità di corrente che lo attraversa e la d.d.p. ai suoi capi.   Risposta

R	i	ΔV
20 Ω	0,25 A	5,0 V
26 Ω	0,12 A	3,0 V
39 Ω	0,08 A	3,0 V
52 Ω	0,06 A	3,0 V

8 La resistenza interna di un generatore di tensione

58 Un generatore di tensione ha una resistenza interna di 2 Ω.
▶ Quanta potenza viene persa quando il generatore eroga un'intensità di corrente di 1,5 A?   [4,5 W]

59 Considera una pila che presenta una d.d.p. di 4,5 V a morsetti aperti e di 3,9 V a circuito chiuso, quando eroga un'intensità di corrente di 2 A.
▶ Quanto vale la sua resistenza interna?   [0,3 Ω]

60 Un resistore da 10 Ω collegato a una pila viene attraversato da una di corrente di 1,0 A. Se invece si collega un resistore da 8,0 Ω alla stesa pila, l'intensità di corrente diventa 1,2 A.
▶ Qual è la resistenza interna della pila?   [2,0 Ω]

61 Un generatore di tensione continua ha una fem di 24 V. Quando eroga una corrente di 5 A la differenza di potenziale ai morsetti scende a 22 V.
▶ Calcola la resistenza interna del generatore.
▶ Calcola la differenza di potenziale ai morsetti se la corrente è 20 A.   [0,4 Ω; 16 V]

ESERCIZIO GUIDATO

62 Una batteria alimenta un circuito con una corrente di 250 mA. La d.d.p. ai capi della pila, misurata mentre viene erogata corrente, è 8,50 V. La fem della batteria è invece 9,00 V.
▶ Determina la resistenza interna della batteria.
▶ Calcola la resistenza del circuito alimentato dalla batteria.
▶ Qual è la percentuale della potenza totale che viene dissipata nella batteria?

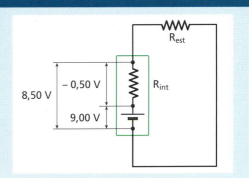

Elettromagnetismo

La caduta di potenziale prodotta dall'intensità *i* che passa attraverso la resistenza interna della pila è 0,50 V. L'intensità di corrente è $i = 250$ mA $= 0,250$ A. La resistenza interna è perciò	$R_i = \dfrac{\Delta V_{int}}{i} = \dfrac{0,50 \text{ V}}{0,250 \text{ A}} = 2,0 \, \Omega$
La resistenza esterna è sottoposta alla d.d.p. della pila	$R_e = \dfrac{\text{d.d.p.}}{i} = \dfrac{8,50 \text{ V}}{0,250 \text{ A}} = 34,0 \, \Omega$
La potenza trasferita alla resistenza esterna è il prodotto del quadrato dell'intensità di corrente per la resistenza esterna. Vale un'analoga espressione per la potenza persa dalla resistenza interna.	$P_e = R_e i^2 = (34,0 \, \Omega)(0,250 \text{ A})^2 = 2,13 \text{ W}$ $P_i = R_i i^2 = (2,0 \, \Omega)(0,250 \text{ A})^2 = 0,13 \text{ W}$ $P_{tot} = 2,13 \text{ W} + 0,13 \text{ W} = 2,26 \text{ W}$ percentuale di potenza persa $= \dfrac{0,13 \text{ W}}{2,26 \text{ W}} \approx 6\%$

63 Una pila ha una fem di 6,0 V e una resistenza interna di 1,0 Ω.

▶ Se la pila alimenta una lampadina la cui resistenza è 29 Ω, qual è la potenza emessa dalla lampadina e qual è la potenza persa nella pila a causa della resistenza interna?

[$P_{lamp} = 1,2$ W, $P_{pila} = 0,040$ W]

64 Considera il circuito in figura, in cui $R_1 = 10 \, \Omega$, $R_2 = 14 \, \Omega$, $R_3 = 7,0 \, \Omega$, $R_4 = 5,0 \, \Omega$. Il generatore ha una fem di 30 V ed eroga una corrente di 3,0 A.

▶ Calcola la resistenza interna del generatore.

▶ Calcola l'intensità di corrente nel ramo del parallelo con la resistenza maggiore. [2,0 Ω; 1,0 A]

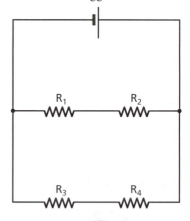

PROBLEMI FINALI

65 Resistenza al silicio

La resistività del silicio puro è enorme, avendo un valore di $2,5 \cdot 10^3 \, \Omega \cdot$m.

▶ Quanto vale la resistenza di una sbarra di silicio di sezione 1 cm² e lunga 1 m? [25 MΩ]

66 Un'arma «poco» letale

Il TASER è un'arma non letale che immobilizza un essere umano tramite brevi impulsi di tensione a 1200 V. L'arma è pensata per dissipare pochissima potenza all'interno del corpo, in modo da disturbare la comunicazione dei nervi senza causare danni ai tessuti (anche se sono stati segnalati alcuni decessi per arresto cardiaco). La potenza dissipata è circa 2 W.

▶ Calcola la corrente media che attraversa il corpo.

[2 mA]

67 Ampere... ora?

La batteria di uno smartphone ha una carica totale di 2,9 Ah (vedi esercizio 20).

▶ Quanta carica attraversa lo smartphone durante un ciclo di utilizzo? [Circa 10 000 C]

68 Una lenta ricarica

Il caricabatteria di uno smartphone eroga una corrente continua di 1,0 A a 5,0 V. Il filo di rame del caricabatteria ha una sezione di 1,5 mm². Il rame ha $8,1 \cdot 10^{28}$ elettroni di conduzione per metro cubo.

▶ Calcola la velocità di deriva degli elettroni nel filo. [0,051 mm/s]

69 Temperatura e resistività

La resistività di un conduttore varia con la temperatura *T* espressa in gradi Celsius secondo la legge

$$\rho = \rho_0(1 + \alpha T)$$

dove ρ e ρ₀ sono rispettivamente la resistività alla temperatura T e a 0 °C. Per il rame, il coefficiente α vale $4,3 \cdot 10^{-3}$ °C^{-1}.

▶ La resistività aumenta o diminuisce con la temperatura?

▶ Calcola a quale temperatura la resistenza di un filo di rame è doppia rispetto alla resistività dello stesso filo a 0 °C. [233°C]

70 Una pila di energia

Una pila alcalina reca la scritta «2450 mAh - 1,2 V». L'unità Ah, ampere-ora, misura la carica elettrica massima immagazzinata dalla pila (vedi esercizio 20).

▶ Calcola quanta energia elettrica contiene la pila quando è carica. [Circa 11 kJ]

71 Correnti dello spazio

La corrente elettrica di un fascio di elettroni è il prodotto tra il numero di cariche per unità di lunghezza e la sua velocità media. Un fascio di elettroni viaggia nello spazio alla metà della velocità della luce. La corrente elettrica è 1 A.

▶ Quanti elettroni compongono il fascio?

[Circa $4 \cdot 10^{10}$]

72 Il pieno di energia

Una batteria reca la dicitura: «11 Ah - 12 V» (vedi esercizio 20).

▶ Calcola la carica totale.

▶ Per quanto tempo può fornire una corrente di 0,25 A?

▶ Se la corrente massima che la batteria può erogare è 2,5 A, qual è la potenza massima che la batteria può fornire?

▶ Qual è l'intensità di corrente che passa in una lampadina da 6 W connessa alla batteria?

▶ Per quanto tempo resta accesa la lampadina?

▶ Quale valore ha la resistenza della lampadina?

[Q = 39,6 kC; 44 h; 30 W; 0,50 A; 22 h; 24 Ω]

73 Tensione alle stelle

I cavi per il trasporto della corrente ad alta tensione (sopra i 30 kV) sono fatti di fili di rame intrecciato coperti da guaine isolanti molto sofisticate. L'anima in rame ha una sezione di circa 1000 mm².

▶ Stima la resistenza per kilometro di questi cavi.

[$2 \cdot 10^{-2}$ Ω/km]

74 Un caimano elettrico

Le linee ferroviarie italiane sono normalmente alimentate in corrente continua a 3000 V. La locomotiva E.656, soprannominata per la sua potenza «caimano», è dotata di 12 motori che possono essere collegati in modi diversi (serie/parallelo) a seconda della velocità e della forza di trazione necessarie. A 70,0 km/h il circuito è formato da 3 rami in parallelo, ciascuno dei quali composto da 4 motori in serie.

▶ Se ogni ramo assorbe 550,0 A, quanto vale la resistenza di ogni motore?

A 20,0 km/h, invece, i motori sono collegati tutti in serie.

▶ Quanto vale la corrente assorbita? [1,36 Ω; 184,0 A]

75 Se una si fulmina...

Cinque lampadine uguali funzionano correttamente a 10 V consumando 20 W ciascuna. Esse sono collegate in parallelo a una batteria da 12 V, con una resistenza interna R_{int} tale che la d.d.p. su ciascuna lampadina è 10 V. Una lampadina si brucia.

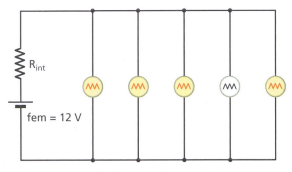

▶ Che cosa accade alle altre lampadine?

▶ Calcola la nuova d.d.p. su ciascuna lampadina.

[Emettono un po' più luce, ciascuna aumenta la sua potenza del 7% circa; 10,3 V]

Elettromagnetismo

LE COMPETENZE DEL FISICO

76 Come funziona un asciugacapelli?

In figura è rappresentato lo schema elettrico di un asciugacapelli.

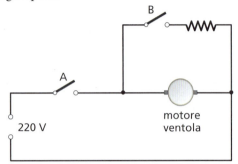

▶ Che cosa accade quando chiudi solo l'interruttore *A*?

▶ Che cosa accade quando chiudi solo l'interruttore *B*?

▶ Che cosa accade quando chiudi entrambi gli interruttori? [Esce aria fredda; niente; esce aria calda]

77 Circuiti... motociclistici

I circuiti elettrici di una moto sono alimentati dalla batteria, che è un generatore di tensione continua a 12 V. In particolare, tutte le lampadine e le spie che si accendono sono connesse alla batteria. Per semplicità, consideriamo solo il faro anteriore e la luce di posizione posteriore.

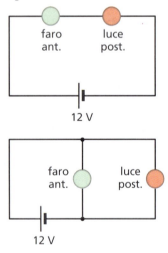

▶ Quale degli schemi di connessione in figura viene utilizzato? Perché?

78 Un cavo difettoso

Un cavo di rame ha due difetti di costruzione, un tratto (1) ha un raggio che è metà del normale (3) ed un altro tratto (2) ha il raggio doppio del normale. La lunghezza di questi tratti difettosi è la stessa.

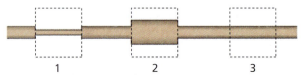

▶ La resistenza del cavo è la stessa, è minore o maggiore a quella di un cavo privo di difetti?

▶ Quando il cavo è percorso da un'intensità *i*, quale dei tratti (1), (2) o (3) si scalda di più?

[Il cavo difettoso ha una resistenza maggiore; il tratto (1)]

79 Consumo energetico familiare

Ogni bimestre i gestori dell'energia elettrica inviano a ogni utente titolare del contratto un prospetto in cui sono riportati i suoi consumi elettrici. In genere il consumo medio è espresso in kWh/giorno. Procurati il prospetto relativo alla tua abitazione:

▶ individua il consumo medio;

▶ esprimilo in J/giorno;

▶ calcola quanti kg di carbone devono essere bruciati ogni giorno per assicurare quell'energia (1 kg di carbone fornisce 30 MJ).

80 Luminosità variabile

In commercio esistono vari tipi di lampade a luminosità variabile. Ruotando una manopola è possibile cambiare la luminosità emessa dalla lampadina da zero a un valore massimo. Un modo per realizzare questo effetto è suggerito dallo schema seguente. La manopola muove un contatto *C* su un resistore *AB*.

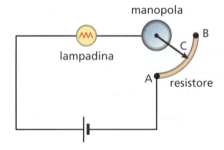

Stabilisci la posizione del contatto *C* che assicura:

▶ la luminosità massima;

▶ la luminosità minima (lampadina praticamente spenta).

81 Dove attacco l'asciugacapelli?

Il disegno mostra il resistore che scalda l'aria in un phon da viaggio.

Il filo è di nichel-cromo e ha un diametro $d = 0{,}5$ mm. Ci sono circa 1250 spire, ciascuna delle quali ha un raggio di 2 mm.

Capitolo 14 La corrente elettrica

▶ Questo asciugacapelli portatile funziona con la tensione di rete 220 V o con quella della batteria dell'auto (12 V)?

▶ Qual è la potenza dissipata dal resistore in caso di corretta alimentazione?

[La resistenza del phon è circa 80 Ω, con 12 V svilupperebbe una potenza di 2 W, per cui deve funzionare a 220 V. In questo caso dissipa circa 600 W]

TEST DI AMMISSIONE ALL'UNIVERSITÀ

82 Ad una batteria da automobile da 12 V vengono collegati in serie 2 elementi resistivi così costituiti:
1 Due resistenze da 60 e 120 ohm collegate tra loro in parallelo
2 Una resistenza da 40 ohm
▶ Trascurando la resistenza dei conduttori, qual è il valore più probabile della corrente circolante nel circuito?

A	54,5 mA	D	600,0 mA
B	66,6 mA	E	960,0 mA
C	150,0 mA		

(Medicina e Chirurgia, 2009/2010)

83 Tre lampade di 50 watt, 50 watt e 100 watt, rispettivamente, sono connesse in parallelo ed alimentate in corrente continua da una batteria che fornisce una tensione costante di 25 volt.

▶ Quanto vale la corrente erogata dalla batteria?

A 4 ampere

B 8 ampere

C 8 coulomb

D 5 coulomb al secondo

E Dipende dalle dimensioni della batteria

(Medicina e Chirurgia, 2008/2009)

84 Per trasportare l'energia elettrica su lunghe distanze si utilizzano linee elettriche ad alta tensione che viene poi ridotta alla tensione di utilizzo nella rete urbana (220 V) da apposite centrali di trasformazione e distribuzione.

▶ Qual è il principale motivo di tale scelta?

A Si riducono i costi di generazione dell'energia elettrica

B Si riducono le dispersioni di elettricità nell'atmosfera

C Si riducono le possibilità di allacciamenti illegali alla rete

D A parità di energia elettrica trasportata, si riduce la dissipazione termica

E A parità di energia elettrica trasportata, si aumenta la corrente circolante

(Medicina e Chirurgia, 2009/2010)

85 Un addobbo natalizio è costituito da 12 lampadine a incandescenza uguali, tra loro in serie, collegate alla rete di alimentazione domestica. Una delle lampadine si rompe: per utilizzare l'addobbo, togliamo la lampadina rotta e ricolleghiamo i due spezzoni di filo, in modo che le 11 lampadine rimaste siano ancora in serie.

▶ Il risultato sarà:

A si produce circa 1/11 di intensità luminosa in più, dato che la resistenza elettrica totale è diminuita

B si produce circa 1/12 di intensità luminosa in meno, visto che abbiamo tolto una lampadina

C si produce la stessa intensità luminosa, visto che abbiamo rimosso una lampadina ma la corrente che scorre nell'addobbo aumenta

D si produce meno intensità luminosa a causa dell'interferenza, dato che nel punto in cui il filo è stato tagliato la distanza tra le lampadine è cambiata

E non possiamo dire nulla a priori, il risultato dipende dalla resistenza elettrica delle lampadine, che non è nota

(Medicina e Chirurgia, 2010/2011)

86 Un filo di alluminio ha una sezione di $1,0 \times 10^{-6}$ m^2. Il filo è lungo 16,0 cm ed ha una resistenza pari a $4,0 \times 10^{-3}$ Ω.

▶ Qual è la resistività dell'alluminio di cui è fatto questo filo?

A $2,5 \times 10^{-8}$ Ω·m

A $2,5 \times 10^{-6}$ Ω·m

A $2,5 \times 10^{-5}$ Ω·m

A $6,4 \times 10^{4}$ Ω·m

A $6,4 \times 10^{6}$ Ω·m

(Medicina veterinaria, 2014/2015)

427

capitolo 15
Il campo magnetico

1 Calamite e fenomeni magnetici

▶ VIDEO

Fenomeni magnetici

Attorno al VI secolo a.C. i Greci scoprirono una sostanza in grado di attirare piccoli pezzetti di ferro: si tratta della *magnetite*, un ossido di ferro che veniva estratto nei dintorni della città di Magnesia ad Sipylum (oggi Manisa, in Turchia) da cui prese il nome.

Benché la maggior parte delle sostanze non manifesti reazioni sensibili all'esposizione alla magnetite, esistono materiali, detti **ferromagnetici**, che posti a contatto con la magnetite si magnetizzano, cioè ne acquistano le proprietà: il ferro, il cobalto, il nichel e le loro leghe sono fra i materiali ferromagnetici più diffusi. Con queste sostanze si possono costruire oggetti noti come **magneti** o **calamite**, grazie ai quali scopriamo fin da piccoli l'esistenza dei fenomeni magnetici.

Per analizzare i fenomeni magnetici si utilizza una calamita a forma di ago o di barretta lunga e sottile, in grado di ruotare attorno al suo centro, come per esempio quella di una bussola.

Un ago magnetico isolato tende ad allinearsi in direzione nord-sud: l'estremità che punta verso nord è detta **polo nord** e l'altra **polo sud**.

Le forze con cui due aghi magnetici interagiscono fra loro sono più intense in prossimità dei poli. Si osservano i fatti seguenti.

Poli omologhi (nord-nord o sud-sud) si respingono.	Poli diversi (nord-sud) si attraggono.	Le forze con cui i poli interagiscono decrescono con la distanza fra essi.
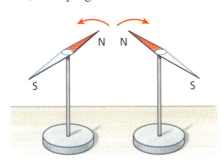	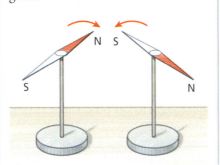	

Queste proprietà dei poli sono comuni a tutti i magneti, indipendentemente dalla loro forma e dalla loro dimensione.

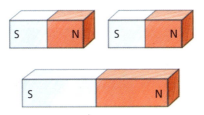

I poli non si possono separare: spezzando l'ago in due, si ottengono due calamite, ciascuna con un polo nord e un polo sud. Non è pertanto possibile disporre di un polo nord isolato dal corrispondente polo sud. Benché recenti teorie fisiche ne ipotizzino l'esistenza, non sono mai stati osservati monopòli magnetici.

2 Il campo magnetico

L'interazione fra magneti avviene mediante forze a distanza che si esercitano anche senza contatto fra essi. In modo analogo ai fenomeni elettrici e gravitazionali, si può interpretare questa interazione mediante un campo vettoriale noto come **campo magnetico** $\vec{B}$ o **vettore induzione magnetica**:

- ogni magnete crea un campo magnetico nello spazio circostante;
- un magnete interagisce col campo magnetico generato da un altro magnete e risente di una interazione magnetica.

> **SIMULAZIONE**
>
> Il campo magnetico di un magnete
>
> (PhET, University of Colorado)

■ Direzione e verso del campo magnetico

Per definire la direzione e il verso di $\vec{B}$, utilizziamo un piccolo ago magnetico di prova che con il suo campo non perturbi in modo apprezzabile il campo da misurare. Quando il centro dell'ago è posto in un punto P dello spazio in cui è presente un campo magnetico $\vec{B}$, l'ago ruota fino a raggiungere l'equilibrio:

- la direzione del campo $\vec{B}$ nel punto P è la retta lungo cui si dispone l'ago magnetico;
- il verso del campo $\vec{B}$ è quello dal polo sud al polo nord dell'ago magnetico.

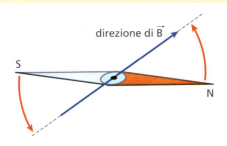

429

Elettromagnetismo

L'andamento del campo magnetico viene visualizzato mediante le **linee di forza magnetiche**, che sono curve con la seguente proprietà:

> la tangente alla linea di forza in ogni suo punto *P* ha la stessa direzione del campo magnetico in *P*.

Le linee di forza magnetiche hanno le seguenti caratteristiche:

- per ogni punto dello spazio passa una sola linea di forza che è orientata come il campo magnetico in quel punto;
- le linee di forza magnetiche non hanno inizio né fine, ma sono curve chiuse: entrano nel magnete dal polo sud, continuano all'interno del magnete e ne escono dal polo nord;
- disegnando solo alcune linee di forza si nota che queste sono più dense dove il campo è più intenso.

L'andamento delle linee di campo magnetico può essere visualizzato mediante la limatura di ferro: i piccoli frammenti si magnetizzano e si comportano come minuscoli aghi magnetici, orientandosi nel campo magnetico esterno.

 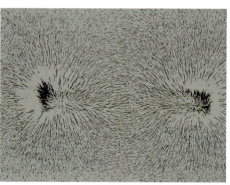

Per visualizzare l'andamento delle linee di campo magnetico perpendicolari al piano del disegno si usano le convenzioni seguenti.

Campo uscente dal piano del disegno.   Campo entrante nel piano del disegno.

 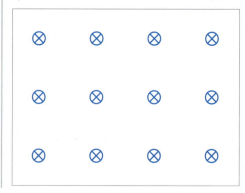

■ Il campo magnetico terrestre

Il fatto che sulla superficie terrestre l'ago magnetico di una bussola si orienti in direzione nord-sud suggerisce che la Terra si comporti come un magnete. In effetti la Terra presenta un campo magnetico di cui non è ancora ben compresa l'origine, ma che può essere immaginato come il campo di un immenso magnete disposto a un angolo di circa 10° dall'asse di rotazione terrestre.

Il polo nord dell'ago della bussola si orienta verso il polo sud del campo terrestre: quindi in realtà vicino al *polo nord geografico* è situato il *polo sud magnetico*, luogo in cui confluiscono tutte le linee del campo. Per ragioni storiche, si indica ancora come *polo nord magnetico* il luogo verso cui si orienta il polo nord di un ago magnetico.

Capitolo **15** Il campo magnetico

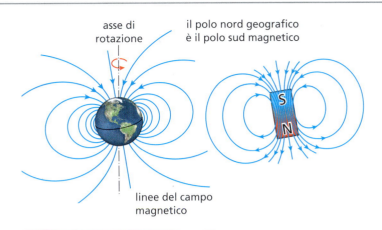

■ Intensità del campo magnetico

Una carica elettrica in quiete non risente di alcuna forza quando è posta vicino a un magnete. Al contrario, si verifica sperimentalmente che una corrente elettrica, composta da cariche in moto, può subire una forza quando è immersa in un campo magnetico. Per verificarlo, si può usare un magnete sagomato in modo che i due poli siano affacciati.

Registriamo come varia la forza che si esercita su un filo lungo L e percorso da una corrente i quando viene posto fra i due poli del magnete.

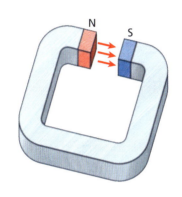

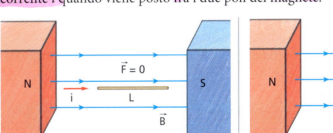 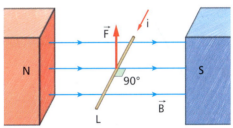

| La forza è nulla quando il filo è parallelo alle linee di forza magnetiche, cioè quando la corrente scorre nella direzione del campo $\vec{B}$. | Ruotando il filo, notiamo che la forza su di esso è massima quando il filo è perpendicolare alle linee di forza magnetiche. |

Se manteniamo il filo perpendicolare alla lina di forza ma ne cambiamo L e i, osserviamo che cambia F ma rimane costante il rapporto

$$B = \frac{F}{iL}$$

Questa proprietà consente di fornire una definizione operativa di intensità del campo magnetico: si definisce come l'**intensità** del campo magnetico $\vec{B}$.

L'unità di misura del campo magnetico è il *tesla* (T): 1 T = 1 N/(A·m). In alcuni ambiti è ancora molto diffuso come unità di misura dell'intensità di campo magnetico il *gauss* (G):

$$1\,G = 10^{-4}\,T$$

L'intensità media del campo magnetico terrestre vicino alla superficie del nostro pianeta è $0{,}5\,G = 5 \cdot 10^{-5}\,T$, mentre quella di un comune magnete è circa $10^{-2}\,T$ ossia circa $(10^{-2}\,T)/(5 \cdot 10^{-5}\,T) = 200$ volte più grande.

Per questo motivo la vicinanza di magneti o corpi magnetizzati impedisce a una bussola magnetica di indicare correttamente la direzione del nord.

In termini semplificati, l'intensità del campo magnetico presente in una data regione R di spazio si può misurare mediante la seguente procedura:

- si posiziona un filo di lunghezza L, percorso da una corrente i, in direzione perpendicolare alle linee di forza magnetiche presenti in R;
- si misura l'intensità F della forza sul filo;
- si calcola $B = F/iL$.

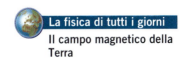

La fisica di tutti i giorni
Il campo magnetico della Terra

431

Elettromagnetismo

3 Forza magnetica su una corrente e forza di Lorentz

Come discusso nel paragrafo precedente, un filo rettilineo percorso da corrente risente di una forza quando è posto in un campo magnetico.

In generale

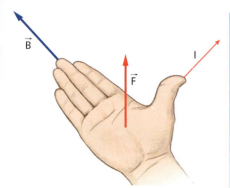

> su un filo lungo L attraversato da una corrente i e posto in un campo magnetico uniforme $\vec{B}$ agisce una forza avente:
> - intensità
>
> $$F = iLB_\perp$$
>
> dove $B_\perp$ è la componente del campo magnetico $\vec{B}$ perpendicolare al filo;
> - direzione perpendicolare al piano su cui giacciono il filo e il campo magnetico;
> - verso dato dalla **regola della mano destra**: se si dispongono il pollice della mano destra aperta nel verso della corrente e le altre dita nel verso del campo $\vec{B}$, la forza $\vec{F}$ è uscente perpendicolarmente dal palmo.

Le calamite più comuni generano attorno ai poli campi magnetici di circa un centesimo di tesla. Su un filo di 5 cm attraversato da una corrente di 4 A la forza è solo

$$F = (5 \cdot 10^{-2} \text{ m})(4 \text{ A})(10^{-2} \text{ T}) = 2 \cdot 10^{-3} \text{ N} = 2 \text{ mN}$$

Quindi probabilmente è minore del peso di una farfalla.

■ La forza di Lorentz

La corrente elettrica è un flusso di cariche negative, gli elettroni di conduzione, che si muovono con una velocità di deriva in verso opposto a quello convenzionale della corrente. È quindi possibile individuare la causa microscopica della forza che agisce su un filo percorso da corrente posto in un campo magnetico.

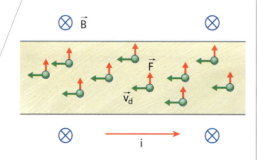 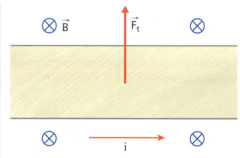

Ciascuna carica in moto nel campo $\vec{B}$ risente di una forza che ha proprietà simili a quella sul filo.

Il filo risente di una forza magnetica totale che è la risultante delle forze che agiscono sulle cariche in moto.

In generale

> una particella con carica elettrica Q in moto in un campo magnetico uniforme $\vec{B}$ risente di una forza detta **forza di Lorentz** avente:
> - modulo
>
> $$F = QvB_\perp$$
>
> dove $B_\perp$ è la componente del campo magnetico perpendicolare alla velocità $\vec{v}$ della particella;
> - direzione perpendicolare al piano su cui giacciono $\vec{B}$ e $\vec{v}$;
> - verso dato dalla **regola della mano destra**.

Se si dispongono il pollice della mano destra aperta nel verso della velocità $\vec{v}$ della particella e le altre dita nel verso del campo $\vec{B}$, la forza $\vec{F}$ è

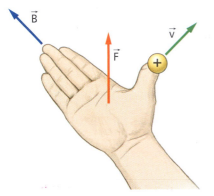 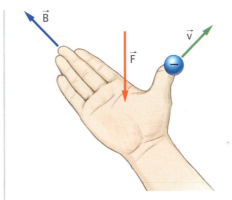

uscente dal palmo se la carica è positiva; | entrante nel palmo se la carica è negativa.

■ Il moto di una particella carica in un campo magnetico uniforme

La forza di Lorentz su una carica in moto è sempre perpendicolare alla sua velocità istantanea: essa agisce dunque come forza centripeta sulla carica.

Se la carica si muove in un campo magnetico uniforme e perpendicolare alla sua velocità, questa forza centripeta rimane costante in modulo: la carica si muove con moto circolare uniforme.

Consideriamo una carica positiva Q che si muove con velocità $\vec{v}$ perpendicolare a un campo magnetico uniforme $\vec{B}$; la forza di Lorentz su di essa ha modulo $F_L = QvB$.

Essendo perpendicolare alla velocità, essa agisce come forza centripeta, che è legata alla massa m e all'accelerazione centripeta v^2/r della carica dalla seconda legge della dinamica $F_c = m(v^2/r)$. Uguagliando le due forze $F_L = F_c$ si ha

$$QvB = m\frac{v^2}{r}$$

La carica compie una traiettoria circolare di raggio

$$r = \frac{mv}{QB}$$

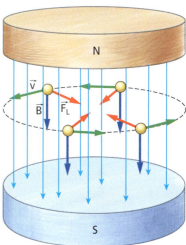

Alla forza di Lorentz si deve uno spettacolare fenomeno, che purtroppo non è visibile alle nostre latitudini. Il Sole emette costantemente un enorme flusso di particelle cariche detto **vento solare**. Queste particelle raggiungono la Terra e rimangono intrappolate nel campo magnetico terrestre.

Le interazioni di queste particelle cariche con gli atomi di gas presenti nell'alta atmosfera danno luogo al fenomeno delle **aurore boreali**, luminosità debolissime ma molto estese nel cielo notturno che sono visibili in particolari condizioni presso i poli. La foto mostra il fenomeno fotografato dalla Stazione Internazionale a un'altezza di circa 400 km.

4 Il motore elettrico

La forza magnetica che agisce su un conduttore percorso da corrente è alla base di un'importantissima applicazione tecnologica: il **motore elettrico** a corrente continua, ossia il dispositivo che trasforma energia elettrica in energia meccanica.

Per comprenderne il principio di funzionamento, si devono analizzare gli effetti che la forza magnetica provoca su una spira percorsa da corrente, ossia un circuito formato da un sottile conduttore disposto su un piano.

Elettromagnetismo

■ Momento agente su una spira rettangolare

Una spira rettangolare attraversata da corrente e immersa in un campo magnetico può essere soggetta a un momento dovuto alle forze che agiscono sui suoi lati. Consideriamo una spira connessa al generatore da due tratti rettilinei e libera di ruotare come indicato in **figura**.

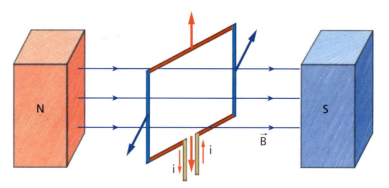

I lati opposti generano forze uguali e opposte. Di conseguenza:

- le forze sui lati perpendicolari all'asse di rotazione (in rosso) danno luogo a una coppia nulla;
- le forze sui lati paralleli all'asse di rotazione (in blu) generano una coppia che fa ruotare la spira.

■ Il motore elettrico a corrente continua

Il momento che si esercita su una bobina percorsa da corrente è utilizzato per compiere lavoro meccanico mediante i motori elettrici in corrente continua.

Il principio di funzionamento di un motore elettrico è semplice: una bobina percorsa da corrente è fissata a un perno perpendicolare rispetto al campo magnetico creato da un magnete permanente.

Il momento della forza totale che agisce sulla bobina pone in rotazione il perno, che a sua volta trasferisce il movimento rotatorio a un elemento mobile, come per esempio una ruota.

Ciascun estremo del filo della bobina termina con un semianello conduttore detto *collettore*: durante la rotazione, i collettori strisciano su due contatti fissi detti *spazzole*, che a loro volta sono collegati ai terminali di un generatore di tensione.

Collettori e spazzole hanno lo scopo di invertire ogni mezzo giro il verso della corrente che scorre nella bobina e permettere di conseguenza il mantenimento della rotazione.

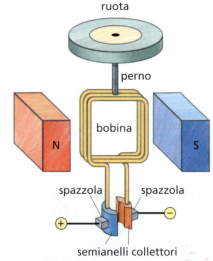

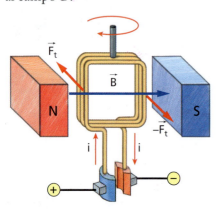

La bobina ruota per effetto del momento torcente dovuto alle forze $\vec{F}_t$ e $-\vec{F}_t$ sui lati che non sono paralleli al campo $\vec{B}$.

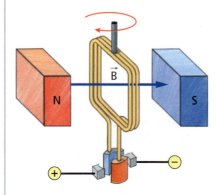

Quando non c'è contatto fra collettori e spazzole, il momento torcente sulla bobina si annulla, ma questa continua a ruotare per inerzia.

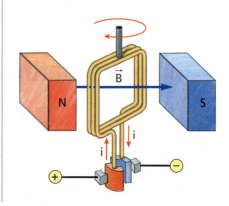

Quando si ristabilisce il contatto fra collettori e spazzole, la bobina risente di un momento torcente che la mantiene in rotazione nello stesso verso.

5 Campi magnetici generati da correnti elettriche

I campi magnetici producono effetti sulle correnti elettriche a causa della forza di Lorentz che agisce sulle cariche in moto: l'elettricità e il magnetismo sono quindi connessi fra loro. Una connessione ancora più profonda di questi due ambiti fu scoperta nel 1820 dal fisico danese Hans Christian Oersted, il quale osservò che attorno a un filo percorso da corrente esiste un campo magnetico.

La scoperta di Oersted diede un enorme impulso alle applicazioni pratiche dell'elettricità e del magnetismo. Infatti mediante correnti elettriche diventava possibile generare campi magnetici aventi l'intensità desiderata in punti precisi dello spazio e negli intervalli di tempo richiesti, tutti risultati impossibili da conseguire impiegando magneti permanenti.

▶ **VIDEO**

Interazioni tra campi magnetici e correnti elettriche

■ Campo magnetico generato da un filo percorso da corrente

Si può ripetere l'esperienza di Oersted posizionando un piccolo ago magnetico vicino al filo di un circuito elettrico. Quando il circuito non è alimentato (**foto a sinistra**) l'ago magnetico si posiziona in direzione parallela al campo magnetico terrestre presente in quella regione di spazio. Quando invece il filo è attraversato da una corrente elettrica, l'ago magnetico tende a disporsi come evidenzia la **fotografia a destra**.

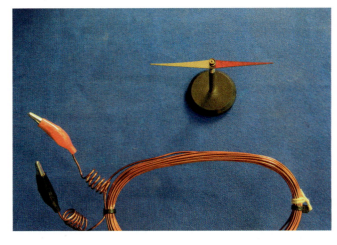

Variando opportunamente la disposizione sperimentale, si scopre che il campo magnetico $\vec{B}$ generato dalla corrente i ha le seguenti proprietà.

| Le linee del campo magnetico sono circonferenze concentriche al filo poste in piani perpendicolari a esso. | Le linee del campo magnetico hanno il verso delle dita raccolte della mano destra se il pollice punta nel verso della corrente. | L'intensità B del campo magnetico a distanza r dal filo è
• direttamente proporzionale a i;
• inversamente proporzionale a r. |

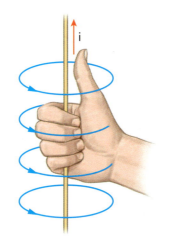
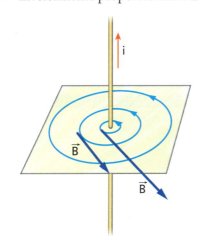

Elettromagnetismo

In generale vale la seguente legge, nota come **legge di Biot-Savart**:

> un filo rettilineo indefinitamente esteso genera nel vuoto un campo magnetico di intensità
>
> $$B = \frac{\mu_0}{2\pi} \frac{i}{r}$$
>
> dove la costante μ_0 è detta **permeabilità magnetica del vuoto** e vale
>
> $$\mu_0 = 4\pi \cdot 10^{-7} \text{ T} \cdot \text{m/A}$$

Dentro la formula

- Il valore della permeabilità magnetica del vuoto è stato stabilito mediante una convenzione e quindi è esatto e non affetto da errori.
- La costante di proporzionalità vale $\mu_0/(2\pi) = 2 \cdot 10^{-7}$ T·m/A.
- La presenza dell'aria non altera in modo apprezzabile il fenomeno.

Forze magnetiche tra fili percorsi da correnti

Un filo percorso da corrente genera un campo magnetico, ma è anche soggetto a forze prodotte da campi magnetici di altre sorgenti. Per queste ragioni è prevedibile che due fili percorsi da corrente esercitino ciascuno una forza sull'altro.
Come dimostrò sperimentalmente Ampère

> su ciascun tratto di lunghezza L, due fili rettilinei paralleli, posti a distanza d e percorsi da correnti rispettivamente i_1 e i_2 esercitano l'uno sull'altro una forza $\vec{F}$ che ha
> - modulo
>
> $$F = \frac{\mu_0}{2\pi} \frac{i_1 i_2}{d} L$$
>
> - direzione parallela al piano contenente i due fili e perpendicolare alla direzione di essi;
> - verso attrattivo se le correnti hanno lo stesso verso, repulsivo in caso contrario.

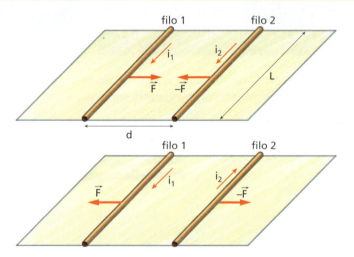

La fisica di tutti i giorni
La forza c'è ma non si sente

Durante la fase di carica, nei due fili interni al cavo che collega il caricabatterie al telefono cellulare scorre in versi opposti una corrente di circa 400 mA. Supponendo che i due fili siano a distanza di 1 mm e siano lunghi 50 cm, ciascuno di essi respinge l'altro con una forza pari a

$$F = \frac{(2 \cdot 10^{-7} \text{ T} \cdot \text{m/A})(4 \cdot 10^{-1} \text{ A})^2 (5 \cdot 10^{-1} \text{ m})}{(1 \cdot 10^{-3} \text{ m})} = 2 \cdot 10^{-5} \text{ N}$$

troppo piccola per poter essere rilevata senza strumenti opportuni.

■ Definizioni operative di ampere e coulomb

La definizione di un'unità di misura deve essere fornita in modo operativo mediante una procedura sperimentale che consenta di stabilirne il valore a partire da unità note. La relazione per la forza magnetica tra due fili appena studiata permette di ricondurre la misura dell'intensità di corrente, e quindi la definizione di *ampere*, a misure di forze e di distanze che si possono effettuare con grande precisione:

> una corrente ha l'intensità di 1 A (un *ampere*) quando, scorrendo attraverso due fili rettilinei molto lunghi e paralleli, posti alla distanza di 1 m, provoca una forza di $2 \cdot 10^{-7}$ N su ogni tratto di filo lungo 1 m.

Il valore convenzionale di $2 \cdot 10^{-7}$ N è stato scelto in modo da ottenere valori né troppo piccoli né troppo grandi per le correnti utilizzate nella pratica. Da questa scelta deriva il valore della permeabilità magnetica del vuoto: esplicitando la formula per la forza magnetica tra due fili in termini di μ_0 e ponendo

$$i_1 = i_2 = 1 \text{ A} \qquad d = L = 1 \text{ m} \qquad F = 2 \cdot 10^{-7} \text{ N}$$

si ha infatti

$$\mu_0 = \frac{2\pi d}{i_1 i_2 L} F = \frac{2\pi (1 \text{ m})}{(1 \text{ A})(1 \text{ A})(1 \text{ m})} (2 \cdot 10^{-7} \text{ N}) = 4\pi \cdot 10^{-7} \text{ N/A}^2$$

L'unità di misura N/A^2 equivale all'unità T·m/A utilizzata in precedenza per μ_0. Ricordando la definizione di *tesla*, $1 \text{ T} = 1 \text{ N}/(\text{A} \cdot \text{m})$, si ha

$$\frac{\text{T} \cdot \text{m}}{\text{A}} = \frac{\text{N}}{\text{A} \cdot \text{m}} \frac{\text{m}}{\text{A}} = \frac{\text{N}}{\text{A}^2}$$

La definizione operativa di *coulomb* segue da quella di *ampere*:

> 1 C (un *coulomb*) è la quantità di carica che attraversa in 1 s la sezione di un filo in cui scorre una corrente elettrica di 1 A.

■ Campo magnetico generato da un solenoide percorso da corrente

Avvolgendo un filo in modo da formare tante spire ravvicinate si ottiene un solenoide.

Alimentando il solenoide con un generatore di tensione continua, si ottiene un campo magnetico che

- all'interno del solenoide è praticamente uniforme e parallelo all'asse del solenoide;
- all'esterno del solenoide ha intensità così piccola da essere trascurabile.

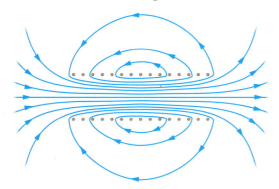

Elettromagnetismo

Nel caso ideale, un solenoide di lunghezza infinita con n spire per unità di lunghezza e percorso da una corrente i genera al suo interno un campo magnetico uniforme che

- ha intensità

$$B = \mu_0 n i$$

- è diretto parallelamente all'asse del solenoide;
- ha come verso quello del pollice della mano destra quando le altre dita si avvolgono nel senso della corrente.

In pratica un solenoide con una lunghezza molto maggiore del diametro approssima bene il caso ideale.

Per un solenoide reale lungo L e formato da N spire, $n = N/L$; quindi un solenoide reale genera al suo interno un campo magnetico uniforme di modulo

$$B = \mu_0 \frac{Ni}{L}$$

6 Proprietà magnetiche della materia

Le **proprietà magnetiche** dei materiali possono essere evidenziate ponendo piccoli campioni in un campo magnetico molto intenso e non uniforme. Si osservano tre comportamenti distinti.

Sostanze diamagnetiche. Sul campione agisce una debolissima forza repulsiva, che tende a spostarlo verso la zona in cui il campo magnetico è meno intenso. Presentano questa caratteristica le sostanze diamagnetiche.

Le sostanze con il comportamento diamagnetico più marcato sono il bismuto, l'acqua, l'argento e il rame. In realtà tutte le sostanze sono diamagnetiche, ma per molte di esse il diamagnetismo viene mascherato da altri fenomeni che provocano effetti più marcati.

La rana nella goccia d'acqua è sospesa su un campo magnetico non uniforme: i suoi tessuti hanno un **comportamento diamagnetico** ed essa galleggia senza risentire di alcun effetto negativo.

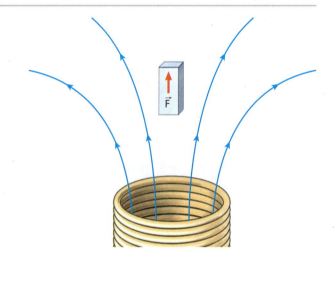

Sostanze paramagnetiche. Sul campione agisce una debolissima forza attrattiva, che tende a spostarlo verso la zona in cui il campo magnetico è più intenso. Le sostanze che hanno questa caratteristica sono dette paramagnetiche.

Sono sostanze paramagnetiche l'alluminio, il magnesio, il tungsteno e l'ossigeno.

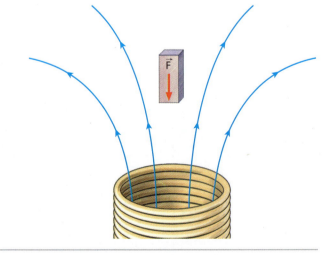

438

Sostanze ferromagnetiche. Sul campione agisce una forza attrattiva molto grande, che tende a spostarlo verso la zona in cui il campo magnetico è più intenso. Hanno questa caratteristica le sostanze ferromagnetiche, come ferro, cobalto, nichel e loro leghe.

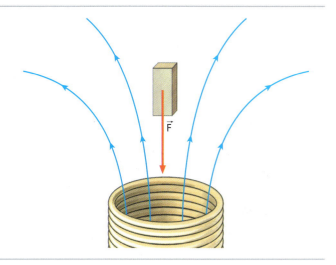

■ Origine microscopica del ferromagnetismo

Il magnetismo è dovuto alle proprietà degli elettroni e ai loro moti all'interno di atomi e molecole. Per semplicità possiamo immaginare che gli atomi si comportino come microscopiche spire percorse da corrente che generano campi magnetici elementari.

Nel caso delle sostanze ferromagnetiche, si originano comportamenti cooperativi fra i campi magnetici elementari delle spire: grandi numeri di spire adiacenti tendono ad allinearsi e formano regioni microscopiche, dette **domìni di Weiss**, in cui il campo magnetico locale è piuttosto forte.

Questi domìni sono però orientati in modo casuale. I campi magnetici elementari formano un campo magnetico totale praticamente nullo.

In presenza di un campo esterno $\vec{B}_{sol}$ questi domìni tendono mediamente a orientarsi lungo la direzione del campo esterno e generano un campo magnetico $\vec{B}_{fer}$ totale molto più intenso di $\vec{B}_{sol}$.

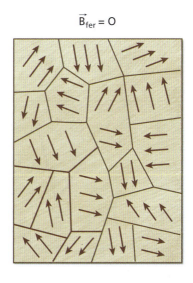

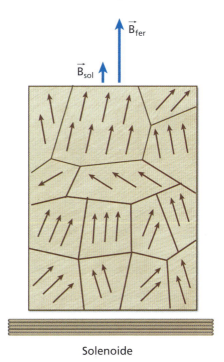

Solenoide

Quando il campo magnetico esterno viene meno, rimane una debole magnetizzazione residua che però si annulla col tempo.

Elettromagnetismo

■ L'elettromagnete

I materiali ferromagnetici sono impiegati per costruire calamite molto potenti dette **elettromagneti**. Un elettromagnete è formato da un solenoide avvolto attorno a un nucleo di materiale ferromagnetico. Quando è attraversato da corrente, il solenoide genera un campo magnetico che viene amplificato centinaia di volte dal nucleo di materiale ferromagnetico.

L'elettromagnete è così in grado di sollevare enormi quantità di materiali ferromagnetici, come per esempio rottami di ferro e acciaio. Variando in modo opportuno la corrente, si può modulare l'intensità del campo magnerico fino ad annullarlo secondo le necessità.

7 Circuitazione e flusso del campo magnetico

Analogamente a quanto avviene per il campo elettrico, l'introduzione di grandezze matematiche complesse come la circuitazione e il flusso permette di evidenziare in modo chiaro e sintetico proprietà fondamentali del campo magnetico.

■ La circuitazione del campo magnetico

Consideriamo all'interno di un campo magnetico $\vec{B}$ una curva chiusa γ e fissiamo un verso di percorrenza su di essa. Per calcolare la circuitazione di un campo magnetico non uniforme lungo una generica curva, si suddivide la curva γ in porzioni così piccole che:

- ogni porzione può essere considerata rettilinea e identificata col vettore spostamento $\Delta\vec{s}_k$ fra i suoi estremi;
- il campo magnetico $\vec{B}_k$ è praticamente uniforme lungo ciascuno degli spostamenti $\Delta\vec{s}_k$.

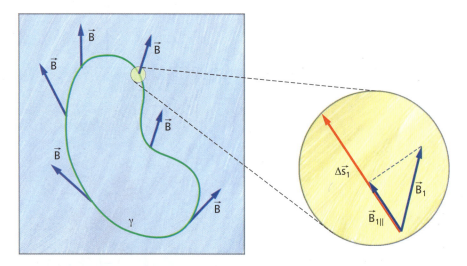

In ciascuna delle porzioni in cui è stata suddivisa γ si calcola il prodotto del modulo dello spostamento per la componente del campo B parallela ad esso:

$$B_{k\parallel}\Delta s_k$$

La somma di tutti questi contributi è detta **circuitazione** $\Gamma_\gamma(\vec{B})$ del campo $\vec{B}$ lungo la curva chiusa orientata γ:

$$\Gamma_\gamma(\vec{B}) = B_{1\parallel}\Delta s_1 + B_{2\parallel}\Delta s_2 + \cdots + B_{n\parallel}\Delta s_n$$

Il teorema di Ampère

La circuitazione di $\vec{B}$ viene calcolata lungo una curva chiusa γ. Una corrente si dice **concatenata** a γ se attraversa la superficie che ha come bordo γ.

Il campo magnetico gode di una fondamentale proprietà che è nota come **teorema di Ampère**:

> la circuitazione del campo magnetico $\vec{B}$ lungo una curva chiusa γ è
> $$\Gamma_\gamma(\vec{B}) = \mu_0 i_{tot}$$
> dove i_{tot} è la somma delle intensità delle correnti concatenate a γ.

Dentro la formula

- La corrente concatenata ha segno positivo se genera su γ un campo magnetico che ha lo stesso verso con cui viene percorsa la curva, mentre ha segno negativo se il verso è opposto.
  Nel caso mostrato in figura:
  - i_1 non è concatenata a γ;
  - $i_2 < 0$ perché genera su γ un campo $\vec{B}$ con verso opposto a quello di percorrenza della curva;
  - $i_3 > 0$ perché genera su γ un campo $\vec{B}$ con lo stesso verso di percorrenza della curva.

  Quindi
  $$\Gamma_\gamma(\vec{B}) = \mu_0(i_3 - i_2)$$

- Il teorema di Ampère vale solo nel caso di correnti stazionarie, cioè che non cambiano nel tempo. La generalizzazione del teorema di Ampère al caso di situazioni non stazionarie è analizzata nel capitolo seguente.

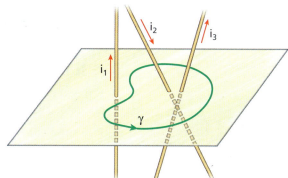

Ci limitiamo a mostrare che il teorema di Ampère deriva dalla legge di Biot-Savart nel caso particolare di un filo rettilineo indefinitamente esteso e percorso da una corrente i.

Il campo magnetico generato dal filo ha modulo uniforme su qualunque circonferenza perpendicolare al filo e centrata su di esso. Scegliamo come curva γ una circonferenza di raggio r che coincide con una linea del campo magnetico generato dal filo e dividiamola in n tratti elementari $\Delta\vec{s}_1, \Delta\vec{s}_2, ..., \Delta\vec{s}_n$.

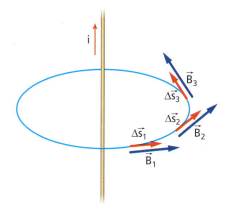

In ciascun tratto elementare il campo magnetico è sempre parallelo allo spostamento, per cui
$$B_{k\parallel}\Delta s_k = B_k \Delta s_k$$

La circuitazione diviene
$$\Gamma_\gamma(\vec{B}) = B_1 \Delta s_1 + B_2 \Delta s_2 + \cdots + B_n \Delta s_n$$

Elettromagnetismo

Il modulo del campo magnetico sulla circonferenza è uniforme e vale, per la legge di Biot-Savart:

$$B = \frac{\mu_0}{2\pi} \frac{i}{r}$$

Tutti i fattori B_i sono uguali a B, per cui si possono raccogliere a fattor comune

$$\Gamma_\gamma(\vec{B}) = B(\Delta s_1 + \Delta s_2 + \cdots + \Delta s_n) = \frac{\mu_0}{2\pi} \frac{i}{r}(\Delta s_1 + \Delta s_2 + \cdots + \Delta s_n)$$

La somma di tutti i cammini approssima la lunghezza $2\pi r$ della circonferenza tanto meglio quanto più piccoli sono i cammini Δs_k: dunque per cammini Δs_k piccolissimi la circuitazione diviene

$$\Gamma_\gamma(\vec{B}) = \frac{\mu_0}{2\pi} \frac{i}{r} 2\pi r = \mu_0 i$$

che è l'espressione del teorema di Ampère nel caso di una sola corrente i concatenata alla curva γ.

■ Il flusso del campo magnetico

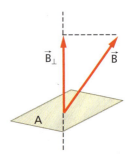

Il flusso del campo magnetico attraverso una superficie si calcola in modo del tutto analogo al caso elettrico:

- si suddivide la superficie S in n superfici di area $A_1, A_2, \cdots, A_n$ così piccole che ciascuna di esse può essere considerata
  - una superficie piana;
  - immersa in un campo uniforme $\vec{B}$: in ogni suo punto il campo ha lo stesso valore;
- si calcola il flusso in ogni superficie elementare $\Phi_k(\vec{B})$.
- Il flusso totale è la somma dei flussi $\Phi_1(\vec{B}), \Phi_2(\vec{B}), \cdots, \Phi_n(\vec{B})$ calcolati in ciascuna porzione elementare mediante la formula precedente.

■ Il teorema di Gauss per il campo magnetico

Mediante il concetto di flusso si può formulare una delle proprietà fondamentali del campo magnetico, nota come **teorema di Gauss**:

> il flusso del campo magnetico attraverso una qualsiasi superficie chiusa è nullo
> $$\Phi_S(\vec{B}) = 0$$

Il teorema di Gauss è una conseguenza del fatto che non esistono i monopòli magnetici. Il flusso del campo elettrico attraverso una superficie chiusa S è diverso da zero solo se S racchiude una carica elettrica netta. Poiché una superficie non può racchiudere un polo magnetico separato dal suo opposto, al suo interno il numero di poli nord *deve* uguagliare quello dei poli sud.

In termini di linee di campo, questa caratteristica di $\vec{B}$ equivale al fatto che le linee del campo magnetico non hanno origine o fine in un punto, magari un polo, ma sono chiuse o si estendono all'infinito. Non è quindi possibile che su una qualsiasi superficie chiusa il numero di linee di campo entranti sia diverso da quello delle linee uscenti.

I concetti e le leggi

IN 3 MINUTI
Il campo magnetico • La forza magnetica di Lorentz • La forza di Ampère

Intensità del campo magnetico
- È dato dalla relazione
$$B = \frac{F}{iL}$$
- Si misura in *tesla* (T).

Forza magnetica su una corrente
La forza che agisce su un filo percorso da corrente i e immerso in un campo magnetico uniforme ha:
- modulo $F = iLB_\perp$;
- direzione perpendicolare al piano formato dal filo e dal campo magnetico $\vec{B}$;
- verso dato dalla regola della mano destra.

Forza di Lorentz
La forza che agisce su una carica elettrica Q in moto con velocità $\vec{v}$ in campo magnetico uniforme ha:
- modulo $F = QvB_\perp$;
- direzione perpendicolare al piano su cui giacciono $\vec{B}$ e $\vec{v}$;
- verso dato dalla regola della mano destra.

Moto di una particella carica in un campo magnetico uniforme
- Una carica in moto in un campo magnetico uniforme e perpendicolare alla sua velocità descrive una traiettoria circolare di raggio
$$r = \frac{mv}{QB}$$

Legge di Biot-Savart
- Stabilisce che un filo rettilineo indefinitamente esteso genera nel vuoto un campo magnetico di intensità
$$B = \frac{\mu_0}{2\pi} \frac{I}{r}$$

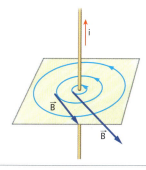

Forze magnetiche tra fili percorsi da corrente
Due fili rettilinei paralleli percorsi da corrente, su ciascun tratto di lunghezza L, esercitano l'uno sull'altro una forza
- di modulo
$$F = \frac{\mu_0}{2\pi} \frac{i_1 i_2}{d} L$$
- avente direzione parallela al piano contenente i due fili e perpendicolare alla direzione dei fili;
- attrattiva se le correnti hanno lo stesso verso, repulsiva se le correnti hanno verso opposto.

Campo magnetico all'interno di un solenoide percorso da corrente
- Nel caso di un solenoide ideale infinitamente lungo:
$$B = \mu_0 n i$$
- Nel caso di un solenoide reale di lunghezza L costituito da N spire:
$$B = \mu_0 \frac{N}{L} i$$

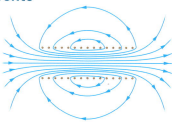

Teorema di Ampère
- La circuitazione del campo magnetico lungo una curva chiusa γ è
$$\Gamma_\gamma(\vec{B}) = \mu_0 i_{tot}$$

Teorema di Gauss
- Il flusso del campo magnetico attraverso una qualsiasi superficie chiusa è nullo:
$$\Phi_S(\vec{B}) = 0$$

Esercizi

2 Il campo magnetico

1 Un magnete permanente di neodimio-cobalto può generare in prossimità della sua superficie un campo magnetico di 2 T.
▶ Quanto vale tale campo in gauss? [$2 \cdot 10^4$ G]

2 Considera il magnete dell'esercizio precedente.
▶ Quanto è più intenso del campo magnetico terrestre? [$4 \cdot 10^5$]

3 Una tua compagna sostiene che il disegno seguente mostra l'andamento del campo magnetico $\vec{B}$ in prossimità del punto P.

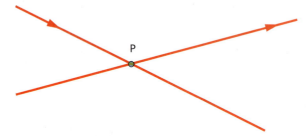

▶ Come puoi convincerla che sta sbagliando?

4 Il grafico mostra la linea di forza magnetica che passa per il punto P.

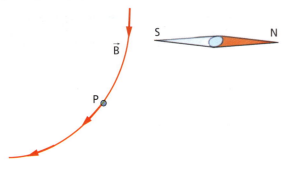

▶ Come si disporrebbe l'ago magnetico se il suo centro fosse posto in P?

5 Un filo di lunghezza 50 cm è attraversato da una corrente di 1,6 A. Quando è immerso in un campo magnetico $\vec{B}$, in direzione perpendicolare alle linee di forza magnetiche, risente di una forza di intensità 0,024 N.
▶ Calcola l'intensità del campo magnetico. [0,03 T]

6 Un filo attraversato da una corrente di 3 A non risente di alcuna forza magnetica.
▶ Puoi concludere che il filo è in una regione di spazio in cui non è presente alcun campo magnetico?

7 Disegna le linee di campo magnetico della configurazione di due calamite mostrata in figura.

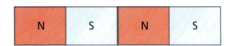

8 Disegna le linee di campo magnetico nella regione di spazio compresa fra le due calamite mostrate in figura.

9 Disegna le linee di campo magnetico nella regione di spazio compresa fra le due calamite mostrate in figura.

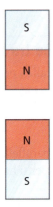

10 Disegna le linee di campo magnetico tra i due poli della calamita mostrata in figura.

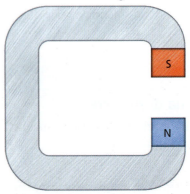

11 Disegna le linee di campo magnetico tra i due poli della calamita mostrata in figura.

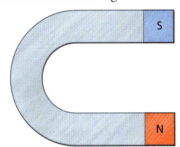

3 Forza magnetica su una corrente e forza di Lorentz

12 Un fascio di elettroni si muove in direzione nord, quando entra in un campo magnetico diretto verso l'alto.

▶ Che cosa succede al fascio?

13 Una particella entra con velocità $\vec{v}$ in una regione di spazio in cui è presente un campo magnetico $\vec{B}$. La velocità della particella rimane invariata.

▶ Puoi concludere che la particella è neutra?

14 I cavi superconduttori sono in grado di trasportare quantità impressionanti di corrente. Uno di questi cavi è percorso da una corrente di 2 kA ed è immerso in un campo magnetico a esso perpendicolare, di intensità 5 T.

▶ Quanto vale la forza, per unità di lunghezza, che agisce sul cavo? [10 kN/m]

15 Su una carica $Q = 1{,}5$ μC in moto con una velocità di $5{,}2 \cdot 10^2$ m/s si osserva una forza magnetica di 36 μN.

▶ Qual è l'intensità del campo magnetico nella direzione perpendicolare alla velocità? [46 mT]

16 Direzione e verso della forza di Lorentz agente su una carica negativa possono essere determinati in modo diretto utilizzando la «regola della mano sinistra»: se si dispongono il pollice della mano sinistra aperta nel verso della velocità $\vec{v}$ della particella e le altre dita nel verso del campo $\vec{B}$, la forza $\vec{F}$ è uscente dal palmo se la carica è negativa.

▶ Spiega perché.

17 Un lungo filo parallelo all'asse x è percorso da una corrente di 14 A nella direzione x positiva. Nella direzione y positiva c'è un campo magnetico uniforme che ha il modulo di 8,0 kG.

▶ Determina la forza, per unità di lunghezza, che agisce sul filo. [11 N/m]

ESERCIZIO GUIDATO

18 In una regione di spazio un campo magnetico di modulo 0,20 T è perpendicolare a un campo elettrico di modulo 0,40 MV/m. Una particella entra nella regione in direzione perpendicolare a entrambi i campi.

▶ Calcola quale velocità deve avere la particella per non essere deflessa.

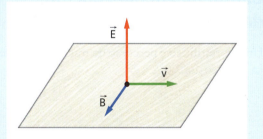

Se la particella è un elettrone, la situazione è quella mostrata in figura.

La particella è sottoposta alla forza magnetica perpendicolare alla direzione del campo e alla forza elettrostatica lungo la direzione del campo. Per ottenere il valore di quella velocità per cui la particella non è deviata dai campi, le due forze devono essere uguali e opposte	$qE = qvB \Rightarrow v = \dfrac{E}{B}$
Dati numerici	$B = 0{,}20$ T $E = 0{,}40$ MV/m
Risultato	$v = \dfrac{0{,}40 \cdot 10^6 \text{ V/m}}{0{,}20 \text{ T}} = 2{,}0 \cdot 10^6$ m/s

Elettromagnetismo

19 Un fascio di protoni si muove nel verso positivo dell'asse x con una velocità di 10 km/s attraverso una regione di campi elettrico e magnetico incrociati. Nel verso positivo dell'asse y c'è un campo magnetico di modulo 0,80 T.

▶ Calcola il modulo e la direzione orientata del campo elettrico per cui il fascio non viene deflesso.

[−8,0 kV/m lungo z]

20 Durante un collaudo, i protoni e gli antiprotoni percorrono i primi giri dell'anello dell'acceleratore di particelle LHC (*Large Hadron Collider*), che ha un diametro di circa 9 km, a una velocità pari a 1/4 della velocità della luce.

▶ Quanto deve valere il campo magnetico in questa fase di accelerazione per mantenerli sull'orbita?

[1,7 G]

21 Una particella di carica 2,5 nC si muove all'interno di un campo magnetico uniforme di modulo 1,5 T e orientato nel verso positivo dell'asse z. Calcola la forza che agisce sulla particella nei casi in cui la sua velocità sia:

▶ $4,0 \cdot 10^2$ km/s nel verso positivo dell'asse y;

▶ $8,0 \cdot 10^2$ km/s nel verso positivo dell'asse z;

▶ $2,0 \cdot 10^2$ km/s nel verso positivo dell'asse z;

▶ $4,0 \cdot 10^2$ km/s nel piano yz, verso l'alto, lungo una retta che forma un angolo di 30° con l'asse z.

[1,5 mN lungo x; 0 N; 0 N; 0,75 mN lungo x]

5 Campi magnetici generati da correnti elettriche

22 Un filo rettilineo è percorso da una corrente elettrica di intensità 3,0 A.

▶ Quanto vale il campo magnetico su una circonferenza di raggio 15 cm concentrica al filo?

[4 µT]

23 Il campo magnetico a 1,0 m di distanza da un filo percorso da corrente è di 30 µT.

▶ Calcola il valore della corrente.

[0,15 kA]

24 All'interno di un solenoide di N spire, lungo 20 cm, si misura un campo magnetico di 9,0 G quando è percorso da una corrente di 4,0 A.

▶ Trova il numero di spire.

[36]

25 Un solenoide, di lunghezza 25 cm e composto da 400 spire, è percorso da una corrente di 3,0 A.

▶ Quanto vale il campo magnetico nel suo centro?

[6,0 mT]

26 Un solenoide con 3000 spire per unità di lunghezza è percorso da una corrente di 2,5 A.

▶ Determina il campo magnetico nel suo centro.

[9,4 mT]

27 Un solenoide ha 800 spire per metro ed è percorso da una corrente di 35,5 A.

▶ Calcola il campo magnetico nel suo centro.

[36 mT]

28 Due fili lunghi 1,5 m e distanti 0,10 m sono percorsi da una corrente elettrica di 1,6 A.

▶ Puoi stabilire l'intensità e il verso della forza che agisce su ciascuno di essi?

[7,7 µN, no]

29 Due conduttori paralleli affiancati, lunghi 15 m e distanti 0,7 m, trasportano 30 kA di corrente tra gli alternatori e i trasformatori in una centrale elettrica.

▶ Quanto vale la forza con cui si attraggono? [4 kN]

ESERCIZIO GUIDATO

30 Due fili A e B paralleli, lunghi 1,6 m e posti a 50 mm di distanza, sono attraversati entrambi dalla stessa corrente di intensità i, ma in verso opposto. Il modulo della forza agente su ciascun filo è di $6,4 \cdot 10^{-5}$ N.

▶ Calcola l'intensità della corrente i.

La forza che si esercita tra i fili è data da	$F = \dfrac{\mu_0 i_A i_B}{2\pi d} L \;\Rightarrow\; i_A i_B = \dfrac{2\pi d F}{\mu_0 L}$
Le due correnti hanno la stessa intensità	$i_A = i_B = i$ ▶
L'intensità i è quindi	$i^2 = \dfrac{2\pi d F}{\mu_0 L} \;\Rightarrow\; i = \sqrt{\dfrac{2\pi d F}{\mu_0 L}}$

Dati numerici	$L = 1{,}6$ m	$d = 50 \cdot 10^{-3}$ m $= 5{,}0 \cdot 10^{-2}$ m
	$F = 6{,}4 \cdot 10^{-5}$ N	$\mu_0 = 4\pi \cdot 10^{-7}$ T·m/A
Risultato	$i = \sqrt{\dfrac{2\pi(5{,}0 \cdot 10^{-2}\text{ m})(6{,}4 \cdot 10^{-5}\text{ N})}{(4\pi \cdot 10^{-7}\text{ T·m/A})(1{,}6\text{ m})}} = 3{,}2$ A	

31 Due fili A e B rettilinei, percorsi da corrente, distano 25 cm l'uno dall'altro. Il filo A, nel quale circola una corrente di 2,6 A, è soggetto a una forza per unità di lunghezza di $1{,}3 \cdot 10^{-5}$ N/m esercitata dal filo B.

▶ Quanto vale l'intensità della corrente che fluisce nel filo B? [6,3 A]

32 Due fili conduttori, paralleli e lunghi L, sono percorsi da corrente: 5,8 A e 8,7 A. I fili distano 10 cm e si attraggono con una forza di $7{,}6 \cdot 10^{-5}$ N.

▶ Determina la lunghezza dei fili. [75 cm]

33 All'interno di un solenoide lungo 25 cm, costituito da 350 spire e percorso da una corrente di 4,8 A, una particella, con una carica di 90 nC, si muove perpendicolarmente alle linee del campo magnetico. In queste condizioni la particella è sottoposta a una forza di 40 µN.

▶ Con quale velocità si muove la particella?

[$5{,}3 \cdot 10^4$ m/s]

6 Proprietà magnetiche della materia

34 Un blocchetto di un dato materiale risente di una debolissima forza repulsiva quando è avvicinato al polo nord di un magnete.

▶ Specifica il tipo di materiale di cui è composto il blocchetto.

35 Un blocchetto di un dato materiale risente di una debolissima forza repulsiva quando è avvicinato al polo sud di un magnete.

▶ Stabilisci di quale materiale è fatto il blocchetto.

36 Un blocchetto di un dato materiale risente di un'intensa forza attrattiva quando è avvicinato al polo nord di un magnete.

▶ Indica di quale tipo di materiale si tratta.

7 Circuitazione e flusso del campo magnetico

37 Considera un filo percorso da una corrente di 10 A.

▶ Quanto vale la circuitazione del campo magnetico lungo una semicirconferenza aperta posta intorno al filo? [6 µT·m]

38 Considera una spira di raggio 3 mm percorsa da una corrente di 0,2 A.

▶ Quanto vale il flusso del campo magnetico attraverso una superficie sferica di raggio 1 cm posta intorno alla spira? [0 T·m²]

39 Un filo, a forma di U, è percorso da una corrente di intensità di 5,7 A.

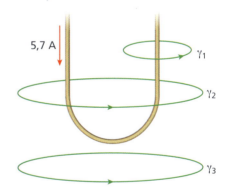

▶ Quanto vale la circuitazione del campo B lungo le circonferenze indicate in figura?

[7,2 µT·m; 0 µT·m; 0 µT·m]

40 Una spira è immersa in un campo magnetico uniforme di 1,2 T con il piano della superficie perpendicolare alla direzione del campo e il flusso attraverso essa è 0,32 Wb (il *weber* è l'unità di misura del flusso nel SI: 1 Wb = 1 T·m²).

▶ Determina l'area della bobina. [0,27 m²]

ESERCIZIO GUIDATO

41 Un campo magnetico di 1,2 T è perpendicolare a una bobina quadrata di 14 spire; la lunghezza L del lato del quadrato è 5,0 cm.

▶ Calcola il flusso magnetico attraverso la bobina.

Elettromagnetismo

Il campo magnetico è perpendicolare alla sezione della bobina, per cui il flusso attraverso la sezione della bobina è	$\Phi_S = BS$
Il flusso totale attraverso le n spire è dato da:	$\Phi_{S\,tot} = nBS$
Dati numerici	$n = 14$ $B = 1{,}2\ \text{T}$ $L = 5{,}0 \cdot 10^{-2}\ \text{m}$
Risultato	$\Phi_{S\,tot} = 14\,(1{,}2\ \text{T})\,(5{,}0 \cdot 10^{-2}\ \text{m})^2 = 42\ \text{mT} \cdot \text{m}^2$

42 Una bobina circolare con raggio di 3,0 cm e 6 spire è immersa in un campo magnetico $B = 5{,}0$ kG perpendicolare alla bobina.

▶ Calcola il flusso magnetico attraverso la bobina.

[8,5 mT · m²]

PROBLEMI FINALI

43 Costruire un atomo

Viene lanciato un elettrone in un campo magnetico uniforme a una velocità abbastanza bassa, circa 1 cm/s, e in direzione perpendicolare al campo. Successivamente l'intensità del campo viene aumentata a un valore tale che il raggio dell'orbita dell'elettrone diventa pari a quello di un atomo di idrogeno ($\approx 10^{-10}$ m).

▶ Qual è il valore raggiunto dal campo? [$6 \cdot 10^{-4}$ T]

44 Annulla il campo

Il campo magnetico terrestre avvolge il nostro pianeta. Volendo creare una zona neutra, cioè senza alcun campo, si potrebbe utilizzare un solenoide. Considera un solenoide di 1 m (in modo che possa considerarsi «molto lungo» anche con un diametro di una decina di centimetri) con 1000 spire, in una regione in cui il campo magnetico terrestre vale 0,4 G.

▶ Quanta corrente deve attraversare il solenoide per avere un campo magnetico totale nullo?

▶ In quale verso?

[32 mA; guardando verso Nord, in senso antiorario]

45 La carica delle particelle α

Nel 1903 Ernst Rutherford dimostrò che le particelle α emesse da campioni contenenti radio, l'elemento chimico Ra di numero atomico 88, hanno carica elettrica positiva. L'apparato sperimentale era molto semplice: le particelle uscivano da un contenitore e attraversavano un campo magnetico. Rutherford concluse: «the direction of deviation in a magnetic field was opposite in sense to the cathode rays [gli elettroni], i. e., the rays [le particelle α] consisted of positively charged particles».

▶ Su quale fenomeno si basa l'esperimento di Rutherford?

46 Campo di contenimento

Il CERN è un enorme laboratorio, situato a Ginevra, per lo studio delle particelle elementari. Tramite speciali acceleratori vengono fatti scontrare tra loro dei protoni ad altissima energia per analizzare il risultato di queste microscopiche collisioni. Prima di una collisione i protoni ruotano all'interno di un anello lungo 27 km e riescono a raggiungere una velocità prossima a quella della luce. La velocità che raggiungono i protoni è pari a $0{,}999999991\,c$.

▶ Quale deve essere l'intensità del campo magnetico per mantenerli dentro l'anello? [$7 \cdot 10^{-4}$ T]

47 Campi da guinness (1)

Nell'agosto 2011 è stato raggiunto il valore record di 97,4 T in un magnete pulsato non distruttivo. Nei sistemi pulsati l'elettromagnete (un solenoide lungo 65,0 cm) è alimentato da un banco di condensatori in parallelo che viene caricato lentamente. Il banco di condensatori viene poi fatto scaricare di colpo collegandolo al solenoide, e si genera quindi un impulso di corrente di 150 kA della durata di qualche millisecondo che attraversa il solenoide.

▶ Quanto vale la forza per unità di lunghezza che agisce tra i cavi che portano la corrente al solenoide, se questi distano 20,0 cm?

▶ Quante spire ha il solenoide? [22,5 kN/m; 336]

48 Campi da guinness (2)

Per raggiungere campi magnetici ancora più alti si utilizzano magneti che durante l'impulso si autodistruggono a causa delle enormi forze in gioco; in

448

questi casi la durata dell'impulso è ancora più breve, dell'ordine del microsecondo. Per esempio, presso la *facility* per esperimenti ad alti campi magnetici di Tolosa, tramite sistemi con bobina a singola spira si possono ottenere campi fino 260 T con spire di 8,0 mm di diametro.

▶ Calcola la corrente che scorre nella spira. [1,7 MA]

49 I protoni del vento solare

Il Sole emette un flusso di protoni che giungono sulla Terra con una velocità media di circa 400 km/s. Considera un protone ($m = 1,7 \cdot 10^{-27}$ kg) che entra in direzione perpendicolare al campo magnetico nell'alta atmosfera, avente modulo $1 \cdot 10^{-5}$ T.

▶ Calcola il modulo della forza che agisce sul protone.

▶ Quanto vale l'accelerazione del protone.

[$6 \cdot 10^{-19}$ N; $4 \cdot 10^{8}$ m/s^2]

50 Effetto Hall

Un importante esperimento per chiarire la natura dei portatori di carica elettrica nei conduttori fu effettuato nel 1879 dal fisico John Hall. Egli misurò la differenza di potenziale che si sviluppa trasversalmente a un conduttore, in cui scorre una corrente, quando è immerso in un campo magnetico perpendicolare alla corrente stessa. Considera una sbarretta di dimensioni $l \times p \times d$ in cui scorre una corrente i (ricorda che $i = nqvS$, dove n è il numero di elettroni, q la carica dell'elettrone, v la velocità di deriva e S la sezione del conduttore) immersa in un campo B. A causa della forza di Lorentz che agisce sulle cariche in moto queste vengono deflesse e si ha un accumulo di cariche da un lato della sbarra. L'accumularsi di cariche produce però un campo elettrico che tenderà a opporsi a un ulteriore accumulo. All'equilibrio la forza magnetica sarà eguagliata da quella elettrica.

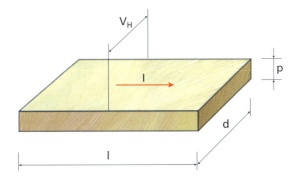

▶ Quale valore della differenza di potenziale si misura?

▶ Il segno di questa differenza di potenziale dipende dal segno dei portatori? [$V_H = iB/(nqp)$]

51 Un (semi)giro nello spettrometro di massa

Due ioni identici sono lanciati con velocità diverse attraverso il campo magnetico di uno spettrometro di massa.

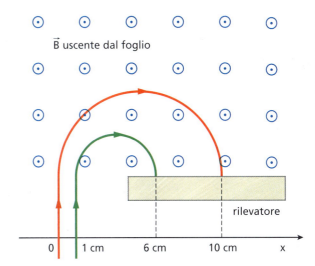

I due ioni percorrono una semicirconferenza e colpiscono un rilevatore posto alla stessa altezza del punto d'ingresso. Inizialmente la distanza tra i due ioni era 1 cm, alla fine è 4 cm. Lo ione più veloce ha colpito il rilevatore a 10 cm dal punto di ingresso.

▶ Qual è il rapporto tra le velocità dei due ioni?

▶ Quale ione ha impiegato meno tempo a raggiungere il rilevatore?

[La velocità di uno ione è doppia rispetto a quella dell'altro; il tempo impiegato è lo stesso]

52 Separiamo le masse

Lo *spettrometro di massa* (si veda lo schema dell'esercizio precedente) è uno strumento che serve a misurare la massa degli ioni. Esso separa gli ioni aventi la stessa carica e massa diversa o, più in generale, aventi rapporto massa/carica diverso, come sono, per esempio, gli *isotopi*. Gli ioni prodotti da una sorgente passano attraverso una coppia di fenditure strette che ne definiscono la traiettoria e tra le quali è applicata una differenza di potenziale che produce un campo elettrico uniforme. Si ottiene così un fascio di ioni che entra in una regione in cui agisce soltanto un campo magnetico B uniforme perpendicolare alla loro velocità. Gli ioni si muovono lungo traiettorie circolari e, a seconda della loro massa, incidono in punti diversi del rivelatore (nei primi modelli una lastra fotografica). Considera uno ione di ^{24}Mg$^+$ ($m = 3,99 \cdot 10^{-26}$ kg), una d.d.p. di 2,00 kV e un campo magnetico di 500 G.

▶ Determina il raggio di curvatura della traiettoria di questo ione.

▶ Che differenza c'è tra il raggio di curvatura dei due isotopi ^{24}Mg e ^{26}Mg del magnesio? [63 cm; 3 cm]

Elettromagnetismo

LE COMPETENZE DEL FISICO

53 Una tira l'altra
Procurati pezzetti di ferro, biglie di acciaio o altri piccoli oggetti fatti di materiale ferromagnetico. Metti a contatto uno di essi, per esempio una biglia, con la calamita. Se avvicini un'altra biglia alla precedente, ti accorgi che quella a contatto con la calamita è diventata a sua volta una calamita e attrae la seconda biglia.

▶ Spiega questo effetto.

▶ Dopo aver fatto l'esperienza, allontana le biglie dalla calamita. Sono rimaste magnetizzate?

54 I primi campanelli
In figura è riportata l'immagine di un vecchio campanello elettrico a pulsante. In particolare, S è una barretta flessibile di materiale conduttore.

▶ Descrivi il funzionamento del dispositivo.

▶ Di quale materiale deve essere fatta A?

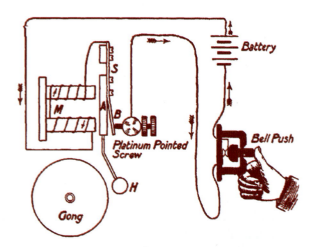

[Premendo il pulsante si chiude il circuito e l'elettrocalamita M attira l'ancora A che deve essere di un materiale ferromagnetico che si smagnetizzi, ad esempio di ferro dolce. In questo modo la pallina di metallo H colpisce il gong, ma nel contempo il contatto B si apre, il magnete rilascia l'ancora A che è riportata su dalla barretta flessibile S. A questo punto si ripristina il contatto B e l'ancora A è nuovamente attratta da M, H colpisce il gong e così via.]

55 Solo rame?
Il rame una sostanza diamagnetica, per cui dovrebbe essere debolmente respinto da un magnete. Puoi fare una prova appendendo un centesimo a un filo e avvicinando un potente magnete giocattolo.

▶ Che cosa osservi?

▶ Puoi dare una spiegazione?

[Inaspettatamente il centesimo è attratto dal magnete. La ragione è che la moneta non è di rame, ma è di acciaio rivestita di rame. Se la moneta fosse effettivamente di rame non si vedrebbe nulla, perché l'effetto diamagnetico è troppo piccolo]

56 Il ballo del magnete
Un magnete a ferro di cavallo è posizionato sopra un filo come in figura.

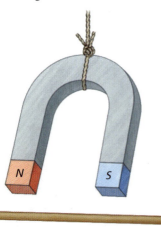

▶ Che cosa accade quando il filo è attraversato da corrente continua?

[Il magnete tende a ruotare e si posiziona a 90° rispetto al filo; a questo punto è attratto verso il filo]

57 Permanente o indotto?

I magneti permanenti presenti negli auricolari di migliore qualità sono in una lega di neodimio-ferro-boro. Il campo magnetico sulla superficie di un dischetto spesso appena 1 mm raggiunge 1,5 T. Se si volesse ottenere un simile campo con un solenoide dello stesso spessore, in cui scorre 1 A, ci vorrebbe un numero enorme di spire.

▶ Stima tale numero. [1200 spire]

58 Mappe magnetiche del cervello

Sensori SQUID (*Superconducting Quantum Interference Devices*) basati su materiali superconduttori sono in grado di rilevare anche campi magnetici di bassissima intensità. Sono per esempio in grado di misurare i campi magnetici prodotti dalle debolissime correnti che scorrono nei neuroni celebrali e realizzare delle mappe del cervello chiamate *magnetoencefalografie*.

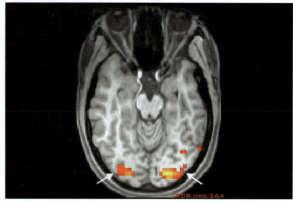

▶ Schematizza un neurone come un filo percorso da una corrente di $5 \cdot 10^{-8}$ A e stima il campo generato a 10 cm di distanza. [10^{-13} T]

TEST DI AMMISSIONE ALL'UNIVERSITÀ

59 Una particella elettricamente carica che si muove di velocità costante attraversa una zona in cui è presente un campo magnetico.

▶ Cosa possiamo dire della velocità della particella?

- A Non subisce variazioni di sorta
- B Subisce variazioni in modulo e direzione
- C Subisce variazioni in modulo ma non in direzione
- D Subisce variazioni in direzione ma non in modulo
- E Viene bruscamente annullata

(Odontoiatria, 2008/2009)

60 Un cavo percorso da corrente in un campo magnetico può subire una forza dovuta al campo.

▶ Perché tale forza non sia nulla quale condizione ulteriore deve essere soddisfatta?

- A L'angolo tra il cavo e il campo magnetico non deve essere zero
- B L'angolo tra il cavo e il campo magnetico deve essere di 90 gradi
- C Il campo magnetico non deve cambiare
- D La corrente deve alternarsi
- E Il cavo deve essere dritto

(Medicina e Chirurgia, 2013/2014)

61 Il campo magnetico terrestre esercita un momento di forza sull'ago di una bussola.

▶ Una delle seguenti affermazioni è certamente sempre vera:

- A Per il secondo principio della dinamica, nell'emisfero australe l'ago della bussola comincia ad accelerare verso il Polo Nord
- B Per il terzo principio della dinamica, l'ago della bussola esercita un analogo momento di forza sulla Terra
- C Data la natura dei momenti di forza, è necessario un meccanismo di richiamo altrimenti l'ago comincerebbe a ruotare, senza indicare il nord
- D A causa della natura vettoriale del momento di forza, la bussola funziona correttamente solo nell'emisfero boreale
- E Le interazioni magnetiche sono uno degli esempi in cui i principi della meccanica non sono validi

(Medicina veterinaria, 2011/2012)

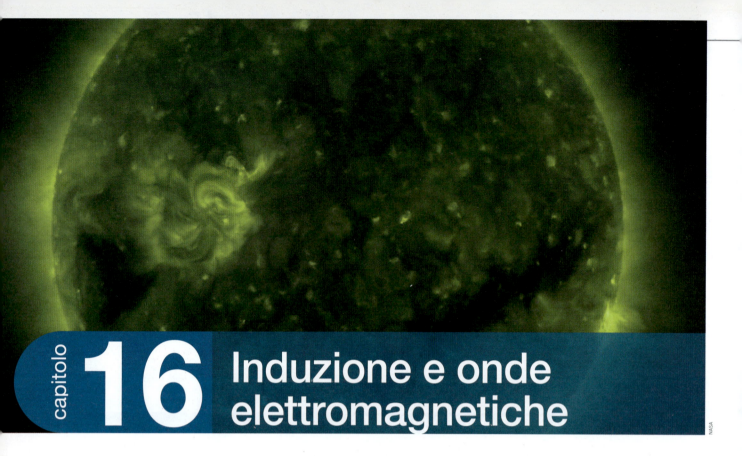

capitolo 16
Induzione e onde elettromagnetiche

1 I fenomeni dell'induzione elettromagnetica

▶ VIDEO

Induzione elettromagnetica

Una corrente continua genera un campo magnetico: è lecito quindi chiedersi se un campo magnetico può generare una corrente elettrica. Come è facile verificare, in condizioni stazionarie (ossia costanti nel tempo) un campo magnetico non genera una corrente elettrica: se così fosse, per alimentare un circuito basterebbe metterlo vicino a un magnete.

Ma in particolari condizioni non stazionarie, come dimostrò per primo Michael Faraday nel 1831, ha luogo un fenomeno, detto **induzione elettromagnetica**, nel quale un campo magnetico produce una corrente in un circuito elettrico.

Per studiare sperimentalmente il fenomeno dell'induzione elettromagnetica si utilizzano:

- una sorgente di campo magnetico, che può essere un magnete o un circuito, detto **induttore**, alimentato da un generatore;
- un circuito, detto **indotto**, non alimentato e formato da alcune spire chiuse su un *galvanometro*, cioè un amperometro in grado di rilevare correnti deboli e di stabilirne il verso nel circuito. Il circuito indotto è posto nel campo magnetico creato dalla sorgente esterna.

Prendiamo in esame alcune situazioni sperimentali in cui avviene il fenomeno dell'induzione elettromagnetica. Nelle **foto a pagina seguente**:

- la sorgente di campo magnetico è la corrente che scorre nella bobina verde per effetto della tensione applicata dal generatore di tensione continua posto a sinistra;
- il circuito indotto è formato rispettivamente da una bobina di filo di rame e da un filo rosso connessi a un galvanometro (lo strumento bianco con la scala orizzontale).

■ Variazioni nel tempo del campo magnetico

La variazione del campo magnetico può essere ottenuta in vari modi, come vedremo qui di seguito: l'effetto è sempre la circolazione di una corrente nell'indotto.

Si può variare la corrente nell'induttore, in modo da variarne il campo magnetico.

Quando si accende il generatore, nel circuito induttore la corrente cresce da 0 a *i*; di conseguenza il campo magnetico cresce da 0 al valore massimo. Nello stesso intervallo di tempo il galvanometro (a destra nella foto) segnala il passaggio di corrente nell'indotto.

Quando si spegne il generatore, la corrente nel circuito induttore passa da *i* a 0 e il campo magnetico decresce fino ad annullarsi.

Corrispondentemente, il galvanometro segnala il passaggio di una corrente con verso opposto a prima.

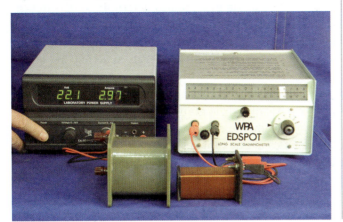

In entrambi i casi, quando la corrente nell'induttore diventa costante, cessa il passaggio di corrente nell'indotto.

Gli stessi effetti si possono ottenere variando la tensione di alimentazione del circuito induttore e quindi la corrente in esso.

■ Moto relativo fra circuito indotto e circuito induttore

Pur rimanendo costante l'intensità del campo magnetico dell'induttore, si origina una corrente nell'indotto quando i due circuiti sono in moto relativo.

Si può realizzare un moto relativo spostando un magnete (l'induttore) vicino a un indotto fermo o lasciando fermo il magnete e muovendo l'indotto. Gli effetti sono gli stessi: il galvanometro segnala un passaggio di corrente solo se un dispositivo è in moto rispetto all'altro.

■ Variazioni di orientazione o di area del circuito indotto

Mantenendo costante l'intensità del campo magnetico dell'induttore, si origina una corrente nell'indotto quando cambia l'area totale dei suoi avvolgimenti o quando muta la loro orientazione nel campo magnetico esterno.

Quando «si stringono» gli avvolgimenti dell'indotto, il galvanometro indica un passaggio di corrente.

Quando «si allargano» gli avvolgimenti dell'indotto, il galvanometro segnala il passaggio di corrente nel verso opposto.

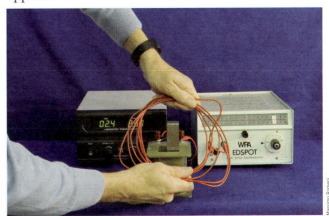

Analoghi effetti si realizzano cambiando l'orientazione degli avvolgimenti dell'indotto nel campo magnetico costante dell'induttore, per esempio facendolo ruotare.

Elettromagnetismo

SIMULAZIONE

L'induzione elettromagnetica

(PhET, University of Colorado)

■ Forza elettromotrice indotta

La corrente che scorre in un circuito è sempre l'effetto della presenza di una forza elettromotrice. Nei circuiti indotti analizzati nelle pagine precedenti, non vi è però alcun generatore. Concludiamo che la forza elettromotrice è indotta dalle azioni magnetiche che si esercitano sul circuito: si tratta quindi di **forza elettromotrice indotta**.

La sorgente di questa fem non è localizzata in un punto determinato del circuito, come avviene quando un generatore di tensione è inserito in un circuito. Si può immaginare che questa forza elettromotrice sia «distribuita» lungo il circuito, come se lungo il filo esistessero tanti generatori elementari collegati in serie con l'effetto totale di assicurare la fem indotta.

Per rilevare sperimentalmente la fem indotta, basta sostituire il galvanometro nel circuito indotto con un voltmetro. A causa della grandissima resistenza interna del voltmetro, il circuito indotto è praticamente aperto: il voltmetro misura quindi la tensione indotta dall'azione magnetica ai due capi del filo.

L'induzione elettromagnetica dà sempre luogo a una fem indotta: solo quando il circuito è chiuso questa fem provoca a sua volta una corrente, che denotiamo come **corrente indotta**.

L'**intensità della fem indotta** dipende

- dalla velocità con cui si realizza la variazione a cui si deve l'effetto di induzione: più la variazione è rapida, maggiore è la fem indotta;
- dall'intensità del campo magnetico che la genera: a parità di tutte le altre condizioni, la fem indotta è proporzionale a B;
- dall'area del circuito indotto e dalla sua orientazione rispetto al campo magnetico esterno: in un circuito con N spire parallele si origina una fem indotta N volte più intensa di un circuito con una sola spira.

Il **verso della fem indotta** dipende dal verso in cui si realizza la variazione: se una data variazione genera una fem indotta, la variazione opposta genera una fem invertita rispetto alla precedente.

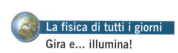

La fisica di tutti i giorni
Il tachimetro per la bicicletta

Tra i moltissimi dispositivi che utilizzano il fenomeno dell'induzione elettromagnetica, il più semplice è il tachimetro che si monta sulle biciclette. Il circuito indotto è fissato sulla forcella e in corrispondenza di esso si fissa un magnete permanente sui raggi della ruota. Nel circuito si origina una corrente indotta ogni volta che il magnete transita davanti ad

esso. Un dispositivo elettronico determina il numero di volte al secondo in cui varia la corrente indotta e, noto il raggio della ruota, calcola la velocità della bicicletta.

La fisica di tutti i giorni
Gira e... illumina!

Recentemente sono stati messi in commercio vari tipi di torce elettriche che sfruttano il fenomeno dell'induzione elettromagnetica. Facendo girare una manovella legata a un magnete permanente, si genera nel circuito indotto una corrente che accende i LED della torcia. Grazie a una batteria che accumula l'energia prodotta, è possibile avere luce anche quando non si gira più la manovella.

2 La legge dell'induzione di Faraday-Neumann-Lenz

Faraday suggerì una spiegazione qualitativa dell'induzione elettromagnetica che si basa sulle linee del campo magnetico:

> la fem indotta si origina in un circuito in conseguenza di una variazione del numero di linee di campo magnetico che attraversano la superficie delimitata dal circuito.

Queste linee di forza si dicono **concatenate al circuito**.

Consideriamo per semplicità un circuito indotto formato da una spira circolare. Il numero di linee di forza del campo magnetico concatenate al circuito indotto varia quando:

1. aumenta il campo B

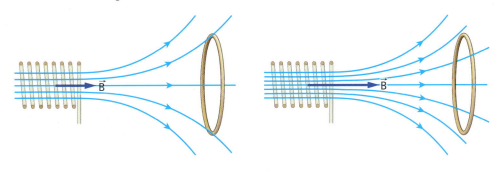

2. si avvicina il magnete

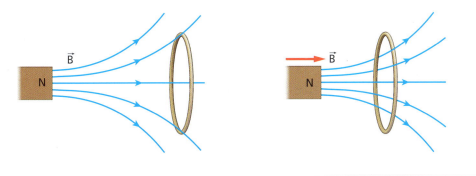

3. si deforma la spira

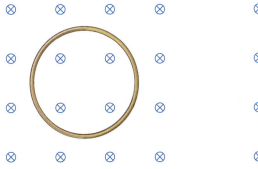 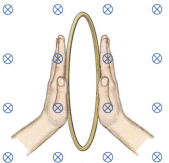

In condizioni stazionarie, il numero di linee di forza concatenate al circuito non cambia: indipendentemente dal loro numero, non si ha alcuna fem indotta.

Elettromagnetismo

■ Il flusso del campo magnetico

Il fenomeno dell'induzione elettromagnetica può essere descritto in termini quantitativi mediante la nozione di flusso $\Phi_S(\vec{B})$ del campo magnetico $\vec{B}$ attraverso una superficie S.

La legge dell'induzione elettromagnetica, formulata attorno al 1840 dal fisico tedesco Ernst Neumann (1798-1895), è nota come **legge di Faraday-Neumann**:

> la fem media indotta in un circuito nell'intervallo di tempo Δt è
> $$\text{fem} = -\frac{\Delta \Phi_S(\vec{B})}{\Delta t}$$
> dove $\Delta \Phi_S(\vec{B})$ è la variazione del flusso magnetico nell'intervallo di tempo Δt attraverso una qualunque superficie S avente come bordo il circuito.

Dentro la formula

- La fem è espressa in volt: infatti il flusso si misura in $T \cdot m^2$, ma $1\,T = 1\,N/(A \cdot m)$, per cui il membro a destra ha dimensioni
$$\frac{T \cdot m^2}{s} = \frac{N}{A \cdot m} \frac{m^2}{s} = \frac{N \cdot m}{C} = \frac{J}{C} = V$$

- Il flusso magnetico si misura anche in **weber** (Wb):
$$1\,Wb = 1\,T \cdot 1\,m^2$$
Vale quindi la seguente equivalenza:
$$1\,V = 1\,\frac{Wb}{s}$$

- S è una qualunque superficie che abbia come bordo il circuito γ, come per esempio S_1 e S_2.
- $\Delta \Phi_S(\vec{B})/\Delta t$ è la velocità con cui il flusso varia nel tempo: in uno stato stazionario, $\Phi_S(\vec{B})$ è costante nel tempo e $\Delta \Phi_S(\vec{B})/\Delta t = 0$.
- Il significato del segno «–» è dovuto alla *legge di Lenz*, che analizzeremo subito.

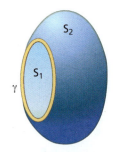

■ Il verso della corrente indotta

Il segno «–» che compare nella legge di Faraday-Neumann ha un legame profondo con il principio di conservazione dell'energia. Per comprenderlo, ricordiamo che il flusso del campo magnetico totale che attraversa un circuito indotto è formato da due contributi:

- il flusso del campo magnetico esterno $\vec{B}$ che genera l'induzione;
- il flusso del campo magnetico $\vec{B}_{ind}$ creato dalla corrente indotta che scorre nel circuito.

Il verso della corrente indotta determina il verso di $\vec{B}_{ind}$ e quindi il segno della sua variazione $\Delta \vec{B}_{ind}$. In linea di principio questa variazione può essere concorde o discorde rispetto alla variazione $\Delta \vec{B}$ del campo esterno. In particolare, le due variazioni $\Delta \vec{B}$ e $\Delta \vec{B}_{ind}$

- sono concordi quando hanno lo stesso verso
- sono discordi quando hanno versi opposti.

Nella realtà solo le variazioni discordi sono compatibili con la conservazione dell'energia, come suggerisce l'esempio seguente.

Il polo nord di una calamita viene avvicinato a una spira: analizziamo gli effetti relativi a ciascuno dei due versi teoricamente possibili della corrente indotta.

La corrente indotta crea un campo indotto $\vec{B}_{ind}$ che, all'avvicinarsi della calamita, ha una variazione $\Delta\vec{B}_{ind}$ discorde rispetto a quella del campo esterno $\Delta\vec{B}$.

La corrente indotta crea un campo indotto $\vec{B}_{ind}$ che, all'avvicinarsi della calamita, ha una variazione $\Delta\vec{B}_{ind}$ concorde con quella del campo esterno $\Delta\vec{B}$.

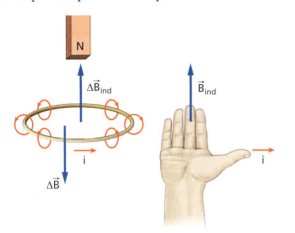
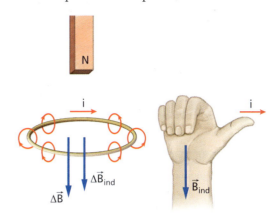

Nel secondo caso, l'effetto della corrente indotta sarebbe quello di amplificare la variazione $\Delta\vec{B}$ del campo esterno: ciò comporterebbe un incremento del flusso totale che l'ha generata. Ma ciò a sua volta aumenterebbe la corrente indotta e così via, in un processo autoalimentato e senza fine che, a partire dal semplice avvicinamento di una calamita a una spira, fornirebbe un'energia praticamente infinita.

La conservazione dell'energia impone quindi un ben preciso verso alla corrente indotta, stabilito dalla **legge di Lenz**, che prende il nome dal fisico russo Heinrich Friedrich Emil Lenz (1804-1865), che la formulò attorno al 1835:

> il verso della corrente indotta in un circuito è tale da generare un campo magnetico che si oppone alla variazione di flusso magnetico che origina la stessa corrente indotta.

Per la legge di Lenz, la fem indotta ha quindi verso opposto alla variazione del flusso che l'ha generata: ciò spiega il segno meno nella legge dell'induzione elettromagnetica, che viene anche detta **legge di Faraday-Neumann-Lenz**.

■ Le correnti di Foucault

All'interno di un blocco di materiale conduttore sottoposto a un flusso di campo magnetico variabile nel tempo si originano correnti elettriche dette **correnti di Foucault**.

Le correnti di Foucault sono un effetto inevitabile dell'induzione elettromagnetica. All'interno di un conduttore esposto a variazioni di flusso magnetico, le correnti di Foucault scorrono in anelli chiusi e hanno come conseguenza la dissipazione di energia per effetto Joule; per questa ragione si dicono anche **correnti parassite**.

Questo effetto però non è sempre negativo. Al contrario, alcuni dispositivi utilizzano proprio le correnti parassite per produrre calore. Un esempio è dato dai *piani cottura a induzione*.

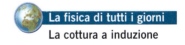
La fisica di tutti i giorni
La cottura a induzione

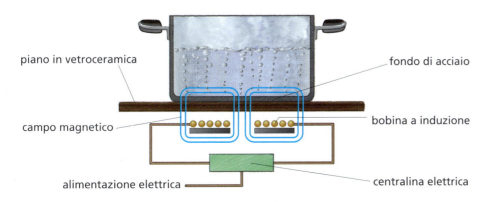

Elettromagnetismo

La fisica di tutti i giorni
Il freno magnetico

Sotto il piano del fornello è presente un circuito elettrico che crea un campo magnetico variabile nel tempo, il quale provoca correnti parassite nel metallo della padella che si scalda e cuoce i cibi.

Potendo disporre di un piano di cottura a induzione, puoi verificare facilmente i fatti seguenti, magari leggendo le istruzioni allegate:

- il pentolame di terracotta o di vetro pirex non può essere utilizzato perché in esso non si formano le correnti di Foucault e quindi non si scaldano i cibi;
- il piano di vetroceramica non genera correnti di Foucault e quindi si scalda solo per contatto con la pentola, come mostra la **foto**;
- non si possono utilizzare pentole con il fondo troppo sottile perché il calore prodotto dalle correnti di Foucault lo potrebbe deformare.

Un altro dispositivo basato sulle correnti parassite è il freno magnetico, largamente impiegato nei camion e nei treni per dissipare energia cinetica.

Se disponi di una cyclette, puoi vederlo all'opera. I pedali sono solidali a un disco di alluminio, vicino al quale è collocata una serie di calamite alloggiate su un profilo. Mediante un regolatore si possono simulare andature a diversa pendenza. Questo regolatore agisce sulla distanza del profilo con le calamite rispetto al disco mosso dai pedali (**foto a sinistra**). Nell'andatura in piano, il profilo è più distante rispetto al disco. Per aumentare la resistenza alla pedalata, e quindi per simulare la salita, il regolatore avvicina il profilo al disco. In questo modo aumentano le correnti parassite e di conseguenza aumenta l'energia dissipata.

La **foto a destra** mostra un freno elettromagnetico utilizzato in un treno ad alta velocità tedesco.

■ L'autoinduzione

In un circuito si origina una fem indotta quando varia nel tempo il flusso del campo magnetico totale attraverso di esso. Il campo magnetico totale è la somma dell'eventuale campo magnetico dovuto a una sorgente esterna e di quello creato dalla corrente che scorre nel circuito stesso. Quando varia la corrente che scorre nel circuito, per esempio quando aumenta da i a $i + \Delta i$,

variano il campo magnetico che essa genera e il flusso magnetico totale attraverso il circuito;	per la legge di Faraday-Neumann nel circuito si crea una fem indotta.

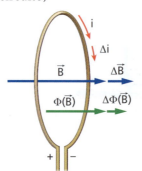

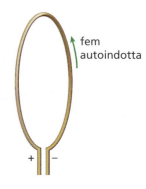

Poiché l'origine di questa fem, che modifica la corrente del circuito, è la variazione della stessa corrente del circuito, questo fenomeno è detto **autoinduzione**.

Per la legge di Lenz, la fem autoindotta è tale da opporsi alla variazione che l'ha originata:

- quando la corrente nel circuito aumenta, la fem autoindotta ha verso opposto a quello del generatore di tensione e quindi tende a diminuire la corrente che scorre nel circuito;
- quando la corrente nel circuito diminuisce, la fem autoindotta ha lo stesso verso del generatore di tensione e quindi contribuisce ad aumentare la corrente che scorre nel circuito.

Questi effetti si presentano ogni volta che un circuito con resistenza R viene chiuso su un generatore di tensione V o viene aperto: la corrente non raggiunge immediatamente il valore stazionario, rispettivamente V/R e 0, ma tende a esso tanto più rapidamente quanto più piccola è R.

3 L'alternatore e la corrente alternata

Secondo l'International Energy Agency, nel 2013 la produzione mondiale di energia elettrica è stata circa $7 \cdot 10^{19}$ J. La quasi totalità di questa energia è stata prodotta da generatori elettrici, detti **alternatori**, che nel complesso assicurano una potenza media di 4,5 TW.

L'alternatore è un dispositivo che converte l'energia meccanica in energia elettrica mediante il fenomeno dell'induzione elettromagnetica.

In linea di principio un alternatore è costituito da una spira di materiale conduttore che viene fatta ruotare a velocità angolare costante in un campo magnetico.

L'angolo α che la normale $\vec{A}$ alla spira forma con il campo magnetico varia nel tempo per effetto della rotazione. Di conseguenza il flusso del campo magnetico attraverso la spira varia nel tempo. Consideriamo una

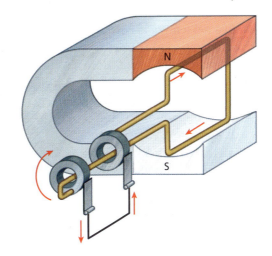

rotazione completa della spira a partire dalla situazione in cui la normale $\vec{A}$ e il campo $\vec{B}$ sono paralleli e hanno lo stesso verso:

a) $\vec{A}$ e $\vec{B}$ sono paralleli e il flusso assume il valore massimo;
b) $\vec{A}$ e $\vec{B}$ sono perpendicolari e il flusso si annulla;
c) $\vec{A}$ e $\vec{B}$ sono paralleli ma hanno verso opposto, per cui il flusso è negativo e assume il valore minimo;
d) $\vec{A}$ e $\vec{B}$ sono perpendicolari e il flusso si annulla;
e) la spira transita nella posizione iniziale, per cui $\vec{A}$ e $\vec{B}$ sono paralleli e il flusso assume il valore massimo.

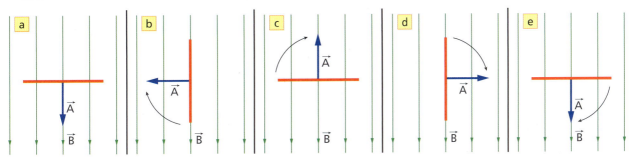

Elettromagnetismo

La variazione del flusso di $\vec{B}$ attraverso la spira genera una forza elettromotrice indotta: se la spira ruota uniformemente con periodo T, in essa si genera una forza elettromotrice **alternata**, che varia nel tempo come indica il grafico.

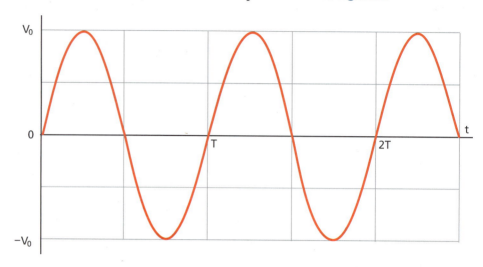

Nelle centrali elettriche europee, gli alternatori vengono fatti ruotare a 50 giri al secondo, per cui il periodo della tensione alternata è $T = 1/50$ s $= 0{,}02$ s.

Questa tensione genera nel circuito una **corrente alternata** la cui intensità cambia nel tempo. Il termine «alternata» indica il fatto che il verso della corrente indotta cambia nel tempo: la corrente fluisce per mezzo periodo in un senso e per il successivo mezzo periodo in senso opposto.

Per mantenere in rotazione la spira dell'alternatore è necessario fornire energia meccanica dall'esterno. Pertanto un alternatore è un generatore di tensione alternata che trasforma energia meccanica in energia elettrica.

La fisica di tutti i giorni
La dinamo è un alternatore

Un esempio molto comune di alternatore è la dinamo della bicicletta, il dispositivo che fornisce l'energia elettrica per accendere le lampadine dei fanali. La dinamo è composta da un rotore, che ruota quando viene mantenuto a contatto con il copertone, e da un corpo fisso. Grazie al movimento del rotore, su un avvolgimento di filo posto tra calamite si genera una forza elettromotrice indotta: la dinamo converte così energia meccanica in energia elettrica.

■ Valori efficaci di tensione e di corrente

La rete di distribuzione elettrica fornisce agli impianti domestici una tensione alternata a 230 V. In realtà il valore della tensione alternata cambia nel tempo, per cui la tensione nel circuito di casa non è costantemente uguale a 230 V. Però la tensione alternata della rete elettrica fornisce in media a un resistore, come per esempio il conduttore che scalda l'acqua nella lavatrice, la stessa potenza che fornirebbe una corrente continua a 230 V. Quindi 230 V rappresenta una sorta di **valore efficace** della tensione alternata, che permette di compararne gli effetti energetici con quelli di una corrente continua.

Più precisamente:

> il valore efficace V_{eff} di una tensione alternata è il valore della tensione continua che fornisce a un resistore la stessa potenza elettrica erogata in media da quella tensione alternata.

Il valore efficace V_{eff} è legato al valore massimo V_0 che assume la tensione alternata durante un ciclo dalla relazione

$$V_{eff} = \frac{V_0}{\sqrt{2}}$$

Dunque l'impianto elettrico di casa fornisce una tensione efficace di 230 V ma il valore massimo che la tensione assume in un ciclo è

$$V_0 = \sqrt{2} \cdot 230 \text{ V} = 325 \text{ V}$$

In un circuito alimentato con tensione alternata scorre una corrente che non è costante nel tempo. Se il circuito è formato solo da resistori, l'intensità di corrente è direttamente proporzionale alla tensione, come stabilisce la legge di Ohm, $i = 1/R \cdot V$, ma il suo valore cambia nel tempo con lo stesso periodo della tensione:

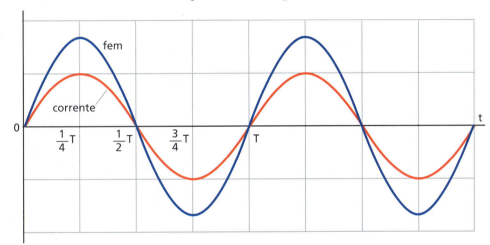

In modo analogo al caso della tensione alternata, si definisce il **valore efficace** della corrente alternata:

> Il valore efficace i_{eff} di una corrente alternata è il valore di intensità di corrente continua che fornisce a un resistore la stessa potenza elettrica erogata in media da quella corrente alternata.

Il valore efficace i_{eff} è legato al valore massimo i_0 che assume la tensione alternata durante un ciclo dalla relazione

$$i_{eff} = \frac{i_0}{\sqrt{2}}$$

La potenza erogata a un resistore da una tensione alternata varia nel tempo, ma il suo valore medio può essere calcolato utilizzando il valore efficace della corrente che lo attraversa

$$P = R \, i_{eff}^2$$

Per esempio, il filo ($R = 32 \, \Omega$) che scalda l'aria di un asciugacapelli da 1500 W è percorso da una intensità di corrente con valore efficace

$$i_{eff} = \sqrt{\frac{P}{R}} = \sqrt{\frac{1500 \text{ W}}{32 \, \Omega}} = 6{,}8 \text{ A}$$

Elettromagnetismo

4 Il trasformatore

Nella rete elettrica delle nostre case la tensione è alternata a 230 V. Molti apparecchi funzionano però con tensioni minori. Per esempio, le lampade alogene da scrivania devono essere alimentate con tensioni di 12 V, mentre per ricaricare la batteria di uno smartphone serve una tensione di circa 5 V.

Questi dispositivi non possono essere connessi direttamente alla presa ma devono essere alimentati tramite un trasformatore, che riduce la tensione della rete al valore corretto. Le foto mostrano, a sinistra, un caricabatterie per cellulare e, a destra, un trasformatore per lampade alogene.

Il trasformatore è un dispositivo che aumenta o diminuisce la tensione in un circuito in corrente alternata. In linea di principio un trasformatore è formato da un nucleo di ferro attorno al quale sono avvolte due bobine: il *circuito primario*, formato da N_p avvolgimenti e con resistenza R_p, e il *circuito secondario* con N_s avvolgimenti e resistenza R_s.

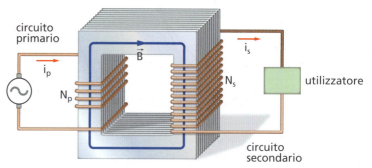

Per effetto dell'induzione elettromagnetica, la tensione V_s del secondario è legata alla tensione V_p con cui è alimentato il primario dalla relazione

$$V_s = \frac{N_s}{N_p} V_p$$

Dentro la formula

Il termine N_s/N_p è detto **rapporto di trasformazione**:
- se $N_s < N_p$, la tensione ai capi del secondario è minore di quella con cui è alimentato il primario;
- se $N_s > N_p$, la tensione ai capi del secondario è maggiore di quella del primario.

■ Dal produttore all'utilizzatore

La potenza elettrica trasferita da un generatore a un circuito è

$$P = Vi$$

Un generatore può erogare la stessa potenza a bassa tensione e corrente elevata oppure a tensione elevata e corrente debole: la scelta dipende dalle caratteristiche dei dispositivi coinvolti. Nella produzione di energia elettrica in una centrale e nell'utilizzo domestico si evita di operare con tensioni troppo elevate perché potenzialmente pericolose. Al contrario, nel trasporto di energia elettrica su grandi distanze si usa una tensione elevata per limitare l'intensità della corrente; ciò riduce le perdite per effetto Joule

$$P = Ri^2$$

che dipendono proprio dal quadrato dell'intensità di corrente.

Nel 2013 le perdite nella rete italiana di distribuzione dell'energia elettrica sono state circa il 6% dell'energia prodotta, che in totale corrisponde a 180 milioni di TEP (1 TEP è l'energia rilasciata dalla combustione di 1 tonnellata di petrolio: 1 TEP = = 42 GJ). L'ammontare delle perdite è stato circa

$$0{,}06\,(180 \cdot 10^6 \text{ TEP}) = 1{,}1 \cdot 10^7 \text{ TEP}$$

La fisica di tutti i giorni
Gli sprechi della rete elettrica

cioè 11 milioni di tonnellate di petrolio: uno spreco enorme, ma al momento inevitabile.

Per elevare o ridurre di volta in volta la tensione ai valori adeguati a ogni singolo stadio del processo di distribuzione dell'elettricità si utilizzano i trasformatori. Dopo essere stata generata, la tensione viene innalzata a 380 kV e immessa nella linea ad alta tensione, lungo la quale viene trasmessa a grandi distanze. Vicino alla zona di impiego, la tensione viene abbassata fino a 230 V e distribuita nella rete domestica per giungere fino all'utilizzatore finale.

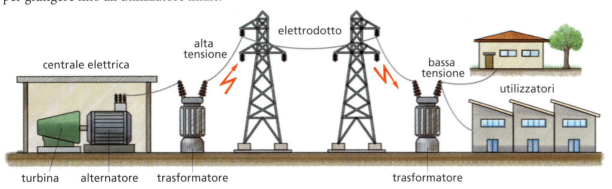

5 Campi elettrici indotti

Per la legge di Faraday-Neumann la variazione del flusso magnetico attraverso la superficie di un circuito genera in esso una corrente indotta: ciò implica che le cariche risentono di una forza che le sposta lungo il circuito.

Tale forza è di origine elettrica: le cariche si muovono in modo coordinato per effetto di un campo elettrico presente nella spira.

Questo campo elettrico non è però generato da una distribuzione di cariche, come nel caso dei campi elettrostatici. Per comprendere la sua origine consideriamo una spira circolare di rame posta all'interno di un solenoide, in cui è presente un campo magnetico uniforme $\vec{B}$.

Quando il campo magnetico $\vec{B}$ cresce in modo costante, anche il flusso di $\vec{B}$ attraverso la superficie della spira cresce in modo costante. Per la legge di Faraday-Neumann, si origina una fem indotta

$$\text{fem} = -\frac{\Delta\Phi(\vec{B})}{\Delta t}$$

che dà luogo a una corrente indotta che circola nella spira.

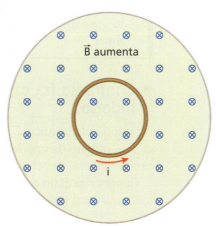

Elettromagnetismo

Vista la simmetria del sistema, la corrente deve essere l'effetto di un campo elettrico indotto $\vec{E}$ che ha

- modulo costante E su tutta la spira;
- direzione tangente alla spira;
- verso dato dalla legge di Lenz.

Questo campo elettrico indotto è creato dalla variazione del campo magnetico e non da una distribuzione di cariche, ma i suoi effetti sulle cariche sono identici a quelli di un campo elettrostatico.

■ La legge di Faraday-Neumann in termini di circuitazione del campo indotto

Nel caso di un generatore di tensione, la forza elettromotrice è il lavoro per unità di carica che esso compie per spostare le cariche al suo interno (capitolo 14).

Questo lavoro è compiuto da forze di tipo non elettrostatico; poiché anche il campo elettrico indotto ha natura non elettrostatica, si stabilisce per analogia che

> la fem indotta è il lavoro per unità di carica compiuto dal campo elettrico indotto su una carica che percorre un cammino chiuso.

Nel capitolo 13 abbiamo visto che il lavoro per unità di carica compiuto da un campo elettrico lungo un cammino chiuso γ è la circuitazione $\Gamma_\gamma(\vec{E})$ di $\vec{E}$ lungo γ. Dunque la forza elettromotrice indotta nella spira γ è uguale alla circuitazione del campo elettrico indotto lungo la spira:

$$\text{fem} = \Gamma_\gamma(\vec{E})$$

Sostituendo nella legge di Faraday-Neumann otteniamo in definitiva

$$\Gamma_\gamma(\vec{E}) = -\frac{\Delta \Phi_S(\vec{B})}{\Delta t}$$

Dentro la formula

- La variazione del flusso magnetico deve essere calcolata attraverso una qualunque superficie S che abbia come bordo la curva γ lungo la quale si calcola la circuitazione del campo elettrico.
- La relazione ottenuta implica che le linee di forza del campo elettrico indotto sono chiuse attorno alle linee di forza del campo magnetico variabile che ha prodotto la variazione di flusso.

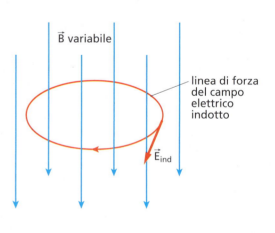

■ Confronto fra campo elettrostatico e campo elettrico indotto

Il campo elettrostatico $\vec{E}$ generato da una distribuzione di cariche e il campo elettrico $\vec{E}_{ind}$ indotto da una variazione di flusso magnetico hanno lo stesso effetto su una carica elettrica: esercitano una forza proporzionale alla loro intensità.

In presenza di un campo elettrico totale $\vec{E}_{tot} = \vec{E} + \vec{E}_{ind}$ una carica q risente pertanto di una forza totale

$$\vec{F}_{tot} = q\vec{E}_{tot} = q(\vec{E} + \vec{E}_{ind})$$

Capitolo **16** Induzione e onde elettromagnetiche

I due campi elettrici presentano una diversità sostanziale: mentre il campo elettrostatico è un campo conservativo e quindi ammette un potenziale V, il campo elettrico indotto non è conservativo, perché la sua circuitazione lungo una curva chiusa dipende dalla variazione del flusso magnetico che la attraversa.

Le caratteristiche dei due campi sono riassunte nella tabella seguente.

Campo	Origine	Linee di forza	Conservatività	Potenziale
Elettrostatico	Distribuzione di cariche elettriche	Aperte	Sì $\Gamma_\gamma(\vec{E}) = 0$	Sì
Elettrico indotto	Variazioni di flusso magnetico	Concatenate al campo $\vec{B}$ variabile	No $\Gamma_\gamma(\vec{E}) = -\dfrac{\Delta\Phi_S(\vec{B})}{\Delta t}$	No

6 Campi magnetici indotti e legge di Ampère-Maxwell

Nel caso di campi statici, cioè non variabili nel tempo, le due leggi sulla circuitazione di $\vec{E}$ e di $\vec{B}$ hanno una struttura simile, in quanto in ciascuna di esse compare un solo campo:

- conservatività del campo elettrostatico

$$\Gamma_\gamma(\vec{E}) = 0$$

- teorema di Ampère

$$\Gamma_\gamma(\vec{B}) = \mu_0 \, i$$

(i è la somma delle correnti concatenate a γ).

Questa simmetria di struttura nelle equazioni dei campi elettrici e magnetici viene meno in presenza di campi variabili nel tempo. Infatti, per la legge di Faraday-Neumann, la variazione del campo magnetico genera un campo elettrico, mentre,

Elettromagnetismo

per il teorema di Ampère, la variazione di un campo elettrico *non* genera un campo magnetico:

$$\Gamma_\gamma(\vec{E}) = -\frac{\Delta\Phi_S(\vec{B})}{\Delta t}$$

$$\Gamma_\gamma(\vec{B}) = \mu_0\, i + \text{termine mancante?}$$

Basandosi su queste considerazioni, James Clerk Maxwell (1831-1879) propose nel 1861 di completare il teorema di Ampère con l'aggiunta di un termine che ristabilisse la simmetria fra $\vec{E}$ e $\vec{B}$ nel caso di campi variabili. Egli formulò quindi la seguente generalizzazione del teorema di Ampère, nota come **legge di Ampère-Maxwell**:

> la circuitazione del campo magnetico $\vec{B}$ lungo una curva chiusa γ è
>
> $$\Gamma_\gamma(\vec{B}) = \mu_0 \left(i + \varepsilon_0 \frac{\Delta\Phi_S(\vec{E})}{\Delta t} \right)$$
>
> dove i è la somma delle correnti concatenate a γ e $\Delta\Phi_S(\vec{B})$ è la variazione del flusso elettrico nell'intervallo di tempo Δt attraverso una qualunque superficie S avente come bordo γ.

Dentro la formula

- Maxwell chiamò **corrente di spostamento** il termine

$$i_s = \varepsilon_0 \frac{\Delta\Phi_S(\vec{E})}{\Delta t}$$

- L'unità di misura di i_s è l'*ampere*; infatti

$$\frac{C^2}{N \cdot m^2} \frac{(N/C)m^2}{s} = \frac{C}{s} = A$$

Come la corrente di conduzione, anche la corrente di spostamento genera un campo magnetico concatenato il cui verso si stabilisce con la regola della mano destra: se la corrente ha il verso del pollice, le linee del campo magnetico si avvolgono come le dita della mano. Bisogna solo considerare che il verso della corrente di spostamento è determinato non dal campo $\vec{E}$ ma dalla variazione del flusso di $\vec{E}$ nel tempo.

Tra le armature di un condensatore non scorre corrente di conduzione. Ma quando la differenza di potenziale ai suoi capi cambia nel tempo, il condensatore è attraversato da corrente di spostamento.

Quando il campo elettrico cresce, la variazione del flusso è positiva e la corrente di spostamento è diretta dall'armatura positiva verso quella negativa.

Quando il campo elettrico decresce, la variazione del flusso è negativa e la corrente di spostamento è diretta dall'armatura negativa verso quella positiva.

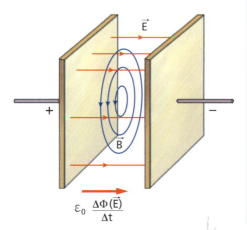
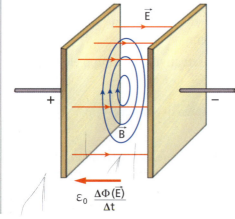

466

7 Le equazioni di Maxwell

Con la scoperta della corrente di spostamento, Maxwell portò a compimento oltre due secoli di ricerche sui fenomeni elettrici e magnetici. In *A Treatise on electricity and magnetism* del 1873, un'opera che rappresenta uno dei vertici della fisica classica, Maxwell dimostrò che tutti questi fenomeni possono essere interpretati a partire da un insieme di sole quattro equazioni, le **equazioni di Maxwell**. Benché ciascuna di esse fosse nota in precedenza, spetta a Maxwell il merito di aver delineato un quadro di riferimento unitario a cui poter riferire la complessa fenomenologia dei fenomeni elettromagnetici.

Le **equazioni di Maxwell** sono le seguenti:

- teorema di Gauss per il campo elettrico

$$\Phi(\vec{E}) = \frac{Q}{\varepsilon_0}$$

- teorema di Gauss per il campo magnetico

$$\Phi_S(\vec{B}) = 0$$

- legge di Faraday-Neumann

$$\Gamma_\gamma(\vec{E}) = -\frac{\Delta\Phi_S(\vec{B})}{\Delta t}$$

- legge di Ampère-Maxwell

$$\Gamma_\gamma(\vec{B}) = \mu_0 \left(i + \varepsilon_0 \frac{\Delta\Phi_S(\vec{E})}{\Delta t} \right)$$

Le equazioni di Maxwell consentono di calcolare i campi elettrico e magnetico a partire dalla conoscenza delle sorgenti, cioè le cariche e le correnti. Gli effetti, cioè le forze, che i campi generano sulle cariche elettriche in quiete o in moto sono la forza elettrostatica $\vec{F} = q\vec{E}$ e la forza di Lorentz, che di fatto completano lo schema di Maxwell.

Le ultime due equazioni di Maxwell stabiliscono che in situazioni non stazionarie, la variazione nel tempo del campo magnetico genera una variazione del campo elettrico e viceversa. I campi $\vec{E}$ e $\vec{B}$ non sono pertanto due entità indipendenti, come appare nel caso statico, ma sono manifestazioni diverse di una stessa grandezza fisica: il **campo elettromagnetico**.

8 Le onde elettromagnetiche

A partire dalle equazioni dell'elettromagnetismo, Maxwell dimostrò che i campi elettrici e magnetici si possono propagare nello spazio sotto forma di onde, dette **onde elettromagnetiche**. La previsione dell'esistenza delle onde elettromagnetiche, prima che queste fossero messe in evidenza sperimentalmente, rappresenta il maggior successo della teoria di Maxwell.

Le proprietà fondamentali delle onde elettromagnetiche sono le seguenti:

- sono perturbazioni dei campi elettrico e magnetico che si propagano nello spazio alla velocità della luce;
- non necessitano di un mezzo materiale per propagarsi, ma si propagano anche nello spazio vuoto;
- sono onde trasversali in cui i vettori $\vec{E}$ e $\vec{B}$ sono sempre perpendicolari fra loro.

Elettromagnetismo

Per comprendere le modalità con cui si genera un'onda elettromagnetica, consideriamo un punto 0 dello spazio in cui è presente un campo $\vec{E}$ che decresce nel tempo lungo la direzione dell'asse verticale y.

La variazione di $\vec{E}$ crea un campo $\vec{B}$ per la legge di Ampère-Maxwell. Mentre $\vec{E}$ decresce, si ha una corrente di spostamento

$$\varepsilon_0 \frac{\Delta \Phi(\vec{E})}{\Delta t}$$

con verso opposto a $\vec{E}$ che genera un campo $\vec{B}$ lungo il circuito indicato.

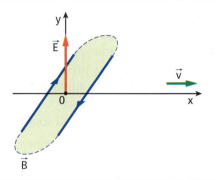

La variazione del campo $\vec{B}$ dà luogo a una variazione del flusso magnetico attraverso la superficie indicata: per la legge di Faraday-Neumann si genera un campo elettrico indotto $\vec{E}_1$ che contribuisce ad annullare il campo nel punto 0 e che nel punto 1 ha il verso indicato. Il campo elettrico si è esteso a punti in cui inizialmente non era presente.

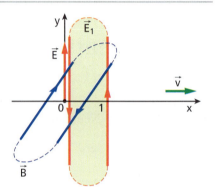

Quando il campo $\vec{E}_1$ decresce, si origina per la legge di Ampère-Maxwell un campo $\vec{B}_1$ lungo il circuito chiuso indicato: mentre contribuisce ad annullare il campo $\vec{B}$, questo campo si manifesta anche in avanti. Il campo magnetico si è esteso a punti in cui inizialmente non era presente.

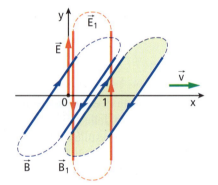

Il processo si ripete e ha come risultato la propagazione dei campi $\vec{E}$ e $\vec{B}$ nello spazio: si è originata un'onda elettromagnetica, in cui i vettori $\vec{E}$ e $\vec{B}$ rimangono in fase e perpendicolari fra loro.

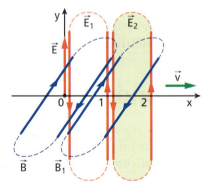

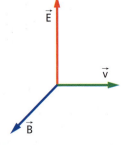

Da questo semplice modello si comprende che:

- le onde elettromagnetiche sono trasversali, perché i campi $\vec{E}$ e $\vec{B}$ variano in direzioni perpendicolari a quella di propagazione;
- i campi $\vec{E}$ e $\vec{B}$ sono perpendicolari fra loro.

Si verifica inoltre che direzione e verso di propagazione dell'onda sono quelli rappresentati in **figura**.

Le onde elettromagnetiche si propagano perché a ogni variazione nel tempo di un campo elettrico si origina un campo magnetico (legge di Ampère-Maxwell) e a ogni variazione nel tempo di un campo magnetico si origina un campo elettrico (legge di Faraday-Neumann). Senza questa simmetria nei campi $\vec{E}$ e $\vec{B}$, assicurata dalla corrente di spostamento, non esisterebbero le onde elettromagnetiche.

■ Emissione e ricezione delle onde elettromagnetiche

Oltre alla radio e alla televisione, anche i telefoni e le reti wireless funzionano attraverso lo scambio di onde elettromagnetiche. Molti di questi dispositivi sono in grado di emettere e di ricevere segnali elettromagnetici: pur nella diversità delle realizzazioni pratiche, si basano tutti su alcune caratteristiche fondamentali.

Lo schema seguente illustra il principio di funzionamento di un dispositivo che emette onde elettromagnetiche.

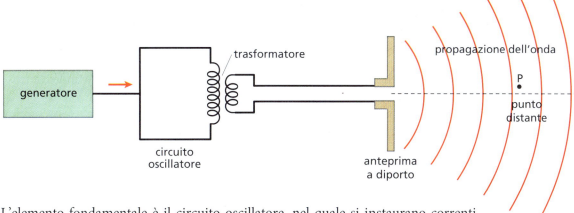

L'elemento fondamentale è il circuito oscillatore, nel quale si instaurano correnti oscillanti con frequenza f. Il circuito oscillatore è accoppiato mediante un trasformatore al circuito dell'antenna, in cui le correnti indotte generano onde elettromagnetiche con frequenza f.

Durante questo processo, il generatore fornisce sia l'energia dissipata nei circuiti sia l'energia irraggiata nello spazio dall'antenna.

Indicando con x la direzione di propagazione, il campo elettrico oscilla lungo la direzione y e il campo magnetico lungo la direzione z. Potendo visualizzare i campi elettrici e magnetici in un istante di tempo fissato, si avrebbe il profilo spaziale dell'onda elettromagnetica con lunghezza d'onda $\lambda = c/f$ rappresentato in figura.

SIMULAZIONE

Onde radio
e campi elettromagnetici

(PhET, University of Colorado)

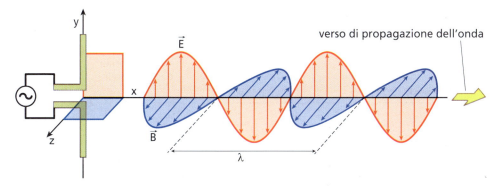

Il dispositivo per ricevere le onde elettromagnetiche si basa sullo stesso principio.

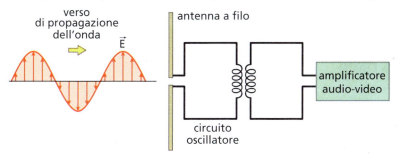

Elettromagnetismo

Quando l'onda elettromagnetica arriva sull'antenna, genera in essa correnti oscillanti con frequenza *f* che si trasmettono al circuito oscillante di cui fa parte. L'onda elettromagnetica agisce pertanto da generatore del circuito trasmettendo a esso l'energia trasportata. Opportuni dispositivi amplificano poi il segnale ricevuto, che contiene l'informazione inviata dall'antenna emettitrice.

9 Lo spettro elettromagnetico

La lunghezza d'onda λ, la frequenza f e la velocità di propagazione c di un'onda elettromagnetica sono legate dalla relazione

$$c = \lambda f$$

La frequenza dell'onda è determinata dalle caratteristiche fisiche della sorgente e dal processo fisico di emissione: in linea di principio la frequenza può assumere un qualunque valore da zero a infinito.

> Lo **spettro elettromagnetico** è la serie ordinata di frequenze delle onde elettromagnetiche.

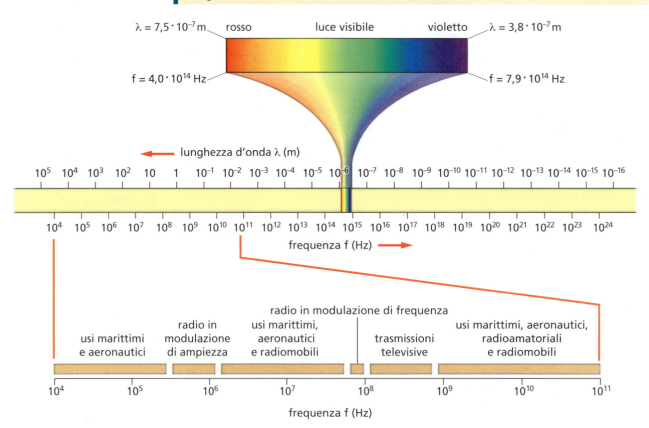

Per ragioni storiche alcune regioni dello spettro sono denotate da nomi come *raggi X* o *onde radio*. Questa divisione dello spettro è puramente indicativa: non esistono confini ben delimitati tra le frequenze, per cui le regioni si sovrappongono parzialmente.

Analizziamo lo spettro della radiazione elettromagnetica a partire dalle frequenze più basse verso le più elevate.

■ Onde radio

Le **onde radio** hanno frequenze minori di circa 300 MHz ($3 \cdot 10^8$ Hz), cioè lunghezze d'onda maggiori di circa 1 m, e vengono generate da circuiti oscillanti. Devono il nome al fatto di essere state utilizzate nelle prime trasmissioni radio, ma sono comunemente impiegate anche per la trasmissione del segnale televisivo.

Per effetto della diffrazione un'onda elettromagnetica può aggirare ostacoli che hanno dimensioni comparabili con la sua lunghezza d'onda. Questo spiega perché si riceve il segnale radiofonico anche se tra antenna emettitice e antenna ricevente vi sono palazzi o piccole colline.

Le onde radio sono riflesse dalla ionosfera terrestre alla quota di circa 300 km quando hanno frequenze comprese fra 5 MHz e 30 Mhz, ossia lunghezze d'onda da 10 m a 60 m. La riflessione sulla ionosfera permette di inviare segnali radio superando la curvatura terrestre.

La **foto** mostra l'antenna Rai di Budrio (Bologna) per le trasmissioni radio in onde medie a 567 kHz; la lunghezza d'onda è

$$\lambda = \frac{3{,}0 \cdot 10^8 \text{ m/s}}{5{,}67 \cdot 10^5 \text{ Hz}} = 530 \text{ m}$$

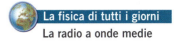

La fisica di tutti i giorni
La radio a onde medie

■ Microonde

Le **microonde** hanno frequenze comprese fra 300 MHz e 300 GHz ($3 \cdot 10^{11}$ Hz) e lunghezze d'onda comprese fra 1 m e 1 mm.

Nel forno a microonde, una sorgente genera onde elettromagnetiche con frequenza pari a 2,45 GHz ($\lambda = 12$ cm). Le molecole d'acqua sono poste in rotazione dai campi elettrici oscillanti con quella frequenza: in questo modo trasformano parte dell'energia dell'onda in moto di agitazione termica che si traduce nell'aumento della temperatura dei cibi.

La fisica di tutti i giorni
Il forno a microonde

■ Radiazioni infrarosse

La **radiazione infrarossa**, caratterizzata da lunghezze d'onda comprese fra 1 mm e 750 nm, è la regione con minore frequenza dello spettro elettromagnetico che il nostro corpo può rilevare direttamente. La sensazione di calore sulla pelle è dovuta infatti all'assorbimento di radiazione infrarossa, in genere emessa per effetto di rotazioni e vibrazioni delle molecole anche in seguito ai moti di agitazione termica.

Mediante telecamere a infrarossi è possibile ottenere delle termografie, cioè delle immagini in cui viene evidenziata mediante un codice di colore la temperatura delle sorgenti di radiazioni infrarosse.

La termografia può essere impiegata, per esempio, per evidenziare quali sono gli elementi di un edificio che disperdono maggiormente il calore. Nella **foto** si vedono una casa tradizionale, nello sfondo, e una *casa passiva* in primo piano, ovvero un edificio privo di impianti di riscaldamento tradizionale, in grado di riscaldarsi autonomamente con sistemi alternativi, come i pannelli solari o le pompe di calore.

La fisica di tutti i giorni
La casa passiva

La foto mostra che la casa tradizionale disperde molto del calore generato per riscaldarla. Notiamo inoltre che, in entrambi i casi, la maggior parte del calore passa attraverso le finestre.

■ Lo spettro visibile

Il nostro occhio è in grado di rilevare onde elettromagnetiche con lunghezza d'onda comprese circa fra 400 nm e 750 nm che percepiamo rispettivamente come violetto e rosso: nelle frequenze intermedie percepiamo tutti gli altri colori.

Elettromagnetismo

■ Radiazioni ultraviolette

La regione ultravioletta dello spettro elettromagnetico si estende fra i 400 nm e i 10 nm di lunghezza d'onda. Si distinguono tre bande di radiazioni ultraviolette: UV-A (λ = 400 nm ÷ 315 nm), che filtrano attraverso l'atmosfera terrestre, UV-B (λ = 315 nm ÷ 280 nm) e UV-C λ = 280 nm ÷ 10 nm). Come per il visibile, il Sole è la sorgente più intensa di radiazione ultravioletta a cui siamo esposti: il nostro corpo utilizza le radiazioni ultraviolette per sintetizzare alcune sostanze come la vitamina D, ma si protegge dal flusso eccessivo di ultravioletti attraverso l'epidermide. L'esposizione alla luce solare induce la formazione di melanina, un pigmento che assorbe però solo parzialmente gli ultravioletti: per questa ragione è necessario proteggere la pelle con creme solari contenenti sostanze in grado di assorbirli in modo efficace.

Nell'alta atmosfera uno strato di ozono (O_3) assorbe gli ultravioletti e ne limita il flusso verso la superficie terrestre. La scoperta nel 1979 che alcune sostanze, i clorofluorocarburi (CFC), distruggono l'ozono, ha portato nel 1989 a mettere al bando il loro uso: dopo un parziale miglioramento, negli ultimi anni stiamo assistendo al riformarsi del *buco dell'ozono* sopra l'Antartico. Le immagini seguenti mostrano l'evoluzione dello spessore dello strato di ozono (1 dobson = spessore di 10 μm di ozono se portato a $1,01 \cdot 10^5$ Pa e 0 °C): appare evidente che sopra l'Antartico lo strato di ozono è ben più sottile dei 220 dobson considerati il valore minimo in grado di assicurare una schermatura adeguata agli ultravioletti solari.

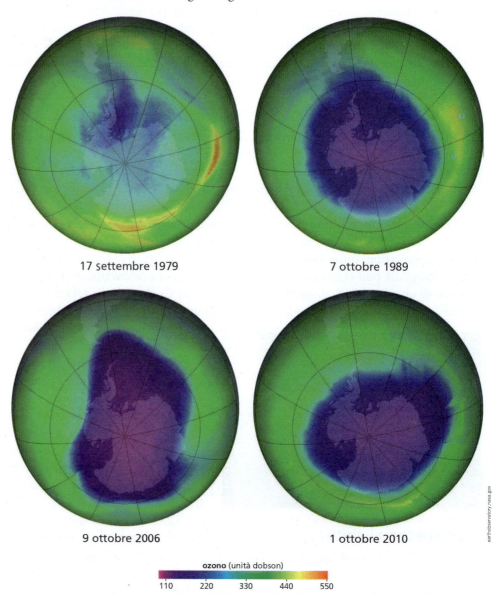

472

■ Raggi X

I **raggi X** sono radiazioni elettromagnetiche con lunghezze d'onda comprese fra 10 nm e 1 pm (10^{-12} m) che vengono emesse dagli elettroni durante le violentissime decelerazioni che subiscono attraversando i metalli pesanti. Grazie alla loro caratteristica di attraversare i tessuti molli ma di essere assorbiti dalle ossa, sono comunemente impiegati nella diagnostica medica.

■ Raggi gamma

Le radiazioni elettromagnetiche con lunghezze d'onda minori di 1 pm, dette **raggi gamma**, sono emesse durante i decadimenti nucleari. I raggi gamma sono prodotti anche mediante acceleratori di particelle per usi medici, in particolare per terapie di contrasto della proliferazione dei tumori, facendo incidere fasci di particelle cariche contro bersagli fissi.

■ Informazioni dallo spettro elettromagnetico

Le radiazioni elettromagnetiche emesse da un corpo testimoniano dei processi fisici che hanno luogo in esso: la loro lunghezza d'onda dipende infatti dalle energie coinvolte nei processi elementari che le hanno generate.

La sequenza di immagini del Sole registrate a diverse lunghezze d'onda in un intervallo di tempo molto breve mostra che, a seconda degli «occhi» con cui osserviamo i corpi complessi, rileviamo l'esistenza di fenomeni differenti che hanno luogo nello stesso istante.

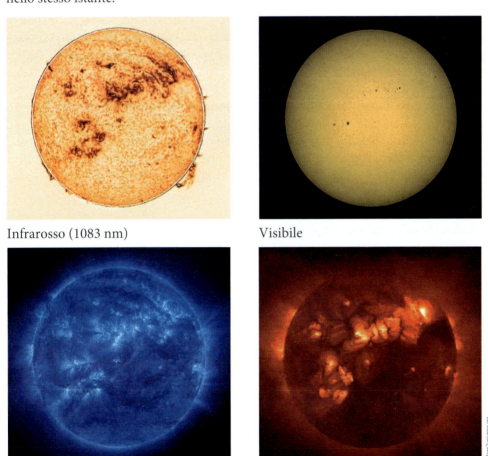

Infrarosso (1083 nm) Visibile
Ultravioletto (17 nm) Raggi X

In particolare le macchie solari, le regioni scure nel visibile, sono circondate da zone a temperatura inferiore di quella del resto della superficie solare, come evidenziano le regioni scure nell'infrarosso. In quelle regioni, però, è localizzata una intensa emissione di radiazione elettromagnetica con frequenze molto elevate, che corrisponde alle zone più brillanti nelle immagini relative agli ultravioletti e ai raggi X.

Elettromagnetismo

Il racconto della fisica — Dall'azione a distanza al campo elettromagnetico

Un problema aperto: l'azione a distanza

Con la sua legge di gravitazione universale, Newton ottenne un metodo per calcolare l'attrazione tra due masse a partire dalla loro posizione reciproca nello spazio. Newton non arrivò però a spiegare il meccanismo fisico con cui tale forza veniva trasmessa nello spazio: egli infatti scartò l'idea di una forza a distanza, che agisse senza contatto fra corpi materiali.

L'idea di un'azione a distanza conobbe invece ampia diffusione soprattutto in Francia, anche grazie alla mancanza di ipotesi verificabili sulla natura di quelle forze che sembravano agire fra corpi non posti a contatto.

Nel corso di tutto il Settecento le intense ricerche sui fenomeni elettrici e magnetici, i cui effetti si manifestavano come azioni a distanza, alimentarono un serrato dibattito sulla natura di tali forze. In particolare, si riteneva che le forze elettriche e le forze magnetiche fossero distinte, agendo le une su cariche e correnti e le altre sui magneti. Ma il quadro fenomenologico si complicò in modo inatteso con la scoperta straordinaria del danese Hans Christian Oersted: la corrente elettrica genera fenomeni magnetici.

L'esperienza di Oersted

Nel 1820 Oersted scoprì che un ago magnetico, posto nelle immediate vicinanze di un filo percorso da corrente elettrica, tende a orientarsi in direzione perpendicolare al filo. La scoperta di Oersted di un effetto magnetico della corrente ebbe un'eco vastissima in tutta Europa perché per la prima volta evidenziava l'interazione tra due ambiti fino ad allora ritenuti totalmente distinti, ossia l'elettricità e il magnetismo. Prontamente in tutti i laboratori vennero effettuate esperienze per cercare l'effetto simmetrico, ossia una qualche manifestazione elettrica provocata da un fenomeno magnetico. Riuscì nell'intento l'inglese Michael Faraday, uno dei massimi fisici sperimentali del secolo, che nel 1831 scoprì il fenomeno dell'induzione elettromagnetica mediante esperimenti assai simili a quelli illustrati alle pagine 454-455.

Le linee di forza di Faraday

Mentre i fisici della scuola francese cercavano di spiegare i fenomeni elettrici e magnetici mediante forze a distanza di tipo newtoniano, Faraday sviluppò un approccio sperimentale basato su un punto di vista nuovo. Per Faraday, le azioni elettriche e magnetiche erano dovute a linee di forza che riempivano lo spazio attorno ai corpi elettrizzati, alle correnti e ai magneti. Così scrisse lo stesso Faraday:

Quando si fa passare una corrente elettrica in un filo, quest'ultimo viene circondato in ogni sua parte da curve magnetiche [linee di forza] di intensità decrescente con la distanza e che possono essere associate mentalmente ad anelli [...]. Queste curve, sebbene di forme differenti, sono esattamente della stessa natura di quelle che si stabiliscono tra due poli magnetici situati uno di fronte all'altro.

Dunque l'interazione fra cariche o fra magneti non era l'effetto di una trasmissione della forza a distanza, come ipotizzavano i fisici francesi, ma era dovuta a una modifica fisica dello spazio, che accumulava «tensione» nelle linee di forza che lo attraversavano. Come scrisse lucidamente James Clerk Maxwell, il fisico che completò il disegno delineato da Faraday:

Con la sua immaginazione, Faraday vedeva linee di forza che attraversavano l'intero spazio, laddove i matematici [i fisici francesi] vedevano centri di forza che si attiravano a distanza; Faraday vedeva un mezzo dove questi non vedeva-

no altro che distanza; Faraday cercava la sede dei fenomeni nelle azioni reali che si verificano nel mezzo, mentre questi erano appagati dall'averla trovata in una potenza dell'azione a distanza impressa sui fluidi elettrici.

Secondo Faraday, la forza elettromotrice indotta in un circuito in moto in un campo magnetico è una conseguenza del fatto che il circuito "taglia" le linee di forza magnetiche, ricevendone energia:

La corrente elettrica indotta, eccitata nei corpi che si muovono relativamente a magneti, dipende dall'intersezione delle curve magnetiche da parte del conduttore.

Il campo elettromagnetico di Maxwell

Le idee di Faraday sulle linee di forza furono sviluppate da Maxwell, che riuscì a tradurre in linguaggio matematico quello che Faraday aveva intuito.

Dopo aver scoperto la corrente di spostamento, nel 1873 Maxwell pubblicò una delle opere più importanti della fisica classica, *A Treatise on Electricity and Magnetism*, in cui propose una teoria coerente e organica dei fenomeni elettrici e magnetici mediante il concetto unificante di campo elettromagnetico. Le sue profonde conoscenze matematiche gli permisero di condensare l'immensa varietà dei fenomeni elettromagnetici in sole quattro equazioni, note come equazioni di Maxwell. Ma oltre a rappresentare una sintesi suprema di un percorso di ricerca lungo vari secoli, le equazioni di Maxwell rivelarono per la prima volta l'esistenza di un fenomeno assolutamente inaspettato: la propagazione di energia sotto forma di onde del campo elettromagnetico.

Una previsione teorica: le onde elettromagnetiche

Maxwell dimostrò che le sue equazioni prevedevano l'esistenza di onde elettromagnetiche, ossia di perturbazioni del campo elettromagnetico che si propagavano in modo analogo alle onde elastiche su una corda tesa, e che queste onde si dovevano muovere a una velocità assai prossima al valore allora noto della velocità della luce. Maxwell concluse pertanto:

L'accordo dei risultati sembra mostrare che luce e magnetismo sono affezioni della stessa sostanza e che la luce è un disturbo elettromagnetico che si propaga attraverso il campo secondo le leggi dell'elettromagnetismo.

Dopo millenni di speculazioni, Maxwell aveva infine svelato la natura della luce: la luce è formata da onde elettromagnetiche. Trascorsero però quasi venti anni prima che il tedesco Heinrich Rudolf Hertz riuscisse a rilevare sperimentalmente l'esistenza delle onde elettromagnetiche previste dalla teoria di Maxwell.

Con un atteggiamento semplicistico, una scoperta scientifica è ritenuta in genere una rivelazione sperimentale di un qualche effetto non previsto, che deve essere successivamente inquadrato in una teoria esistente. Il caso delle onde elettromagnetiche insegna che nella scienza moderna la dinamica teoria-esperimento è assai più complessa e articolata. Le onde elettromagnetiche sono state scoperte per via teorica, come conseguenze logiche di una teoria fisica coerente, e sono state rilevate sperimentalmente solo dopo che la teoria ha indicato che cosa cercare.

Ogniqualvolta constatiamo l'importanza che le onde elettromagnetiche rivestono nella nostra vita quotidiana, magari telefonando con uno smartphone o osservando la luce di un tramonto, non dobbiamo dimenticare che la comprensione di questi fenomeni ci è stata resa possibile dal genio di Maxwell, che seppe scorgere ciò che nessuno prima di lui neppure immaginò.

Elettromagnetismo

I concetti e le leggi

Legge di Faraday-Neumann
- La variazione del flusso magnetico attraverso una superficie avente come bordo un circuito genera una fem indotta nel circuito:

$$\text{fem} = -\frac{\Delta \Phi_S(\vec{B})}{\Delta t}$$

Legge di Lenz
- Fornisce una spiegazione al segno «–» presente nella legge di Faraday-Neumann.
- Il verso della corrente indotta in un circuito è tale da generare un campo magnetico che si oppone alla variazione di flusso magnetico che origina la stessa corrente indotta.

Valore efficace della tensione alternata

$$V_{\text{eff}} = \frac{V_0}{\sqrt{2}}$$

dove V_0 è il valore massimo della tensione.

Valore efficace della corrente alternata

$$i_{\text{eff}} = \frac{i_0}{\sqrt{2}}$$

dove i_0 è il valore massimo della corrente.

Trasformatore
- È un dispositivo in grado di aumentare o diminuire la tensione in un circuito in corrente alternata.
- La tensione nel circuito secondario è

$$V_s = \frac{N_s}{N_p} V_p$$

Equazioni di Maxwell
- Teorema di Gauss per il campo elettrico:

$$\Phi(\vec{E}) = \frac{Q}{\varepsilon_0}$$

- Teorema di Gauss per il campo magnetico:

$$\Phi(\vec{B}) = 0$$

- Legge di Faraday-Neumann:

$$\Gamma_\gamma(\vec{E}) = -\frac{\Delta \Phi_S(\vec{B})}{\Delta t}$$

- Legge di Ampère-Maxwell:

$$\Gamma_\gamma(\vec{B}) = \mu_0 \left(i + \varepsilon_0 \frac{\Delta \Phi_S(\vec{E})}{\Delta t} \right)$$

Onde elettromagnetiche
- Sono perturbazioni dei campi elettrico e magnetico che si propagano nello spazio alla velocità della luce.
- Sono onde trasversali in cui i vettori $\vec{E}$ e $\vec{B}$ sono sempre perpendicolari tra di loro.
- Si possono propagare anche nel vuoto.

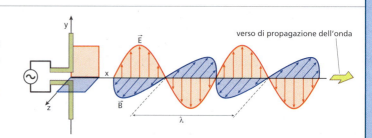

Spettro elettromagnetico
- È la serie ordinata di frequenze delle onde elettromagnetiche.
- La lunghezza d'onda e la frequenza sono legate dalla relazione

$$c = \lambda f$$

Esercizi

2 La legge dell'induzione di Faraday-Neumann-Lenz

1 Un foglio di 7,5 dm² è immerso in un campo magnetico di 2,3 mT. Il foglio è parallelo al campo magnetico.

▶ Qual è il flusso del campo magnetico attraverso il foglio? [0 Wb]

2 Il foglio dell'esercizio precedente è inclinato in modo tale che la sua normale forma un angolo di 60° rispetto al campo magnetico.

▶ Qual è il flusso del campo magnetico attraverso il foglio? [86 μWb]

3 Un campo magnetico uniforme di 0,1 T passa a 45° attraverso una bobina formata da 50 avvolgimenti circolari di filo con raggio 15 cm.

▶ Quanto vale il flusso del campo? [0,25 Wb]

4 Un anello di metallo di raggio 25 cm è perpendicolare a un campo magnetico $B = 0,12$ T.

▶ Se il campo B viene ridotto a zero in 20 ms a tasso costante, quanto vale la fem indotta nell'anello? [1,2 V]

5 Un avvolgimento è formato da 30 spire circolari di raggio 14 cm ed è immerso in un campo magnetico controllato da un elettromagnete. Il campo magnetico può arrivare al valore massimo di 1,2 T. Aumentando il campo B prodotto con l'elettromagnete, si ottiene una fem indotta costante per un certo intervallo di tempo Δt.

▶ Qual è il valore massimo di Δt per avere una fem di 2,0 V? [1,1 s]

ESERCIZIO GUIDATO

6 L'anello di Thomson è un sistema costituito da un avvolgimento di filo di rame attorno a una barra di materiale magnetizzabile. Su questo avvolgimento è appoggiato un anello di metallo, non magnetico, per esempio di alluminio. L'avvolgimento è collegato a un generatore di tensione. Quando si abbassa l'interruttore, l'anello di metallo salta via.

▶ Spiega perché.

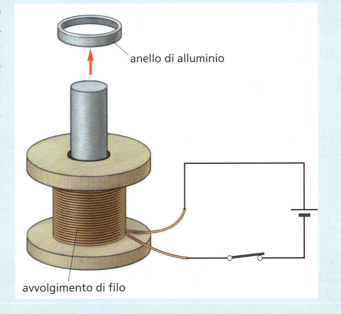

Alla chiusura del circuito inizia a passare corrente nell'avvolgimento	La corrente dà origine a un campo magnetico all'interno dell'avvolgimento
Il campo magnetico è convogliato nella barra di materiale magnetico	L'anello è ora interessato da un flusso di campo magnetico che prima non c'era
Per la legge dell'induzione si forma una corrente indotta nell'anello che è proporzionale alla variazione del flusso del campo magnetico	Per la legge di Lenz la corrente indotta produce un campo che si oppone alla variazione del flusso

Elettromagnetismo

Se, per esempio, la corrente nelle spire dell'avvolgimento si muove in modo da dare un campo $\vec{B}$ diretto verso l'alto, allora la corrente indotta nell'anello cercherà di dare un campo $\vec{B}$ diretto verso il basso (o viceversa)	In ogni caso il verso di rotazione della corrente nelle spire è opposto al verso di rotazione della corrente nell'anello
Le correnti di verso opposto si respingono	L'anello, che è solo appoggiato, viene lanciato verso l'alto

7 Se l'apparato dell'anello di Thomson è alimentato con una tensione alternata a 50 Hz, non eccessivamente elevata, l'anello rimane sospeso vibrando e si scalda.

▸ Perché?

[La corrente si inverte ogni 20 ms e l'anello continua a essere soggetto a correnti indotte che si oppongono alla variazione del campo che è prodotto dall'avvolgimento e perciò producono una repulsione. L'anello non scivola di lato perché è infilato nella barra di metallo. Il riscaldamento è prodotto dall'effetto Joule delle correnti indotte]

8 Un cavo elettrico avvolto in 50 spire di sezione $7 \cdot 10^{-2}$ m^2 viene spostato in 0,2 s dalla posizione orizzontale su uno scaffale a quella verticale in cui il flusso del campo magnetico terrestre è massimo.

▸ Calcola il valore assoluto della fem indotta.

[0,9 mV]

3 L'alternatore e la corrente alternata

9 Una tensione alternata ha un valore di picco di 40 V.
▸ Quanto vale il suo valore efficace? [28 V]

10 Negli Stati Uniti la tensione della rete elettrica ha un valore efficace di 120 V.
▸ Calcola il valore massimo della tensione. [170 V]

11 Una tensione alternata ha un valore efficace di 25 V.
▸ Calcola la differenza di potenziale tra il massimo e il minimo di questa tensione. [71 V]

12 Connesso ai morsetti di un generatore di tensione alternata a 50 Hz, un voltmetro indica 50,0 V.
▸ Qual è il valore della tensione massima? [70,7 V]

13 Una tensione alternata ha valore massimo di 10 V ed è messa ai capi di una resistenza da 5 Ω.
▸ Quanto vale il valore efficace della tensione?
▸ Determina la potenza emessa dalla resistenza.

[7,1 V; 10 W]

14 Un riscaldatore a immersione viene alimentato con una tensione alternata di 230 V ed eroga 180 W di potenza.
▸ Calcola il valore massimo e il valore efficace della corrente che lo attraversa. [1,1 A; 0,78 A]

15 Un resistore da 12 Ω è attraversato da una corrente alternata il cui valore di picco è 10 A.
▸ Quanto vale la potenza dissipata? [600 W]

16 Nella fase in cui scalda l'acqua, una lavatrice assorbe dalla rete elettrica a 230 V una potenza di 1,8 kW.
▸ Quanto vale la corrente efficace che attraversa i suoi circuiti? [7,8 A]

ESERCIZIO GUIDATO

17 Il valore massimo della forza elettromotrice indotta in una spira di area A che ruota con frequenza f in un campo magnetico $\vec{B}$ è $V_0 = 2\pi f \Phi$, dove $\Phi = A \cdot B$ è il valore massimo del flusso di $\vec{B}$ attraverso la spira. Un avvolgimento di 100 spire aventi area $A = 2,5$ dm^2 è mantenuto in rotazione con una frequenza $f = 20$ Hz in un campo magnetico di 0,28 T.

▸ Calcola il valore efficace della forza elettromotrice indotta nell'avvolgimento.

Il flusso totale massimo Φ_t del campo magnetico attraverso N spire di area A è n volte il flusso massimo $\Phi = AB$ attraverso una singola spira	$\Phi_t = N\Phi = NAB$
Il valore massimo della fem indotta è	$V_0 = 2\pi f \Phi_t = 2\pi f\, NAB$ ▸

478

Capitolo 16 Induzione e onde elettromagnetiche

Il valore efficace della fem indotta è	$V_{\text{eff}} = \dfrac{V_0}{\sqrt{2}} = \sqrt{2}\,\pi f\, NAB$	
Dati numerici	$f = 20$ Hz	$A = 2,5 \text{ dm}^2 = 2,5 \cdot 10^{-2} \text{ m}^2$
	$N = 100$	$B = 0,28$ T
Risultato	$V_{\text{eff}} = \sqrt{2}\,\pi\,(20 \text{ s}^{-1})\,100\,(2,5 \cdot 10^{-2} \text{ m}^2)(0,28 \text{ T}) = 62$ V	

18 Un avvolgimento composto da 230 spire e di area 400 cm^2 ruota con una frequenza di 50 Hz in un campo magnetico uniforme di 5 mT.

▶ Qual è la tensione prodotta ai capi di tale avvolgimento? (Considera l'esempio svolto.)

[È una tensione alternata di valore efficace 10 V e frequenza 50 Hz]

19 Un alternatore, con un avvolgimento di 330 spire di area 100 cm^2 ciascuna, ruota con una frequenza di 50 Hz.

▶ Quanto deve essere intenso il campo magnetico per produrre una tensione efficace di 230 V? (Considera l'esempio svolto.) [0,31 T]

4 Il trasformatore

20 Un trasformatore a sezione costante trasforma una tensione a 230 V in una tensione a 15 V. Il circuito primario ha 1000 avvolgimenti.

▶ Quanti avvolgimenti deve avere il secondario?

[65]

21 Un trasformatore cambia la tensione di rete da 230 V a 12 V.

▶ Se la massima corrente sul circuito primario è 2,0 A, quanto vale la massima corrente sul secondario? [38 A]

ESERCIZIO GUIDATO

22 Una lampadina alogena a basso voltaggio (12 V) da 30 W è alimentata da un trasformatore connesso con la rete a 230 V. Il trasformatore è formato da due avvolgimenti di uguale sezione collegati da un circuito magnetico privo di dispersione e il primario ha $N_p = 880$ avvolgimenti. Determina:

▶ quante sono le spire N_s del secondario;

▶ l'intensità di corrente che circola nel primario.

Nel caso in cui il flusso non abbia dispersioni, il rapporto fra le tensioni del primario e del secondario è uguale a quello del numero di avvolgimenti	$\dfrac{V_s}{V_p} = \dfrac{N_s}{N_p} \;\Rightarrow\; N_s = \dfrac{V_s}{V_p} N_p$		
Dati numerici	$V_s = 12$ V	$V_p = 230$ V	$N_p = 880$
Risultato	$N_s = 880 \dfrac{12 \text{ V}}{230 \text{ V}} = 46$		
Se non ci sono dispersioni, la potenza $P = i\,V$ del circuito secondario deve essere quella del circuito primario	$i_s V_s = i_p V_p \;\Rightarrow\; i_p = \dfrac{i_s V_s}{V_p}$		
Poiché la lampadina dissipa una potenza $P = i_s V_s$, la corrente sul primario diventa	$i_p = \dfrac{P}{V_p}$		
Dati numerici	$P = 30$ W	$V_p = 230$ V	
Risultato	$i_p = \dfrac{30 \text{ W}}{230 \text{ V}} = 0,13$ A		

Elettromagnetismo

23 Nei vecchi modelli di televisore a tubo catodico occorrevano alte tensioni per accelerare gli elettroni. A partire dalla tensione di rete a 220 V si ottenevano 20 kV con un circuito primario con 300 avvolgimenti.

▶ Quanti avvolgimenti aveva il secondario?

▶ Se la corrente nel primario era 0,4 A, quale corrente si aveva nel secondario? [≈ 27 000; 4,4 mA]

5 Campi elettrici indotti

24 Il flusso di campo magnetico attraverso una certa superficie varia da 0 T·m² a 9 T·m² in 3 ms.

▶ Quanto vale la circuitazione del campo elettrico lungo il contorno della superficie? [3 kV]

25 Durante esperimenti con campi magnetici pulsati si producono campi fino a 300 T con una durata di 1 μs all'interno di spire di circa 8 cm di diametro.

▶ Quanto vale il campo elettrico indotto? [6 MV/m]

26 Una bobina circolare di raggio 10 cm è immersa in un campo magnetico di 0,92 T. In un intervallo di tempo di 0,18 s il campo è portato a 0 T.

▶ Calcola la circuitazione del campo elettrico lungo il percorso della spira in questo intervallo di tempo. [0,16 V]

6 Campi magnetici indotti e legge di Ampère-Maxwell

27 Il flusso del campo elettrico attraverso una superficie cambia di $3 \cdot 10^3$ V·m in un tempo di 9 ms.

▶ Quanto vale la circuitazione di $\vec{B}$ lungo il contorno della superficie? [$4 \cdot 10^{-12}$ T·m]

28 Nel tempo che impieghi per schiacciare il pulsante di un accendino piezoelettrico (≈ 0,2 s), il campo cresce da zero a circa 3 kV/cm (supponilo uniforme in una zona cilindrica di circa 2 mm di diametro) prima che parta la scarica.

▶ Quanto vale la corrente di spostamento tra le due punte dell'accendino prima della scarica? [$4 \cdot 10^{-11}$ A]

8 Le onde elettromagnetiche

29 Il Sole dista dalla Terra 150 milioni di km.

▶ Quanto tempo impiega la luce solare a raggiungere la Terra? [8′ 20″]

30 Un'onda elettromagnetica si propaga in direzione perpendicolare rispetto alla superficie terrestre.

▶ È corretto affermare che i campi elettrico e magnetico dell'onda oscillano su un piano parallelo alla superficie terrestre? Spiega. [Sì perché...]

31 Una carica elettrica ferma può irraggiare onde elettromagnetiche? Spiega [No perché...]

32 Un condensatore piano ha armature circolari con raggio $R = 0,12$ m. In un dato istante, il tasso di variazione del campo elettrico al suo interno vale $\Delta E/\Delta t = 5,5 \cdot 10^{10}$ V/(m·s).

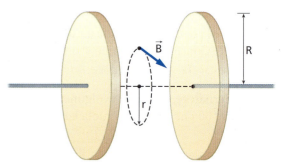

▶ Che valore ha l'intensità del campo magnetico in un punto a una distanza $r = 7,5$ cm dall'asse del condensatore? [$2,3 \cdot 10^{-8}$ T]

9 Lo spettro elettromagnetico

33 Le antenne della televisione hanno dimensione di circa un metro.

▶ Approssimativamente, qual è la frequenza del segnale televisivo? [$3 \cdot 10^8$ Hz]

34 I lettori di dischi Blu-ray utilizzano un fascio laser con lunghezza d'onda di 405 nm.

▶ Calcola la frequenza del laser. [$7,41 \cdot 10^{14}$ Hz]

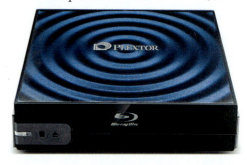

35 Un'onda elettromagnetica nella regione dello spettro dei raggi X ha una lunghezza d'onda di 0,1 nm.

▶ Calcola la sua frequenza. [$3 \cdot 10^{18}$ s⁻¹]

36 Il valore del periodo di un'onda elettromagnetica è $1,7 \cdot 10^{-15}$ s.

▶ Quanto vale la sua lunghezza d'onda? [$5,1 \cdot 10^{-7}$ m]

ESERCIZIO GUIDATO

37 In un mezzo con indice di rifrazione n la luce si propaga con velocità $v = c/n$, dove $c = 3{,}0 \cdot 10^8$ m/s è la velocità della luce nel vuoto. Un'onda elettromagnetica con una frequenza di $5{,}0 \cdot 10^{14}$ Hz si propaga nell'acqua ($n = 1{,}33$).

▶ Calcola la sua lunghezza d'onda.

La lunghezza d'onda λ, la velocità di propagazione nel mezzo e la frequenza f di un'onda elettromagnetica v sono legate dalla relazione	$\lambda = \dfrac{v}{f}$
Nell'acqua	$v = \dfrac{c}{n}$
Quindi	$\lambda = \dfrac{c}{nf}$
Dati numerici	$c = 3{,}0 \cdot 10^8$ m/s $n = 1{,}33$ $f = 5{,}0 \cdot 10^{14}$ Hz
Risultato	$\lambda = \dfrac{3{,}0 \cdot 10^8 \text{ m/s}}{1{,}33 \cdot 5{,}0 \cdot 10^{14} \text{ s}^{-1}} = 450\text{ nm}$

38 L'onda elettromagnetica dell'esercizio precedente esce dall'acqua e si propaga in aria.

▶ Calcola la variazione percentuale della sua lunghezza d'onda. [+33%]

39 Nelle cure ortodontiche si utilizzano particolari sostanze che si induriscono quando sono irraggiate con radiazioni elettromagnetiche aventi frequenza di circa $6{,}38 \cdot 10^{14}$ Hz.

▶ Determina la lunghezza d'onda di questa radiazione.

▶ In quale parte dello spettro visibile si trova? [470 nm; blu]

40 I puntatori laser più diffusi emettono onde elettromagnetiche di frequenza $4{,}74 \cdot 10^{14}$ Hz.

▶ Calcola la lunghezza d'onda della luce emessa.

▶ Stabilisci in quale parte dello spettro si trova. [633 nm; rossa]

41 Un'onda radio AM ha una frequenza di 1000 kHz, mentre un'onda FM ha una frequenza di 1000 MHz.

▶ Quanto valgono le rispettive lunghezze d'onda? [300 m, 0,300 m]

PROBLEMI FINALI

42 Alta tensione

L'alternatore di una centrale elettrica genera una tensione alternata a 20 kV; per trasferire la corrente elettrica a grande distanza mediante un elettrodotto, un trasformatore la eleva a 380 kV.

▶ Calcola il rapporto di trasformazione. [19]

43 La banda degli infrarossi

La radiazione infrarossa ha lunghezze d'onda comprese fra 1 mm e 750 nm.

▶ Determina l'intervallo di frequenze corrispondenti. [da $3 \cdot 10^{11}$ Hz a $4 \cdot 10^{14}$ Hz]

Elettromagnetismo

44 La radiazione cosmica di fondo

La radiazione cosmica di fondo, scoperta nel 1964 dagli astronomi americani Arno Penzias e Robert Woodrow Wilson, che valse loro il Premio Nobel nel 1978, è la radiazione elettromagnetica residua prodotta dal Big Bang. Essa permea l'Universo e ha una lunghezza d'onda di circa 5 cm.

▶ Quanto vale la sua frequenza?   [$6 \cdot 10^9$ Hz]

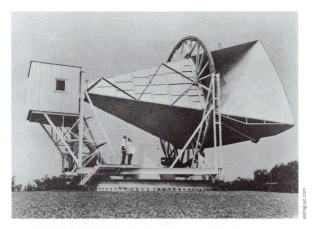

45 La prima trasmisione radio transoceanica

Il 12 dicembre 1901 Guglielmo Marconi effettuò la prima trasmissione radio attraverso l'Oceano Atlantico da Poldhu in Cornovaglia a St. John's nell'isola Terranova, località distanti circa 3000 km.

▶ Quanto tempo impiegò il segnale radio a percorrere questa distanza?   [10 ms]

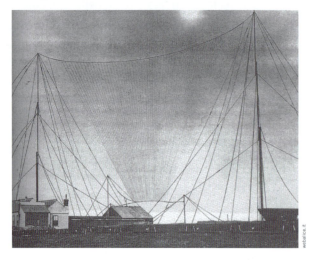

46 «Accometaggio» automatico

Il 12 novembre 2014 la sonda Philae è atterrata sulla cometa Churyumov-Gerasimenko, che distava 510 milioni di km dalla Terra. La manovra non è stata pilotata in tempo reale dagli scienziati dell'Agenzia Spaziale Europea ma è stata eseguita mediante una procedura automatica gestita dai computer di bordo.

▶ Sai dire perché gli scienziati sono stati obbligati a fare una scelta così rischiosa?

[La luce impiega oltre 28′ per coprire quella distanza...]

47 I colori dell'acqua

In figura è rappresentata la curva di assorbimento dell'acqua. Più grande è il valore dell'assorbimento, meno luce del corrispondente colore riesce a passare.

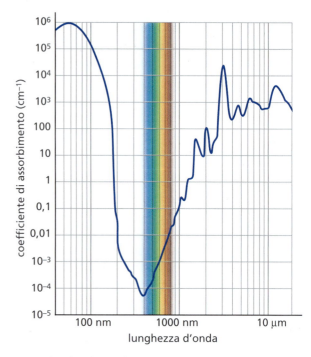

▶ Qual è il colore che riesce a raggiungere le maggiori profondità?

▶ Qual è il colore che viene assorbito quasi subito?

▶ L'acqua è trasparente alla radiazione infrarossa?

▶ E alla radiazione UV?

[Il blu-violetto raggiunge le maggiori profondità; il rosso viene assorbito rapidamente; no; no]

48 Legami pericolosi

Un trasformatore con 200 spire di filo sottile nel primario e 10 000 spire nel secondario viene collegato a una batteria da 12 V. Il rapporto tra il numero delle spire è 50.

▶ È corretto dire che c'è una tensione di (12 V) 50 = = 600 V ai capi del secondario?

▶ Che cosa accade se si sconnette la batteria?

▶ È più pericoloso toccare i fili del secondario quando la batteria è collegata o quando viene interrotto il circuito primario?

[No perché...; nel secondo caso]

49 Automatic Train Stop

Il sistema di sicurezza induttivo (INDUSI), montato su tutte le locomotive tedesche a partire dagli anni Trenta del secolo scorso, consentiva, fra l'altro, di far arrestare automaticamente (Automatic Train Stop) il convoglio qualora la velocità rilevata fosse stata superiore al consentito. L'apparato si può schematizzare con un magnete, posto fra le rotaie, e una spira quadrata (100 avvolgimenti e area pari a 300 cm^2) collocata sulla locomotiva: se viene indotta una tensione ai capi del circuito superiore a 24,0 V scatta la frenatura automatica. Supponi che la spira sia parallela al terreno e che il campo magnetico sia uniforme sopra il magnete e nullo altrove.

▶ Si vuole far arrestare il convoglio qualora vengano superati i 90 km/h, quale deve essere il campo magnetico prodotto dal magnete tra le rotaie?   [0,06 T]

50 I colori della clorofilla
Nella prima figura è riportata la curva di assorbimento della clorofilla, cioè la percentuale dell'intensità di luce che viene assorbita dalla clorofilla. È noto che la clorofilla è verde.

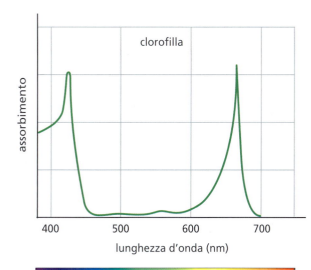

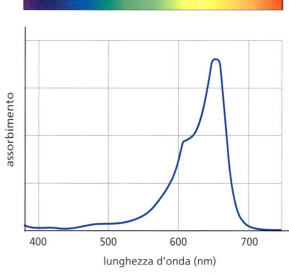

▶ Analizza questa curva e stabilisci qual è il colore della sostanza la cui curva di assorbimento è riportata sotto la prima figura.

Suggerimento: osserva dove si trova il minimo di assorbimento per le due sostanze.

[La sostanza appare blu (la curva di assorbanza è quella del blu di metilene)]

51 Le spire dell'alimentazione
Il caricabatterie di un computer portatile deve erogare una tensione continua di 19,5 V. Per portare la corrente da alternata a continua si utilizza un apposito circuito «raddrizzatore» che fornisce in continua il valore efficace della corrente alternata. La tensione alternata deve però essere prima portata al valore corretto. Un trasformatore ha 250 spire nel circuito ad alta tensione.

▶ Quante spire ci sono nel circuito secondario?

[Circa 22 spire]

52 Anello di calore!
Un anello di metallo di raggio 20 cm ha una resistenza di 5,0 Ω. L'anello è attraversato da un campo magnetico oscillante di valore massimo $B_0 = 1,0$ mT e di frequenza 10,0 kHz.

▶ Qual è la potenza termica emessa dall'anello?

[6,2 W]

53 Cuocere con le onde
Un forno a microonde cuoce o riscalda gli alimenti mediante onde elettromagnetiche con una frequenza di 2,45 GHz. Questa frequenza mette in oscillazione le molecole polari (cioè che presentano una diversa posizione per ioni positivi e negativi) come l'acqua, i grassi o gli zuccheri degli alimenti che per agitazione termica aumentano la loro temperatura.

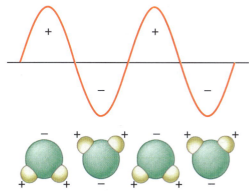

▶ Calcola la lunghezza d'onda della radiazione.
▶ Spiega perché la radiazione non fuoriesce dal vetro del forno ricoperto dalla griglia metallica.

[12,2 cm]

54 Radiazione umana
Il corpo umano ha una temperatura di circa 310 K e per questa ragione emette radiazione elettromagnetica. La lunghezza d'onda λ_{max} per la quale un corpo a temperatura T ha la massima emissione di radiazione è data dalla legge di Wien:

$$\lambda_{max} \, T = 2,9 \cdot 10^{-3} \text{ K} \cdot \text{m}$$

▶ Stima la lunghezza d'onda per la quale il corpo umano ha la massima emissione.
▶ Stabilisci in quale regione spettrale si colloca.

[10 μm; IR]

Elettromagnetismo

55 Luce!

Una particolare lampada a gas è costruita in modo da innescare la scarica luminosa quando la tensione tra gli elettrodi supera i 300 V.

▶ Se la colleghiamo alla rete elettrica di casa si accende oppure no?

▶ Per quale percentuale di tempo la d.d.p. supera, in valore assoluto, i 300 V nella tensione di rete a 230 V?

[Sì perché...; circa il 25%]

56 Il rocchetto di Ruhmkorff

Il rocchetto di Ruhmkorff è un congegno ideato nel secolo scorso che permette di ottenere scariche elettriche pulsate tra due puntali detti spinterometro. Di fatto si tratta di due avvolgimenti realizzati su un cilindro di materiale ferromagnetico: uno di non molte spire di filo spesso è collegato a una batteria che fornisce una tensione continua; l'altro, formato da moltissime spire di filo sottile, termina sullo spinterometro. Davanti al cilindro magnetico e fissata a una barretta flessibile è posta un'àncora di materiale magnetizzabile, ma che si smagnetizza immediatamente quando si annulla il campo magnetico.

▶ Spiega come funziona questo sistema.

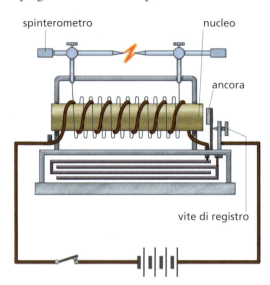

LE COMPETENZE DEL FISICO

57 Ai confini del Sistema Solare

Lanciate nel 1977, le sonde Voyager 1 e 2 stanno continuando il loro viaggio verso i confini del Sistema Solare. Per molti anni rimarranno gli oggetti costruiti dall'uomo più distanti dalla Terra. Nel dicembre 2011 hanno raggiunto i margini dell'eliopausa, la zona dove il vento solare (un flusso di particelle cariche emesso dal Sole) si scontra con il vento interstellare. Voyager 1 nel dicembre 2011 distava circa 18 miliardi di kilometri dal Sole.

▶ Stima il tempo impiegato da un segnale elettromagnetico inviato da Terra per raggiungere la sonda.

[≈ 16 h]

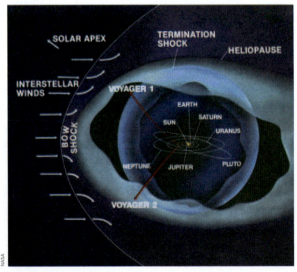

58 Perché è... a fettine?

Per limitare gli effetti delle correnti parassite, i conduttori sottoposti a intense variazioni di flusso magnetico sono in genere formati da tante lamelle sottili disposte parallelamente alla direzione del campo magnetico. Questa disposizione si trova facilmente nei trasformatori, come quello mostrato in figura.

▶ Spiega perché questa strategia funziona.

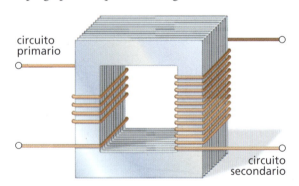

59 Freno magnetico

Per assicurare lo stazionamento di un veicolo, cioè agire con una forza frenante per tenerlo fermo, non è possibile utilizzare un freno magnetico.

▶ Spiega perché.

60 Il colore delle stelle

Una stella irraggia onde elettromagnetiche dalla sua superficie nell'intero spettro elettromagnetico, ma il suo colore dipende dalla sua temperatura superficiale. Secondo la legge di Wien (vedi esercizio 54), la temperatura assoluta T e la lunghezza d'onda λ_{max} per la quale si ha il massimo di emissione sono tali che

$$\lambda_{max} T = 2{,}90 \cdot 10^{-3} \text{ m} \cdot \text{K}$$

Il Sole ha una temperatura superficiale di circa 5800 K.

▶ Calcola λ_{max}.

▶ Questo spiega perché il Sole è giallo-rosso?

▶ Individua Sirio nel cielo invernale: la sua temperatura superficiale è 12 000 K.

▶ Qual è il suo colore?

61 Che strano!

In commercio si trovano piccoli magneti cilindrici fortemente magnetizzati, usati per giochi di costruzioni. Se riesci a procurarti uno di questi magneti, puoi effettuare da solo alcune delle esperienze descritte di seguito. Immagina di disporre di quattro tubicini lunghi circa un metro e mezzo, il cui diametro sia leggermente superiore al diametro del cilindro magnetico. Il primo tubicino è di plastica, il secondo di ferro, il terzo di alluminio e il quarto è sempre di alluminio, ma ha una fessura verticale che lo percorre per tutta la sua lunghezza.

- Lasci cadere il magnete in aria e rilevi che per percorre 1,5 m impiega circa 0,6 s.
- Lo lasci cadere nel tubo di plastica e il tempo impiegato è circa 0,6 s.
- Lo lasci cadere nel tubo di ferro e non arriva in fondo.
- Lo lasci cadere nel tubo di alluminio e il tempo impiegato è più del doppio.
- Lo lasci cadere nel tubo di alluminio tagliato e il tempo è circa 0,7 s.

plastica — ferro — alluminio — alluminio con taglio

▶ Spiega il motivo di questi tempi.

TEST DI AMMISSIONE ALL'UNIVERSITÀ

62
Se avviciniamo rapidamente una potente calamita ad una spira formata da un filo di rame chiuso a cerchio, si può notare che:

- A nella spira viene indotta una circolazione di corrente elettrica
- B la spira si illumina
- C la spira si deforma trasformandosi in un'ellisse molto stretta e lunga
- D il rame dapprima neutro acquista una forte carica elettrica indotta
- E la spira inizia a ruotare con velocità costante intorno ad un suo diametro

(Medicina veterinaria, 2006/2007)

63
Una stufetta elettrica da 770 W è collegata alla rete elettrica domestica che eroga 220 V.

▶ Qual è il valore efficace della corrente elettrica circolante?

- A 1,75 mA
- B 12,25 mA
- C 0,28 A
- D 3,5 A
- E 62,8 A

(Odontoiatria, 2009/2010)

64
Le onde elettromagnetiche che vengono utilizzate per le trasmissioni radio tra imbarcazioni:

- A trasportano energia ma solo se in un certo intervallo di frequenze
- B trasportano energia indipendentemente dalla frequenza utilizzata
- C non possono trasportare energia che si scaricherebbe in mare
- D contengono campi elettrici, ma non magnetici
- E contengono campi magnetici ma non elettrici

(Medicina veterinaria, 2008/2009)

capitolo 17
La relatività ristretta

1 Fisica classica e relatività

Con la teoria dell'elettromagnetismo di Maxwell, negli ultimi decenni dell'Ottocento si completò il grandioso edificio della *Fisica classica*, intesa come complesso organico di teorie in grado di fornire un'interpretazione assai soddisfacente dei fenomeni fisici dell'esperienza quotidiana. I moti dei corpi, gli scambi termici tra sistemi e le interazioni elettriche e magnetiche si inquadravano in modo coerente in uno schema di leggi fisiche che manifestavano le relazioni esistenti tra le grandezze coinvolte nei fenomeni.

■ Tempo e spazio: fisica e senso comune

Alla base dell'indagine del mondo fisico stavano due nozioni senza le quali verrebbe meno la possibilità di comprendere la nostra stessa esperienza quotidiana: il tempo e lo spazio.

Così erano presentati nei *Principia* di Newton:

- «Il tempo assoluto, vero e matematico [...] scorre uniformemente [...]»;
- «Lo spazio assoluto rimane sempre omogeneo e immobile».

Il termine «assoluto» rimarcava una proprietà fondamentale, ossia che tempo e spazio erano uguali per tutti gli osservatori, in totale accordo con il senso comune. Nell'esperienza quotidiana infatti nessuno ha mai dubitato che la durata di un minuto misurato da un orologio e la lunghezza di una matita abbiano gli stessi valori per un osservatore su un aereo in volo e per un osservatore a terra. Eppure il carattere «assoluto» di tempo e di spazio nella fisica non è mai stato dimostrato, ma solo assunto come ipotesi implicita. Per di più tale ipotesi era per molti aspetti superflua, in quanto per formulare le leggi della fisica non risultava necessario riferirsi a qualcosa di «assoluto».

All'inizio del secolo scorso una profonda revisione delle nozioni di tempo e di spazio fu stimolata dalla scoperta delle onde elettromagnetiche e dalla dimostrazione di una loro «strana» proprietà.

486

■ Elettromagnetismo e relatività

Secondo la teoria di Maxwell, le onde elettromagnetiche viaggiavano alla velocità della luce $c = 3,00 \cdot 10^8$ m/s. In analogia con le onde meccaniche, alla fine dell'Ottocento i fisici ritenevano che le onde elettromagnetiche dovessero propagarsi in un ipotetico mezzo elastico, detto **etere**, che permeava tutto lo spazio. Sembrava dunque logico concludere che le onde elettromagnetiche si propagassero nell'etere a velocità c. Ma questa conclusione poneva un enorme problema teorico: l'etere diventava il sistema di riferimento inerziale *assoluto*, ossia il riferimento privilegiato rispetto al quale esprimere la velocità di qualsiasi altro sistema inerziale. Sarebbe infatti bastato misurare la velocità di propagazione delle onde elettromagnetiche in un dato sistema di riferimento per stabilire la sua velocità assoluta rispetto all'etere.

Ciò contrastava con il **principio di relatività galileiano**, secondo il quale

> non è possibile rilevare il moto di un sistema inerziale mediante esperimenti condotti all'interno di esso

Questo principio aveva avuto innumerevoli conferme sperimentali in tutti i campi della fisica fino ad allora esplorati: non vi era alcuna ragione perché non valesse solo per i fenomeni elettromagnetici. Nell'ultimo decennio dell'Ottocento questa difficoltà fu intensamente dibattuta nel tentativo di sviluppare teorie che armonizzassero principio di relatività e costanza della velocità della luce. La soluzione fu proposta da un venticinquenne fisico tedesco: Albert Einstein.

2 La relatività di Einstein

Nel 1905 Einstein pubblicò un articolo dal titolo *Sull'elettrodinamica dei corpi in movimento*, destinato a influenzare profondamente la fisica successiva, in cui espose in modo compiuto la teoria della relatività ristretta che, con denominazione più appropriata, si potrebbe definire una *teoria dei sistemi di riferimento inerziali*.

Einstein pose a fondamento della sua analisi i due seguenti postulati:

- «Le leggi dell'elettrodinamica e dell'ottica sono valide per tutti i sistemi di coordinate nei quali valgono i princìpi della dinamica.»
- «Nello spazio vuoto la luce si propaga sempre con una velocità v ben determinata, indipendente dallo stato di moto del corpo che la emette.»

In termini moderni, le basi della teoria della relatività sono i due princìpi seguenti.

> - **Principio di relatività**: le leggi della fisica hanno la stessa forma in tutti i sistemi di riferimento inerziali.
> - **Principio di costanza della velocità della luce**: la velocità della luce c è la stessa in tutti i sistemi inerziali, indipendentemente dal moto della sorgente che la emette.

Il principio di relatività galileiano, secondo il quale le leggi del moto sono le stesse in tutti i sistemi di riferimento inerziali, venne esteso da Einstein a tutte le leggi della fisica. In particolare egli osservò che l'elettromagnetismo era una teoria in totale accordo con il principio di relatività, perché forniva descrizioni equivalenti di uno stesso fenomeno osservato da sistemi inerziali differenti.

Il principio di relatività stabiliva la completa equivalenza dei sistemi di riferimento inerziali, per cui non poteva esistere un sistema in quiete *assoluta* rispetto al quale stabilire la velocità di ogni altro sistema inerziale. Ma tale principio richiedeva un'ipotesi ulteriore: la costanza della velocità della luce in tutti i sistemi di riferimento inerziali, indipendentemente dalla velocità della sorgente da cui era stata emessa. Infatti, se la luce si propagasse con velocità differenti nei vari sistemi, sarebbe possibile stabilire quali di questi sono in moto rispetto a un ipotetico sistema in quiete assoluta, in cui la velocità della luce è esattamente c.

Relatività e quanti

Come vedremo, l'introduzione di questo principio comportava una modifica sostanziale dei concetti di tempo e di spazio: il tempo non è più universale ma scorre in modo diverso nei vari sistemi di riferimento inerziali.

Da ciò derivano alcune delle conseguenze più sorprendenti della relatività, come la dilatazione dei tempi e la contrazione delle lunghezze. Ma in fisica l'unica giustificazione per introdurre un nuovo postulato è valutare il successo della teoria in cui viene inserito. Proprio l'enorme successo interpretativo e sperimentale della teoria della relatività indica che il principio della costanza di c è conforme alla realtà e consente di scoprire fenomeni prima ignorati solo a causa del fatto che le velocità comuni sono molto piccole rispetto a quella della luce.

■ La simultaneità non è assoluta

La più immediata conseguenza dei principi di Einstein è una revisione profonda della nozione di simultaneità tra due eventi. Per comprendere questo punto fondamentale, cominciamo con l'osservare che, se la velocità della luce fosse infinita, la simultaneità tra eventi sarebbe assoluta. Immaginiamo infatti che un passeggero di un treno in moto osservi l'accensione istantanea di due luci agli estremi della sua carrozza. Se la velocità della luce fosse infinita, non trascorrerebbe alcun intervallo di tempo tra l'emissione della luce e la sua rilevazione da parte di qualsiasi osservatore: anche per il capostazione fermo in stazione l'accensione dei due fari sarebbe simultanea.

Al contrario, il fatto che la luce si propaghi sempre alla velocità $c = 3{,}00 \cdot 10^8$ m/s implica che, in genere, due eventi simultanei in un riferimento non sono simultanei in un altro riferimento in moto relativo rispetto al primo.

Consideriamo infatti la situazione seguente: due carrozze ferroviarie si muovono in verso opposto a velocità costanti su binari paralleli. Alice e Bruno sono fermi al centro delle rispettive carrozze. Supponiamo che Alice si stia spostando con una velocità costante v rispetto a Bruno come mostra il disegno.

Due fari di segnalazione, uno rosso e uno verde, emettono un lampo di luce rispettivamente in testa e in coda alla carrozza di Bruno.

Alice vede prima la luce verde, perché si sta spostando verso il lampo di luce verde, e in seguito viene raggiunta dalla luce rossa.

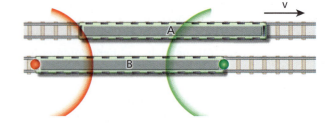

Bruno riceve nello stesso istante la luce dei due fari: poiché è alla stessa distanza da essi, conclude che le luci si sono accese simultaneamente.

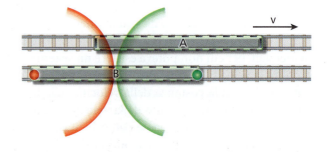

Capitolo **17** La relatività ristretta

Non vi è alcun motivo per privilegiare un osservatore rispetto all'altro: se i lampi di luce fossero stati emessi simultaneamente per Alice, Bruno li avrebbe visti arrivare in istanti diversi e avrebbe quindi concluso che la loro emissione non era stata simultanea.

La simultaneità tra eventi è dunque relativa:

> Due eventi simultanei per un osservatore possono non essere simultanei per un osservatore in moto relativo rispetto al primo.

■ Una nuova concezione di tempo

Questa conclusione sembra paradossale perché in contrasto con la nozione intuitiva di simultaneità *assoluta* su cui si basa il nostro senso comune. Il paradosso però sparisce se riflettiamo sul fatto che la nozione intuitiva si basa su un presupposto implicito, ossia che la luce si propaghi a velocità infinita. Se così fosse, sarei giustificato nel concludere che se *vedo* due eventi simultaneamente allora tali eventi *sono avvenuti* nello stesso istante. Ma il presupposto è falso perché la luce si propaga a velocità c in tutti i sistemi di riferimento inerziali: giudico simultanei due eventi quando la luce emessa da questi raggiunge i miei occhi nello stesso istante. Ciò comporta una modifica di un'altra nozione intuitiva, quella di durata di un fenomeno. Per comprenderlo, riprendiamo l'esempio di Alice e Bruno. Alla domanda «Quanto tempo Δt è trascorso fra l'emissione dei due lampi di luce?» otteniamo due risposte differenti ma entrambe corrette. Per Alice, è trascorso un intervallo di tempo Δt non nullo tra le emissioni, mentre per Bruno sono state simultanee e quindi $\Delta t = 0$.

In generale

> l'intervallo di tempo tra due eventi che avvengono in luoghi distinti dello spazio dipende dallo stato di moto dell'osservatore.

La portata di questo fatto è enorme perché sulla misura di intervalli di tempo si basano gli orologi e la misura del tempo stesso. Se la durata di un intervallo dipende dallo stato di moto del riferimento in cui è posto l'orologio, dobbiamo concludere che non esiste un tempo assoluto, che scorre uniforme e uguale in tutti i sistemi di riferimento come aveva postulato Newton e come sembra suggerire la nozione intuitiva di tempo su cui si fonda il nostro senso comune.

Per comprendere a fondo questo fatto, è necessario affrontare nel dettaglio le caratteristiche del processo di misura del tempo.

3 Relatività del tempo

Nella parte iniziale del suo articolo del 1905, Einstein sottolineò il ruolo fondamentale giocato dalla simultaneità nella misura di intervalli di tempo:

«Supponiamo che nel punto A dello spazio vi sia un orologio; un osservatore posto in A può allora determinare il tempo di eventi che avvengano nelle immediate vicinanze di A, stabilendo quali posizioni delle lancette dell'orologio sono simultanee con quegli eventi».

La natura fisica dello strumento di misura, ossia l'orologio, non ha alcuna rilevanza. Al contrario, è fondamentale chiarire la procedura operativa del processo di misura del tempo.

■ La dilatazione dei tempi

Un orologio è un sistema che cambia il suo stato interno e il tempo è la sequenza di questi cambiamenti. I comuni orologi da polso contengono un cristallo di quarzo che produce oscillazioni di potenziale. Un sistema elettronico conta queste oscillazioni e le converte nelle unità che utilizziamo per misurare il tempo. Il risultato di questo conteggio è visualizzato dai numeri sul display dell'orologio.

489

Relatività e quanti

Per analizzare il processo di misura, utilizziamo un orologio concettualmente molto semplice: l'orologio a specchi.

Un orologio a specchi è formato da due piccoli specchi paralleli. Lo specchio inferiore è semiriflettente ed è appoggiato su un sistema elettronico che conta quanti impulsi luminosi lo colpiscono. Ogni volta che viene attivato, il sistema elettronico fa partire un nuovo impulso di luce verso lo specchio superiore. Gli impulsi luminosi che si muovono tra i due specchi scandiscono gli intervalli di tempo.

Chiamiamo h la distanza tra i due specchi e Δt l'intervallo di tempo scandito da un impulso. Gli impulsi si muovono a velocità c, per cui

$$\Delta t = \frac{2h}{c}$$

Per esempio, se la distanza tra i due specchi è $h = 15$ cm, il display del contatore è tarato in nanosecondi.

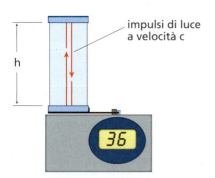

Consideriamo due osservatori A e B, ciascuno in un sistema di riferimento dotato di un orologio a specchi. I due sistemi di riferimento A e B sono in moto relativo l'uno rispetto all'altro: A vede B allontanarsi a velocità costante v, B vede A allontanarsi a velocità costante $-v$. Consideriamo per esempio il riferimento di A (**figura**): l'osservatore A vede il proprio orologio fermo, mentre vede vede l'altro orologio muoversi. A osserva che l'orologio in moto rallenta, e cioè scandisce intervalli di tempo più lunghi rispetto a quelli del proprio orologio.

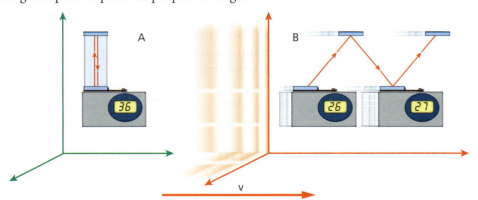

Per comprendere l'origine di questo fenomeno, valutiamo la durata dell'intervallo di tempo fra i due eventi seguenti:

- un impulso di luce parte dallo specchio inferiore dell'orologio di B;
- l'impulso di luce di luce arriva nello specchio inferiore dell'orologio di B.

Misurato da B, l'intervallo di tempo è

$$\Delta t_B = \frac{2h}{c}$$

perché la luce ha percorso una distanza totale $2h$ con velocità c.

L'osservatore A rileva che nell'intervallo Δt_A fra i due eventi l'orologio si sposta di un tratto $v\Delta t_A$, per cui la luce percorre una distanza maggiore di $2h$ ma con la stessa velocità c con cui si propaga nel riferimento B. Concludiamo pertanto che la durata dell'intervallo di tempo Δt_A tra gli eventi di emissione e di assorbimento è maggiore della durata dell'intervallo di tempo Δt_B tra gli stessi eventi misurato nel riferimento B.

Si può dimostrare che fra tali intervalli vale la relazione detta **legge di dilatazione dei tempi**:

> se due eventi accadono nel sistema B, in moto con velocità v rispetto al sistema A, l'intervallo di tempo fra i due eventi misurato nel sistema A è
>
> $$\Delta t_A = \gamma \Delta t_B = \frac{1}{\sqrt{1 - \frac{v^2}{c^2}}} \Delta t_B$$
>
> dove Δt_B è l'intervallo fra i due eventi misurato nel sistema B.

Dentro la formula

- Il fattore moltiplicativo $\gamma = 1/\sqrt{1 - v^2/c^2}$ è adimensionale ed è sempre maggiore di 1, anche se per tutte le velocità con cui comunemente abbiamo a che fare è praticamente uguale a 1.

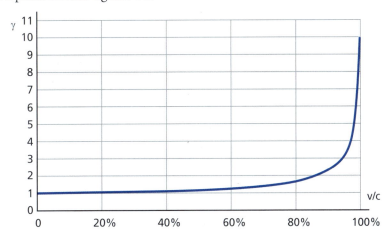

- Fino a una velocità v di circa $1{,}2 \cdot 10^8$ m/s, cioè fino al 40% della velocità della luce, gli effetti di ritardo degli orologi in moto si possono calcolare con ottima approssimazione sostituendo i fattori γ e $1/\gamma$ rispettivamente con

$$\gamma \approx 1 + \frac{1}{2} \frac{v^2}{c^2} \qquad \frac{1}{\gamma} \approx 1 - \frac{1}{2} \frac{v^2}{c^2}$$

- Per il principio di relatività, nei sistemi inerziali A e B valgono le stesse leggi: anche B vede rallentare l'orologio di A, e il ritardo dell'orologio di A visto da B è identico al ritardo dell'orologio di B visto da A.

Consideriamo due eventi che accadono nello stesso punto, per esempio due ticchettii successivi di un orologio, e indichiamo con Δt_0 l'intervallo di tempo fra essi misurato nel sistema di riferimento in cui l'orologio è in quiete. Misurato da un osservatore in moto, l'intervallo di tempo fra due ticchettii successivi è $\Delta t = \gamma \Delta t_0$: poiché il fattore γ è sempre maggiore di 1, l'intervallo misurato dall'osservatore in moto è sempre maggiore di quello misurato da un osservatore fermo rispetto al punto in cui hanno luogo gli eventi. Dunque la minima durata dell'intervallo di tempo fra due eventi che accadono nello stesso punto è quella misurata da un orologio in quiete rispetto a quel punto e viene detta **intervallo di tempo proprio** Δt_0 o semplicemente **tempo proprio**.

Un orologio posto su un aereo che viaggia alla velocità del suono ($v = 340$ m/s) ritarda rispetto a un orologio posto a terra. Il fattore γ è

$$\gamma \approx 1 + \frac{1}{2} \cdot \frac{v^2}{c^2} = 1 + 0{,}5 \cdot \left(\frac{340 \text{ m/s}}{3{,}00 \cdot 10^8 \text{ m/s}}\right)^2 = 1 + 6 \cdot 10^{-13}$$

La fisica di tutti i giorni
Ritardo in volo

Ciò significa che ogni volta che l'orologio sull'aereo scandisce un secondo, a terra passano $1 + 6 \cdot 10^{-13}$ secondi. Ciò equivale a un secondo di differenza ogni quaran-

Relatività e quanti

tottomila anni: la differenza con l'orologio a terra è così piccola che nella pratica quotidiana è di fatto impossibile da rilevare. Con particolari strumenti però l'effetto è misurabile, come discusso nel seguito.

■ Conferme sperimentali

Nella relatività, la domanda «quanto tempo è passato fra due eventi?» non ha più senso, perché ora occorre specificare per quale osservatore. Il modello di Einstein assegna un tempo a ciascun osservatore inerziale e la relazione fra il tempo di un osservatore e quello di un altro è data dalla legge di dilatazione dei tempi.

Questa «strana» conseguenza dei principi della relatività fu verificata sperimentalmente per la prima volta nel 1971 da Joseph Hafele e Richard Keating in un esperimento volto a misurare il ritardo degli orologi in moto relativo. I due ricercatori confrontarono con un orologio a terra il tempo misurato da orologi atomici montati su aerei di linea che effettuavano due volte il giro della Terra, una volta verso ovest e l'altra verso est.

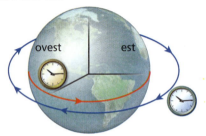 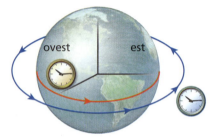

Per spiegare l'esperimento consideriamo per semplicità un volo attorno all'equatore. Il sistema di riferimento inerziale è al centro della Terra. Un orologio al suolo si muove verso est con la velocità $v \approx 5 \cdot 10^2$ m/s. Un aereo in volo a $3 \cdot 10^2$ m/s rispetto al suolo ha dunque una velocità di $8 \cdot 10^2$ m/s rispetto al centro della Terra se vola verso ovest e $2 \cdot 10^2$ m/s se vola verso est.

Gli intervalli di tempo misurati da orologi in moto con velocità relativa v sono più piccoli di un fattore $1/\gamma$. Perciò l'orologio su un aereo che vola verso est ritarderà meno dell'orologio posto a terra, il quale ritarderà meno di quello posto su un aereo che vola verso ovest.

Il confronto avviene tra l'orologio al suolo e quelli in volo: l'orologio che vola verso est è in anticipo su quello al suolo e quello che vola verso ovest è in ritardo. L'ordine di grandezza della variazione è irrisorio: $(1/2)v^2/c^2 \approx 10^{-12}$, cioè qualche nanosecondo per ogni ora di volo. Gli orologi atomici sono però in grado di misurare il tempo con tale precisione: la misura risultò in accordo con le previsioni della teoria di Einstein entro le incertezze sperimentali.

La fisica di tutti i giorni
GPS e relatività

Le conferme sperimentali della dilatazione dei tempi sono oggi innumerevoli. Basti pensare che il sistema di posizionamento globale, il GPS, tiene conto degli effetti relativistici nel calcolo degli intervalli di tempo. Il dispositivo portatile riceve i segnali orari inviati da satelliti in orbita attorno alla Terra e calcola la distanza $c\Delta t$ da ciascuno di essi: attraverso queste distanze si può stabilire la sua posizione sulla superficie terrestre. Per determinare Δt con l'esattezza richiesta si deve tener conto della velocità relativa del satellite e convertire il tempo proprio del satellite nel tempo misurato dal dispositivo.

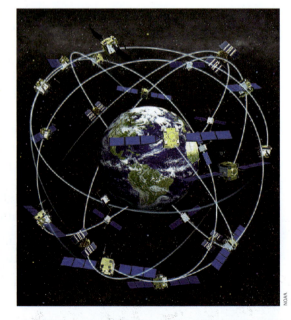

4 Relatività dello spazio

Un'altra conseguenza della costanza di *c* è che gli oggetti in movimento nella direzione del moto, sia in avvicinamento sia in allontanamento, si accorciano.

Consideriamo una barra. Misurata nel sistema di riferimento *B* in cui è ferma ha una lunghezza L_0, detta **lunghezza propria**.

Appoggiamo questa barra lungo l'asse *x* del sistema *B* con un estremo nell'origine. L'altro estremo occupa la posizione $x_B = L_0$.

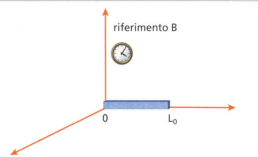

Il sistema *B* si muove con velocità *v* rispetto al sistema *A*.

Per misurare la lunghezza della sbarra nel sistema *A*, bisogna determinare la posizione dei due estremi della barra nello stesso istante t_A.

Se l'osservatore in *A* prendesse le coordinate in istanti diversi non misurerebbe la lunghezza della sbarra, perché questa si sta spostando rispetto a lui.

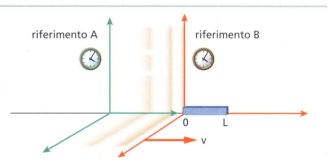

La rilevazione delle posizioni dei due estremi deve pertanto essere simultanea. Ma come abbiamo visto la simultaneità di eventi in punti diversi dello spazio è relativa allo stato di moto del sistema. Dunque la distanza dei due estremi, e quindi la lunghezza della barra, non è assoluta ma dipende dal sistema in cui si effettua la misura. In particolare, se L_0 è la lunghezza propria di un corpo misurata nel sistema in cui è in quiete, la lunghezza *L* del corpo misurata in un riferimento in moto relativo è minore di L_0.

Si dimostra infatti che vale la relazione seguente, nota come **legge di contrazione delle lunghezze**:

> misurata in un sistema di riferimento rispetto a cui si muove con velocità *v*, la lunghezza di un corpo nella direzione del movimento è
> $$L = \frac{1}{\gamma} L_0 = \sqrt{1 - \frac{v^2}{c^2}}\, L_0$$
> dove L_0 è la lunghezza propria del corpo.

Dentro la formula

- La dimensione di un oggetto non subisce alcuna contrazione nella direzione perpendicolare al moto.
- Il fattore $1/\gamma$ diventa significativamente diverso da 1 solo a velocità molto alte. Per tutte le velocità della nostra esperienza quotidiana $\gamma \approx 1$ e l'effetto di contrazione delle lunghezze è assolutamente trascurabile.
- Fino a una velocità *v* di circa $1{,}2 \cdot 10^8$ m/s, cioè fino al 40% della velocità della luce, i fattori γ e $1/\gamma$ si possono calcolare mediante le ottime approssimazioni seguenti:

$$\gamma \approx 1 + \frac{1}{2} \frac{v^2}{c^2} \qquad \frac{1}{\gamma} \approx 1 - \frac{1}{2} \frac{v^2}{c^2}$$

Relatività e quanti

La Terra si muove attorno al Sole a una velocità di circa $v = 30$ km/s, per cui $v/c = (30 \cdot 10^3 \text{ m/s})/(3 \cdot 10^8 \text{ m/s}) = 10^{-4}$: nella direzione del moto il suo diametro misurato nel sistema di riferimento del Sole è più corto di un fattore

$$\frac{1}{\gamma} \approx 1 - \frac{1}{2}\frac{v^2}{c^2} = 1 - 5 \cdot 10^{-9}$$

In altre parole, a 30 km/s gli effetti relativistici danno un accorciamento di 5 parti per miliardo. Il diametro della Terra è $1,3 \cdot 10^7$ m, per cui l'accorciamento è

$$\Delta l \approx \left(5 \cdot 10^{-9}\right)\left(1,3 \cdot 10^7 \text{ m}\right) \approx 7 \cdot 10^{-2} \text{ m} = 7 \text{ cm}$$

5 Equivalenza massa-energia

Pochi mesi dopo l'articolo sulla relatività del 1905, Einstein pubblicò un lavoro di sole tre pagine in cui dimostrò una sorprendente relazione tra massa ed energia: la famosa equazione $E = mc^2$. Destinata a diventare nell'immaginario collettivo un'icona della relatività e delle sue stranezze, questa equazione esplicitava un legame profondo e inatteso tra due grandezze fisiche fino ad allora considerate indipendenti.

■ Energia e massa

Dopo secoli di indagini, nell'Ottocento si era giunti a identificare due grandezze fondamentali per descrivere e comprendere i processi chimico-fisici: l'energia e la massa. Per ciascuna di esse separatamente era stato formulato un principio di conservazione: il primo principio della termodinamica per l'energia e il principio di Lavoisier per la massa, secondo il quale in una reazione chimica la massa dei reagenti è uguale a quella dei prodotti di reazione.

Non si conosceva nessun processo in cui la massa si trasformasse in energia o l'energia in massa. Einstein svelò invece che la massa si può convertire in energia, e viceversa.

La scoperta da parte di Einstein che «la massa di un corpo è una misura del suo contenuto di energia» scaturì non da un fatto sperimentale ma dall'analisi teorica delle conseguenze dei suoi studi sulla relatività.

Einstein dimostrò che un corpo in quiete possiede un'energia, detta **energia a riposo**, legata alla sua massa dalla relazione

$$\boxed{E_0 = mc^2}$$

dove $c = 3,00 \cdot 10^8$ m/s è la velocità della luce.

Einstein dimostrò inoltre che «se un corpo emette l'energia E sotto forma di radiazione [elettromagnetica] la sua massa diminuisce di E/c^2». Poi generalizzò al caso di altre forme di energia scambiata osservando che «il fatto che l'energia sottratta al corpo si trasformi in energia di radiazione [elettromagnetica] è chiaramente non essenziale, quindi possiamo trarre una conseguenza di portata ben più generale».

In termini moderni possiamo così formulare la scoperta di Einstein:

l'energia E emessa o assorbita da un corpo è legata alla sua variazione di massa Δm dalla relazione
$$E = \Delta m\, c^2$$

Dentro la formula

■ Se il corpo assorbe energia allora $\Delta m > 0$ e la sua massa aumenta, mentre se emette energia $\Delta m < 0$ e la sua massa diminuisce.

In linea di principio la massa di un corpo cambia al variare dell'energia interna del corpo. Però il fattore di conversione tra massa ed energia, $c^2 \approx 10^{17}$ J/kg, è così alto che è impossibile verificare con misure dirette di massa l'equivalenza tra energia e massa. Per esempio, tra una mole di acqua (18 g) allo stato liquido e una mole di acqua in forma solida entrambe a 0 °C c'è una differenza di energia di 6 kJ, che corrisponde a una differenza di massa $\Delta m \approx 7 \cdot 10^{-11}$ g non misurabile. Anche quando l'energia interna è associata con reazioni chimiche molto energetiche, la variazione di massa non diventa percentualmente molto più grande. Solo nelle reazioni nucleari si rilevano variazioni di massa piccole, ma apprezzabili: alle reazioni di fusione nucleare dobbiamo l'energia del Sole e di conseguenza l'energia che usiamo ogni giorno.

Il Sole irraggia nello spazio una potenza enorme, ben $3{,}8 \cdot 10^{26}$ W, ossia un'energia pari a $3{,}8 \cdot 10^{26}$ J ogni secondo. Ciò significa che al suo interno ogni secondo si converte in energia una massa

$$\Delta m = \frac{E}{c^2} = \frac{3{,}8 \cdot 10^{26} \text{ J}}{\left(3 \cdot 10^8 \text{ m/s}\right)^2} \approx 4 \cdot 10^9 \text{ kg} = 4 \cdot 10^6 \text{ t}$$

Dunque ogni secondo il Sole «dimagrisce» di ben... 4 milioni di tonnellate!

Una delle speranze dei fisici è quella di produrre energia per scopi civili dalla fusione di quattro nuclei di idrogeno ottenendo un nucleo di elio. In questa reazione una massa pari a $\Delta m \approx 4{,}6 \cdot 10^{-29}$ kg si trasforma in energia:

$$E_{\text{fus}} = \Delta m c^2 = \left(4{,}6 \cdot 10^{-29} \text{ kg}\right)\left(3{,}0 \cdot 10^8 \text{ m/s}\right)^2 = 4{,}1 \cdot 10^{-12} \text{ J}$$

In una gocciolina di nebbia avente una massa pari a $m = 5 \cdot 10^{-6}$ g sono contenuti circa $4 \cdot 10^{17}$ atomi di idrogeno. Se riuscissimo a trasformarli completamente in elio otterremmo un'energia

$$E = \frac{1}{4} n_{\text{H}} E_{\text{fus}} = \frac{1}{4}\left(4 \cdot 10^{17}\right)\left(4{,}1 \cdot 10^{-12} \text{ J}\right) = 400 \text{ kJ}$$

pari a quella rilasciata dalla combustione completa di circa 10 kg di petrolio.

I concetti e le leggi

IN 3 MINUTI
Dilatazione del tempo e contrazione delle lunghezze • $E = mc^2$

I due postulati della relatività di Einstein

1. Le leggi della fisica hanno la stessa forma in tutti i sistemi di riferimento inerziali.
2. La velocità della luce è la stessa in tutti i sistemi inerziali, indipendentemente dallo stato di moto della sorgente.

Simultaneità

Dai postulati della relatività si conclude che la simultaneità tra due eventi è relativa:
- due eventi simultanei per un osservatore possono non essere simultanei per un osservatore in moto relativo rispetto al primo.

Legge di dilatazione dei tempi

- Se due eventi accadono nel sistema B, in moto con velocità v rispetto al sistema A, l'intervallo di tempo tra i due eventi misurato nel sistema A è

$$\Delta t_A = \gamma \Delta t_B = \frac{1}{\sqrt{1 - \frac{v^2}{c^2}}} \Delta t_B$$

- Per velocità v piccole, si può usare l'approssimazione

$$\gamma \approx 1 + \frac{1}{2} \frac{v^2}{c^2}$$

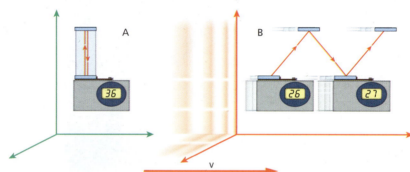

Legge di contrazione delle lunghezze

- Misurata in un sistema di riferimento rispetto a cui si muove con velocità v, la lunghezza di un corpo nella direzione del movimento è

$$L = \frac{1}{\gamma} L_0 = \sqrt{1 - \frac{v^2}{c^2}} \, L_0$$

- Per velocità v piccole, si può usare l'approssimazione

$$\frac{1}{\gamma} \approx 1 - \frac{1}{2} \frac{v^2}{c^2}$$

- La dimensione dell'oggetto non subisce contrazione in direzione perpendicolare al moto.

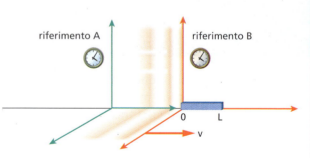

Equivalenza massa-energia

- Esistono processi in cui la massa si trasforma in energia, o l'energia si trasforma in massa.
- L'energia emessa o assorbita da un corpo è legata alla sua variazione di massa dalla relazione

$$E = \Delta m \, c^2$$

- Se il corpo assorbe energia la sua massa aumenta, mentre se il corpo emette energia la sua massa diminuisce.

Capitolo **17** La relatività ristretta

Esercizi

2 La relatività di Einstein

1 Quanto impiega un impulso laser a raggiungere la Luna che dista circa $3,84 \cdot 10^5$ km dalla Terra? [1,3 s]

2 I satelliti del sistema GPS si muovono alla velocità di 13 946 km/h rispetto al centro della Terra.

▸ Qual è la frazione di c di questa velocità?

[0,0013%]

3 Un'onda elettromagnetica è emessa da una sonda spaziale distante $3,0 \cdot 10^9$ m dalla Terra. Quanto tempo impiega l'onda ad arrivare a Terra se:
▸ la sonda è ferma rispetto alla Terra?

▸ la sonda si sta allontanando dalla Terra con velocità $8 \cdot 10^4$ km/s?

▸ la sonda si sta avvicinando alla Terra con velocità $8 \cdot 10^4$ km/s?

[10 s; 10 s; 10 s]

3 Relatività del tempo

4 Quanto vale il fattore γ per una velocità di 130 km/h? $[1 + 7 \cdot 10^{-15}]$

5 Verifica che l'approssimazione $\gamma \approx 1 + (1/2)v^2/c^2$ è precisa entro l'1% fino a $v \approx 0,4c$.

ESERCIZIO GUIDATO

6 Un satellite del sistema GPS si muove a 13 946 km/h rispetto alla Terra.

▸ Quale ritardo accumula in 24 ore un orologio posto su un satellite GPS rispetto a un orologio a terra?

Un orologio in moto con velocità v ritarda di un fattore	$\gamma = \dfrac{1}{\sqrt{1 - \dfrac{v^2}{c^2}}}$
Un orologio a terra segna un intervallo Δt_T, un orologio sul satellite segna un intervallo Δt_s i quali sono legati dalla relazione	$\Delta t_T = \gamma \Delta t_s \ \Rightarrow \ \Delta t_s = \dfrac{1}{\gamma}\Delta t_T$
La velocità del satellite è molto bassa rispetto a c, per cui va bene usare l'approssimazione	$\dfrac{1}{\gamma} \approx 1 - \dfrac{1}{2}\dfrac{v^2}{c^2}$
Il ritardo dell'orologio sul satellite rispetto all'orologio a terra è dato dalla differenza tra gli intervalli di tempo misurati	$\text{ritardo} = \Delta t_T - \Delta t_s = \Delta t_T - \dfrac{1}{\gamma}\Delta t_T = \left(1 - \dfrac{1}{\gamma}\right)\Delta t_T$ $\text{ritardo} \approx \left[1 - \left(1 - \dfrac{1}{2}\dfrac{v^2}{c^2}\right)\right]\Delta t_T = \dfrac{1}{2}\dfrac{v^2}{c^2}\Delta t_T$
Dati numerici	$\Delta t_T = 24 \text{ h} = 86\,400 \text{ s}$ $v = 13\,946 \text{ km/h} = 3874 \text{ m/s}$ $c = 3,00 \cdot 10^8 \text{ m/s}$
Risultato	$\text{ritardo} = \dfrac{1}{2}\dfrac{(3874 \text{ m/s})^2}{(3,00 \cdot 10^8 \text{ m/s})^2}(86\,400 \text{ s}) = 7,2 \cdot 10^{-6} \text{ s} = 7,2\,\mu\text{s}$ In $7,2\,\mu\text{s}$ la luce percorre più di 2 km

497

Relatività e quanti

7 Considera la situazione dell'esercizio precedente.

▶ Quale ritardo accumula un orologio a Terra rispetto a un orologio posto su un satellite GPS, quando questo indica che sono trascorse 24 ore?

[7,2 μs]

8 A quale velocità rispetto alla Terra deve viaggiare un'astronave per accumulare un ritardo di 1,000 s al giorno?

[1443 km/s]

4 Relatività dello spazio

9 A quale velocità un oggetto è più corto del 10%?

[$1,3 \cdot 10^8$ m/s]

10 Di quanto si accorcia un'auto che corre a 250 km/h?

[10^{-13} m]

11 Qual è la distanza Terra-Luna per una particella dei raggi cosmici che si muove a $2,8 \cdot 10^8$ m/s verso la Terra?

[$1,4 \cdot 10^5$ km]

ESERCIZIO GUIDATO

12 Un fascio di *muoni*, particelle simili all'elettrone ma con massa circa 207 volte superiore, è stato lanciato a $v = 2,8 \cdot 10^8$ m/s attraverso un tubo lungo $L_0 = 1000$ m nel quale è stato realizzato il vuoto.

Calcola quanto tempo impiegano i muoni per percorrere il tubo

▶ per un osservatore nel laboratorio;

▶ nel sistema di riferimento solidale con i muoni.

Nel sistema di riferimento del laboratorio:	$\Delta t = \dfrac{L_0}{v}$
Dati numerici	$L_0 = 1000$ m $\qquad$ $v = 2,8 \cdot 10^8$ m/s
Risultato	$\Delta t = \dfrac{1000 \, \text{m}}{2,8 \cdot 10^8 \, \text{m/s}} = 3,6 \cdot 10^{-6}$ s
I muoni si muovono con velocità relativistica: nel sistema di riferimento solidale con essi il tubo, accorciato per effetto della contrazione relativistica, è lungo	$L = L_0 \sqrt{1 - \dfrac{v^2}{c^2}}$
In questo riferimento il tempo necessario per percorrere il tubo è minore e vale	$\Delta t_{\text{muoni}} = \dfrac{L}{v} = \dfrac{L_0}{v} \sqrt{1 - \dfrac{v^2}{c^2}}$
Dati numerici	$L_0 = 1000$ m $\qquad$ $v = 2,8 \cdot 10^8$ m/s $\qquad$ $c = 3,0 \cdot 10^8$ m/s
Risultato	$\Delta t_{\text{muoni}} = \dfrac{1000 \, \text{m}}{2,8 \cdot 10^8 \, \text{m/s}} \sqrt{1 - \dfrac{(2,8 \cdot 10^8 \, \text{m/s})^2}{(3,0 \cdot 10^8 \, \text{m/s})^2}} = 1,3 \cdot 10^{-6}$ s

---

13 Una stazione spaziale viaggia a $(2/3)c$ verso la stella GJ 440, che dista 15 anni luce dal Sole (1 anno luce $= 9,5 \cdot 10^{15}$ m).
Calcola la durata del viaggio:

▶ per un osservatore terrestre.

▶ per un membro dell'equipaggio. [23 anni; 17 anni]

5 Equivalenza massa-energia

14 L'ordine di grandezza del consumo annuale di energia della popolazione terrestre è $5 \cdot 10^{20}$ J.

▶ Se fosse possibile convertire in massa tutta questa energia, quanta se ne otterrebbe? [Circa 6 tonnellate]

15 Quando un elettrone si lega a un protone per formare l'atomo di idrogeno, l'energia del sistema elettrone-protone scende di $2{,}18 \cdot 10^{-18}$ J.

▶ Qual è la frazione di massa persa da un elettrone e da un protone legati, rispetto a quando erano separati da grande distanza?

[$1{,}4 \cdot 10^{-8}$ volte la massa iniziale]

16 Per 1 kWh = $3{,}6 \cdot 10^6$ J di energia elettrica paghiamo all'azienda fornitrice circa 0,05 €. Supponiamo, ma non è possibile, di convertire tutta la massa di una moneta da 1 euro (7,5 g) in energia elettrica.

▶ Stima quanto guadagneremmo con la nostra moneta.

[9 milioni di euro]

IPSE DIXIT: LE PAROLE DEI GRANDI FISICI

17 Albert Einstein - 1

Nell'articolo del 1905 in cui presenta la relatività, Einstein scrisse:

«*Dati due orologi sincronizzati posti in A, se uno di essi viene spostato lungo una curva chiusa con velocità costante, fino a tornare dopo t secondi di nuovo in A, allora, al suo arrivo in A, questo orologio ritarderà di $1/2\,t(v/c)^2$ secondo rispetto a quello che non è stato spostato*».

▶ Spiega a quale fenomeno relativistico si riferiva Einstein.

▶ Einstein calcola il ritardo dell'orologio spostato lungo la curva chiusa con velocità bassa, molto minore di quella della luce. Dimostra che in queste ipotesi il ritardo è effettivamente $1/2\,t(v/c)^2$.

18 Albert Einstein - 2

Scrivendo a un conoscente, così si espresse Einstein:

«*Il principio di relatività, unito alle equazioni di Maxwell, prescrive che la massa sia una misura diretta dell'energia contenuta in un corpo; la luce porta con sé una massa [...] L'argomento è buffo e seducente; ma per quanto ne so, il Signore potrebbe riderci sopra e menarmi per il naso*».

▶ Illustra il fenomeno a cui si riferiva Einstein.

19 Albert Einstein - 3

L'articolo del 1905 in cui Einstein propone l'equivalenza massa-energia terminava con queste parole:

«*Non è escluso che tale teoria venga confermata nel caso di corpi il cui contenuto energetico è altamente variabile (per esempio, i sali di radio). Se la teoria è conforme ai fatti, allora la radiazione trasporta inerzia tra corpi emittenti e corpi assorbenti*».

▶ Spiega perché Einstein non propone una verifica sperimentale dell'equivalenza massa-energia basata su reazioni chimiche.

20 Wilhelm Wien

Il Premio Nobel per la fisica Wilhelm Wien propose di assegnare il Premio Nobel nel 1912 a Einstein per la sua teoria della relatività con la seguente motivazione:

«*Da un punto di vista puramente logico, il principio di relatività merita di essere considerato una delle conquiste più significative di tutta la storia della fisica teorica [...] [La relatività] è stata scoperta in modo induttivo, dopo che erano falliti tutti i tentativi di rivelare il moto assoluto*».

▶ Illustra il principio della relatività che nega l'esistenza di un moto assoluto.

▶ Spiega il senso della locuzione «la relatività è stata scoperta in modo induttivo».

capitolo 18
Oltre la fisica classica

1 La fisica classica

■ I successi della fisica classica

Negli ultimi decenni dell'Ottocento la fisica classica si presentava come un insieme coerente e completo di teorie scientifiche. Applicando opportunamente i metodi della dinamica, della termodinamica e dell'elettromagnetismo sembrava possibile interpretare e spiegare la quasi totalità dei fenomeni naturali.

Tra gli innumerevoli successi della dinamica, che era stata sviluppata nei suoi fondamenti fisici e nelle sue tecniche matematiche fino a diventare la teoria scientifica per eccellenza, ci limitiamo a ricordare uno dei più clamorosi: la scoperta di Nettuno nel 1846. Il pianeta più esterno del Sistema Solare non fu individuato infatti mediante osservazione diretta. La sua esistenza fu dedotta teoricamente dagli astronomi Adams e Leverrier studiando le perturbazioni dell'orbita di Urano. Applicando le leggi della meccanica celeste, essi conclusero che tali perturbazioni erano provocate da un pianeta di grande massa e ne calcolarono l'orbita. L'osservazione diretta del pianeta convalidò la previsione: il puntino luminoso visibile con i telescopi testimoniava anche al di fuori della comunità scientifica una eclatante conferma della dinamica classica.

In quel periodo la termodinamica conobbe analoghi successi interpretativi. Nata come teoria dei sistemi che interagiscono scambiando lavoro meccanico e calore, la termodinamica si sviluppò in parallelo alle ricerche sulle macchine termiche e fornì il quadro teorico di riferimento per stabilirne potenzialità e limiti.

Nella seconda metà dell'Ottocento dinamica e termodinamica registrarono una inattesa convergenza nello studio dei gas, che vennero interpretati come sistemi costituiti da unità elementari. Ciò portò a scoprire che importanti proprietà macroscopiche della materia come la temperatura sono in realtà l'effetto di proprietà dinamiche dei costituenti elementari.

Grazie a questi studi si consolidò la convinzione che esiste un livello microscopico di realtà precluso all'osservazione diretta ma indagabile mediante quelle stesse teorie che descrivevano con successo orbite di corpi celesti e motori a scoppio.

La teoria dell'elettromagnetismo di Maxwell fornì a questo proposito un contributo fondamentale, dimostrando che la luce è un'onda elettromagnetica. I fenomeni di interazione tra luce e materia erano quindi interpretabili come atti di emissione e di assorbimento di onde elettromagnetiche da parte delle cariche elettriche presenti negli atomi e nelle molecole.

■ Oltre gli ambiti della fisica classica

L'edificio della fisica classica sembrava essere stato completato. Rimanevano zone d'ombra, relative in particolare alla natura dei costituenti microscopici della materia, ma era opinione diffusa che ulteriori elaborazioni delle teorie esistenti avrebbero infine illuminato anche i fenomeni più complessi della realtà fisica.

Questo panorama di sostanziale fiducia nella portata universale della fisica classica fu turbato dall'emergere di fatti inspiegabili nell'ambito dei fenomeni di interazione fra luce e materia e dalla scoperta sperimentale di proprietà inattese dei costituenti elementari dei corpi.

Come scrisse Max Planck, uno dei maggiori fisici del tempo: «Il primo impulso a una revisione o trasformazione di una teoria fisica parte quasi sempre dalla scoperta di alcuni fatti che non quadrano più nella teoria».

Nei prossimi paragrafi prenderemo in esame i principali ambiti problematici della fisica di inizio Novecento: la radiazione termica, la quantizzazione dell'energia, gli spettri atomici e la struttura dell'atomo.

In particolare, vedremo come scoperte sperimentali e ipotesi teoriche inconciliabili con la fisica del tempo si armonizzarono nel primo modello non classico dell'atomo: il modello dell'atomo di idrogeno elaborato da Niels Bohr.

Bohr propose il suo modello nel 1913, un anno prima dello scoppio della Guerra Mondiale che insanguinò l'Europa. Durante il conflitto furono di fatto sospese tutte le attività di ricerca in fisica fondamentale, a favore dello sviluppo di applicazioni tecnologiche, come le trasmissioni radio, volte a coadiuvare lo sforzo bellico. Quando le ricerche ripresero attorno al 1920, si affacciò sulla scena una nuova generazione di fisici, tra i quali Enrico Fermi, che seppero cogliere nei successi e nei limiti del modello di Bohr le direttrici lungo le quali espandere la fisica verso ambiti sempre più lontani da quelli dell'esperienza sensibile.

2 La radiazione termica

La radiazione termica è l'insieme delle onde elettromagnetiche che ogni corpo emette per effetto della sua temperatura: la sorgente di energia di questa radiazione è l'energia termica del corpo.

| Il filamento della lampadina a circa 2500 K emette luce visibile e radiazione infrarossa che percepiamo come calore. | La piccola intensità di radiazione infrarossa che emette l'albero a circa 0 °C scioglie la neve vicino ad esso. |

Relatività e quanti

SIMULAZIONE

La radiazione di corpo nero

(PhET, University of Colorado)

Consideriamo un corpo in equilibrio termico con la radiazione: per semplicità limitiamoci al caso di un *corpo nero*, cioè di un corpo che assorbe completamente le radiazioni elettromagnetiche incidenti. Un ottimo esempio di corpo nero è una cavità fornita di un piccolo foro.

Mantenendo le pareti a temperatura uniforme e costante, all'interno della cavità ogni radiazione elettromagnetica viene continuamente assorbita e riemessa dalle pareti. La radiazione che esce dal forellino è con ottima approssimazione quella di un corpo nero alla temperatura della cavità.

L'occhio è un esempio «biologico» di corpo nero: la luce che entra dalla pupilla viene assorbita all'interno dell'occhio e non fuoriesce direttamente. Ciò spiega il colore nero della pupilla: da essa esce solo la radiazione termica di un corpo nero a 37 °C, che è quasi tutta infrarossa e pertanto non visibile.

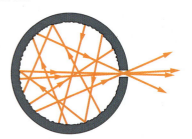

Mediante opportuni strumenti si misura l'intensità I della radiazione emessa per ogni lunghezza d'onda λ e per ogni metro quadrato di superficie da parte di un corpo mantenuto a temperatura costante T. Riportando le coppie (λ, I) in un piano cartesiano avente in ascissa λ e in ordinata I si ottengono curve come le seguenti.

L'aspetto del corpo dipende dalla intensità emessa nelle lunghezze d'onda della luce visibile (fra 0,40 μm e 0,75 μm).

Fino a circa 800 K i corpi irraggiano radiazione termica rilevabile solo nell'infrarosso, per cui non appaiono luminosi se non sono illuminati da una sorgente esterna.

Oltre 1500 K, i corpi emettono nel visibile una frazione non trascurabile della loro radiazione termica. Il filamento di una lampadina (≈ 2500 K) appare brillante.

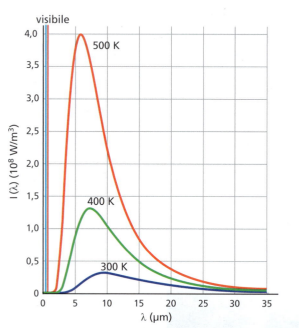

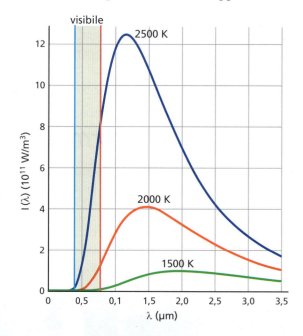

■ Planck e la quantizzazione degli scambi energetici

Negli ultimi anni dell'Ottocento i fisici tentarono senza successo di spiegare le caratteristiche della radiazione termica applicando le leggi della termodinamica e dell'elettromagnetismo.

La proposta più autorevole, nota come **legge di Rayleigh-Jeans**, mostrava un buon accordo con i dati sperimentali alle grandi lunghezze d'onda, ma si discostava completamente da essi per lunghezze d'onda minori di λ_{max}: come si vede dal grafico sotto, infatti, essa prevede un rapido aumento dell'intensità di radiazione emessa I per $\lambda \to 0$, cioè per l'aumento della frequenza. Se così fosse, il corpo irraggerebbe un'energia infinita e si avrebbe quella che al tempo fu detta *catastrofe ultravioletta*.

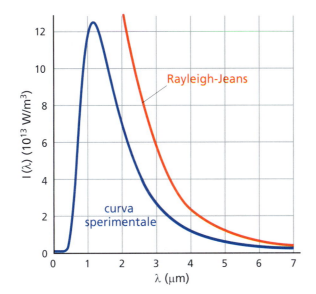

La fisica classica non era dunque in grado di spiegare il fenomeno dell'emissione di radiazione termica da parte della materia.

Consapevole di ciò, Max Planck (1858-1947) propose nel 1900 un modello di interazione fra radiazione e materia basato su un'ipotesi rivoluzionaria, secondo la quale un atomo e un'onda elettromagnetica di frequenza f si scambiano energia non in modo continuo, ma mediante quantità discrete, che sono multiple di pacchetti di energia elementare, definiti **quanti**:

$$E = hf$$

dove h è una costante universale, detta **costante di Planck**. Misurazioni successive mostrarono che la costante di Planck vale

$$h = 6{,}626 \cdot 10^{-34} \text{ J} \cdot \text{s}$$

Per la fisica classica, un atomo può assorbire o emettere energia elettromagnetica senza alcun limite minimo, proprio come un pendolo può essere posto in oscillazione con una quantità di energia piccola a piacere. Al contrario, per Planck un atomo è una sorta di pendolo la cui energia è quantizzata, ossia varia per salti discreti: investito da un'onda con frequenza f, può assorbirne solo pacchetti di energia hf, $2hf$, $3hf$, ... e mai $0{,}2hf$ o $3{,}5hf$.

Grazie alla rivoluzionaria ipotesi di quantizzazione dell'energia, Planck fu in grado di risolvere uno dei problemi più importanti della fisica del suo tempo: derivare la legge della radiazione termica nota come *legge di Planck*. La sua previsione teorica venne confermata in modo straordinariamente accurato dagli esperimenti.

Nonostante ciò, Planck giunse a proporre l'ipotesi della quantizzazione dell'energia solo dopo aver provato per anni a spiegare la radiazione termica mediante la fisica classica. Egli stesso riteneva che questa ipotesi fosse solo un artificio matematico, tanto da continuare per anni la ricerca di una spiegazione che non utilizzasse la quantizzazione dell'energia. In realtà Planck aveva scoperto suo malgrado l'esistenza di leggi fisiche di tipo non classico, che negli anni successivi furono oggetto di ricerche sistematiche attraverso le quali si giunse, attorno al 1925, alla formulazione della **meccanica quantistica**.

3 Il fotone ovvero la quantizzazione dell'energia

L'ipotesi di quantizzazione dell'energia non aveva alcun riscontro nella fisica classica e trovava la sua legittimazione solo nella straordinaria corrispondenza fra la legge di Planck e le curve sperimentali. I fisici del tempo ritenevano che fosse necessario introdurre i quanti di energia solo perché si ignoravano la reale struttura dell'atomo e i processi fisici che avvengono quando la radiazione interagisce con la materia.

Nessuno riteneva di dover modificare la teoria di Maxwell, in quanto essa descriveva in modo completo i fenomeni elettromagnetici. Dunque, seguendo Planck, l'origine della discontinuità doveva essere localizzata nei processi di scambio fra atomi e radiazione.

Il quanto di luce di Einstein

In aperto contrasto con le idee del tempo, nel 1905 Einstein avanzò l'ipotesi rivoluzionaria secondo la quale l'energia di un raggio luminoso «consiste di un numero finito di quanti di energia, localizzati in punti dello spazio, che si muovono senza dividersi e che possono essere assorbiti o emessi solo come unità intere».

Per Einstein la quantizzazione dell'energia introdotta da Planck non aveva in realtà origine negli scambi energetici fra radiazione e materia ma era una conseguenza della quantizzazione del campo elettromagnetico: gli scambi sono quantizzati perché una radiazione elettromagnetica di frequenza f è composta da quanti elementari di energia

$$E = hf$$

detti **fotoni** o **quanti di luce**.

Una semplice analogia aiuta a comprendere la profonda differenza tra l'ipotesi di Planck e quella di Einstein. Supponiamo che la radiazione elettromagnetica di una ben definita frequenza f corrisponda al denaro e una macchina erogatrice di bevande corrisponda all'atomo.

Per Planck la macchina (atomo) accetta solo monete metalliche da 1 cent, 2 cent, 5 centesimi ecc. ma il denaro (radiazione) esiste in tagli qualsiasi. La quantizzazione è una conseguenza delle caratteristiche della macchina.

Per Einstein il denaro (radiazione) esiste solo in tagli da 1 cent, 2 cent, 5 cent ecc. Di conseguenza la macchina (atomo) accetta solo particolari tagli di denaro perché... non può fare altrimenti: non esistono altri tagli possibili!

Secondo Einstein, l'interazione tra radiazione e materia avviene tramite assorbimento o emissione di fotoni da parte dell'atomo.

| Quando un'onda elettromagnetica con frequenza f incide su un atomo, l'atomo assorbe un fotone e, in conseguenza di ciò, la sua energia aumenta di hf. | Nel processo inverso, l'atomo emette un fotone di energia hf e di conseguenza la sua energia diminuisce della stessa quantità. |

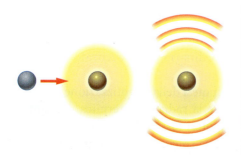 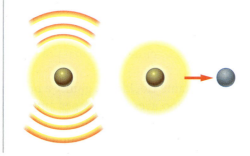

Einstein era consapevole del fatto che la sua ipotesi del quanto di luce contrastava apertamente con la teoria di Maxwell che fino ad allora aveva riportato grandi successi interpretativi in tutti i fenomeni relativi alle onde elettromagnetiche. Perché fosse accettata, la sua teoria doveva consentire di spiegare uno o più fenomeni di emissione e di assorbimento della luce che la teoria di Maxwell non era in grado di interpretare.

Nell'ambito della ricerca contemporanea, Einstein individuò in particolare un fenomeno che sembrava sfuggire a ogni spiegazione classica: l'**effetto fotoelettrico**.

■ L'effetto fotoelettrico

Negli ultimi anni dell'Ottocento vari esperimenti evidenziarono che una lastra metallica colpita da radiazione ultravioletta emette elettroni detti per questo *fotoelettroni*. Secondo la fisica classica, questo effetto doveva dipendere dall'intensità, ossia dall'energia complessiva, della radiazione incidente e non dalla sua frequenza. Invece gli esperimenti di Philipp von Lenard dimostrarono che l'effetto fotoelettrico si presenta solo quando la frequenza della radiazione incidente su un metallo supera un certo valore, detto **frequenza di soglia**, che dipende dal metallo.

A conoscenza dei dati di Lenard, Einstein propose una spiegazione dell'effetto fotoelettrico basata sull'ipotesi del quanto di luce:

- la radiazione elettromagnetica incidente di frequenza f è composta da fotoni di energia $E = hf$;
- un elettrone esce dall'atomo solo se riceve dalla radiazione incidente un'energia maggiore dell'energia E_{leg} con cui è legato all'atomo;
- un fotone incidente viene assorbito da un elettrone solo se $hf \geq E_{\text{leg}}$, cioè se la radiazione a cui appartiene ha una frequenza tale che $f \geq E_{\text{leg}}/h$.

La radiazione visibile non provoca l'effetto fotoelettrico perché è formata da onde elettromagnetiche che hanno frequenze minori delle frequenze di soglia dei metalli.

■ Il dualismo ondulatorio-corpuscolare della luce

L'ottica classica si era sviluppata per secoli sulla contrapposizione di due modelli di luce: quello ondulatorio proposto da Huyghens e quello corpuscolare di Newton. Questi due modelli fornivano interpretazioni irriducibili l'una all'altra: la luce è composta da onde *oppure* da particelle.

Il modello ondulatorio della luce aveva trovato sicuro riscontro nell'interpretazione dei fenomeni di interferenza e di diffrazione. La teoria di Maxwell aveva poi risposto al fondamentale quesito relativo alla natura della luce, stabilendo che quelle luminose sono onde elettromagnetiche, ossia perturbazioni periodiche che si propagano nel campo elettromagnetico.

Gli splendidi successi interpretativi di questa teoria sembravano porre fine alla dinamica fra modelli ondulatorio e corpuscolare: la luce *ha* natura ondulatoria.

Ma a seguito dei lavori teorici di Planck e di Einstein i fisici scoprirono che un vasto insieme di fenomeni di interazione fra radiazione e materia indica che la luce è formata da quanti di energia discreti: i fotoni. Iniziò così a delinearsi una complessa questione teorica relativa alla natura della luce nota come **dualismo ondulatorio-corpuscolare**: la luce si comporta in alcuni fenomeni come onda e in altri fenomeni come particella.

Onda e corpuscolo sono due aspetti complementari della luce: a seconda del fenomeno analizzato, la luce *si comporta* come onda oppure come particella.

4 Gli spettri atomici

Verso la fine dell'Ottocento le ricerche relative all'interazione della luce con la materia giocarono un ruolo fondamentale nella progressiva scoperta di un livello microscopico di realtà. Mentre la quantizzazione della luce emergeva dallo studio della radiazione termica, le ricerche sull'emissione luminosa dei gas rarefatti portarono i fisici a scoprire proprietà degli atomi che erano imprevedibili in quanto totalmente differenti dalle proprietà manifestate dai corpi a livello macroscopico. In particolare le sistematiche indagini sperimentali della *spettroscopia* fornirono la chiara indicazione che non solo la luce ma anche gli atomi sono quantizzati.

Relatività e quanti

■ La spettroscopia

La nascita della **spettroscopia**, che studia in modo sistematico la composizione spettrale della luce emessa da una sorgente, può essere fatta risalire all'esperimento con cui Newton scompose un raggio di Sole mediante un prisma, ottenendo i colori dell'arcobaleno.

Nell'Ottocento i metodi di indagine sperimentale della spettroscopia giunsero a livelli di precisione altissimi e contribuirono a scoprire inaspettate proprietà della materia a livello atomico e molecolare.

Lo strumento utilizzato per studiare la composizione spettrale della luce è lo *spettroscopio*, che in linea di principio è costituito da una fenditura e da un prisma: illuminata da un fascio di luce proveniente da una sorgente, la fenditura si comporta a sua volta come una sorgente e il prisma ne forma un'immagine distinta per ognuna delle lunghezze d'onda presenti nel fascio.

L'insieme di queste immagini viene detto **spettro**. Si distinguono due tipi di spettro: lo spettro a righe e lo spettro continuo.

Uno **spettro a righe**, come quello di una lampada a gas, è formato da un insieme discreto di linee luminose con colori ben definiti dette *linee spettrali*.

Uno **spettro continuo**, come quello della luce solare o di una lampadina a incandescenza, presenta un intervallo di lunghezze d'onda senza interruzioni.

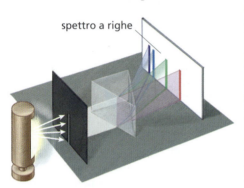
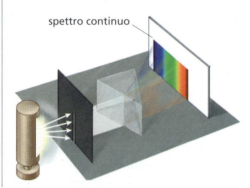

Un buono spettroscopio distanzia notevolmente le linee spettrali fra loro e quindi consente di misurare con grande precisione le lunghezze d'onda corrispondenti.

Un gas o un vapore emette uno spettro a righe quando viene sottoposto a scariche elettriche all'interno di un tubo dal quale è stata precedentemente estratta la maggior parte dell'aria.

Le illustrazioni seguenti mostrano gli spettri a righe nel visibile (400-750 nm) di idrogeno, elio e vapori di mercurio.

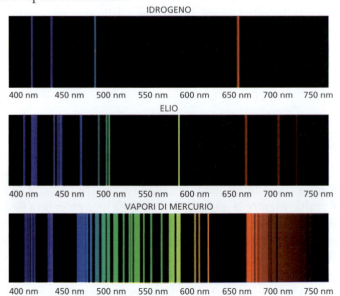

Fin dalle prime ricerche spettroscopiche fu chiaro che

> ogni elemento ha uno spettro caratteristico.

In altri termini: ogni elemento presenta uno spettro proprio, che si differenzia da tutti gli altri per la disposizione e l'intensità delle righe spettrali.

Mediante l'analisi dello spettro di emissione di un gas è quindi possibile identificare gli elementi chimici in esso presenti. L'elemento elio, dal greco «sole», è stato scoperto nel 1868 grazie all'osservazione di una sua riga di emissione presente nella luce solare che non apparteneva ad alcun elemento allora noto.

5 I primi modelli atomici

Negli ultimi decenni dell'Ottocento un numero crescente di ricerche in campo chimico e termodinamico convergevano sull'idea che la materia fosse composta da costituenti elementari, gli **atomi**. Da parte dei sostenitori della teoria atomica, la mancanza di un'evidenza sperimentale diretta dell'esistenza degli atomi era imputata alle loro dimensioni microscopiche: vi era pertanto crescente consapevolezza della necessità di derivare prove indirette a favore dell'esistenza degli atomi.

■ Il modello atomico di Thomson

Nel 1897 il fisico inglese John J. Thomson (1856-1940) compì un passo fondamentale in questa direzione, dimostrando sperimentalmente l'esistenza dell'elettrone, ossia di uno dei costituenti dell'atomo.

Le conoscenze del tempo non consentivano di immaginare nel dettaglio che cosa fosse esattamente un atomo, ma Thomson cominciò a elaborare un *modello atomico*, ossia uno schema assai semplificato che rendesse conto di alcune proprietà degli atomi facendo uso delle teorie fisiche contemporanee.

Thomson partì dall'idea che un modello atomico doveva tener conto dei fatti seguenti:

- l'atomo assorbe ed emette onde elettromagnetiche, dunque per la teoria di Maxwell deve essere costituito da cariche elettriche in grado di muoversi nella struttura atomica;
- l'atomo è neutro, quindi le cariche negative (gli elettroni) devono essere compensate da un'identica carica positiva, la cui natura era sconosciuta poiché al tempo non era nota alcuna particella positiva;
- l'atomo è stabile.

Fra il 1903 e il 1906 Thomson propose un modello atomico detto «a panettone», secondo cui gli elettroni puntiformi erano immersi in una carica positiva diffusa, che consentiva il moto degli elettroni al suo interno e costituiva la quasi totalità della massa dell'atomo.

■ L'esperimento di Rutherford

Sfruttando le conoscenze sulla radioattività, ambito di ricerca a cui diede contributi fondamentali, Ernest Rutherford (1871-1937) intraprese a partire dal 1908 un'indagine sistematica sulla struttura atomica bombardando lamine di vari metalli con particelle aventi carica $+2e$ e massa praticamente uguale alla massa atomica dell'elio, dette **particelle alfa** (α).

Il dispositivo sperimentale era molto semplice: uno stretto fascio di particelle emesse da un materiale radioattivo veniva fatto incidere su una lamina d'oro estremamente sottile. Dopo aver attraversato la lamina urtando gli atomi d'oro, le particelle alfa incidevano su uno schermo rivestito di solfuro di zinco. Nel punto di arrivo di ogni particella veniva emesso un debole bagliore luminoso, detto *scintillazione*.

SIMULAZIONE

L'esperimento di Rutherford

(PhET, Univerity of Colorado)

Relatività e quanti

Mediante un microscopio, gli sperimentatori contavano le scintillazioni prodotte dalle particelle alfa diffuse a un dato angolo.

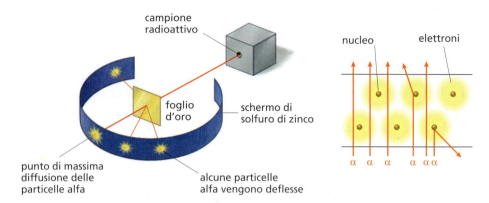

Le particelle alfa avevano una massa circa 10 000 volte maggiore di quella degli elettroni e viaggiavano a velocità di decine di migliaia di km al secondo: era quindi impossibile che fossero deviate negli urti con gli elettroni, proprio come un camion lanciato a grande velocità non devia in modo apprezzabile se urta un moscerino! Invece gli esperimenti mostravano che le particelle alfa erano deviate in modo apprezzabile dagli urti con gli atomi d'oro. Gli effetti sulle particelle alfa non potevano essere provocati dagli elettroni.

Ma nel modello di Thomson l'elettrone era l'unico costituente dell'atomo così «duro» da poter deviare una particella a seguito di un urto: la carica positiva era infatti ritenuta una sorta di «pasta» tenue e diffusa e quindi non certo in grado di deviare una particella. Dunque il modello di Thomson non era compatibile con i risultati degli esperimenti di deflessione delle particelle alfa. Rutherford comprese che all'interno dell'atomo doveva esistere un costituente dotato di grande massa e rigidità notevole, tale da deviare le particelle alfa: il **nucleo**. Rutherford riuscì a stimare l'ordine di grandezza del diametro del nucleo, ma non fu in grado di andare oltre.

Pur non disponendo di strumenti teorici adeguati, che egli stesso contribuì a creare, Rutherford rese manifesta una realtà fisica tanto lontana dai nostri sensi da non essere neppure immaginabile prima delle sue ricerche.

■ Il modello planetario

Attorno al 1913 il modello atomico di Rutherford era completamente delineato. Secondo questo modello, detto **planetario**:

- l'atomo è formato da un nucleo centrale con carica positiva Ne e da N elettroni che ruotano attorno al nucleo;
- nel nucleo, che ha dimensioni dell'ordine di 10^{-15} m, è concentrata la massa dell'atomo;
- ogni elemento è contraddistinto da un particolare numero N approssimativamente uguale alla metà del peso atomico dell'elemento;

Tra i vari problemi non risolti dal modello planetario il più grave era quello di non spiegare la stabilità degli atomi. Infatti, secondo la teoria di Maxwell, una carica elettrica emette onde elettromagnetiche quando viene sottoposta a un'accelerazione. Dunque gli elettroni, che orbitano attorno al nucleo per effetto di un'accelerazione centripeta, dovrebbero irraggiare e quindi perdere energia. In conseguenza di tale perdita, gli elettroni dovrebbero precipitare sul nucleo in una piccolissima frazione di secondo.

Ciò evidentemente non accade, perché gli atomi in natura sono stabili: dunque qualcosa di profondo doveva essere modificato nelle ipotesi alla base del modello planetario.

Capitolo **18** *Oltre la fisica classica*

6 L'atomo di Bohr

Attorno al 1913 tra i fisici era diffusa la convinzione che l'elettromagnetismo classico fosse sostanzialmente inadeguato a descrivere i comportamenti di sistemi su scala atomica. In particolare, i principali problemi aperti erano:

- **la quantizzazione degli scambi energetici fra radiazione e materia**: l'ottimo accordo con i dati sperimentali rendeva la teoria di Planck degna di considerazione, ma l'ipotesi fondamentale sulla quale si fondava, cioè l'esistenza di un quanto elementare di energia, era valutata in modo assai critico;
- **la quantizzazione del campo elettromagnetico**: la fiducia indotta dai successi interpretativi della teoria di Maxwell era tale che l'ipotesi del fotone di Einstein veniva praticamente ignorata nei lavori del tempo;
- **l'origine degli spettri a righe**: le lunghezze d'onda presenti in molte delle serie spettrali degli elementi erano calcolate con grande precisione mediante formule empiriche, come quella di Balmer, ma nessuno era in grado di comprenderne la ragione;
- **la stabilità dell'atomo**: il modello di Rutherford proponeva una struttura atomica semplice e in grado di spiegare vari effetti, ma era inconciliabile con la teoria elettromagnetica secondo la quale un atomo con cariche in moto risulta instabile a causa delle perdite di energia per irraggiamento.

> **SIMULAZIONE**
>
> Modelli dell'atomo di idrogeno
>
> (PhET, University of Colorado)

■ Le ipotesi del modello atomico di Bohr

Nel 1913 il danese Niels Bohr (1885-1962), uno dei padri della fisica moderna, propose un modello *semi-classico* di atomo di idrogeno basato su una originale sintesi di fisica classica e nuove ipotesi quantistiche.

Il punto di partenza fu quello di assumere la stabilità dell'atomo di Rutherford come fatto empirico: pur mancando una spiegazione teorica adeguata, gli atomi *sono* stabili. Quindi Bohr pose a fondamento della sua costruzione il seguente postulato:

> 1. nell'atomo esistono orbite stabili in cui si muove l'elettrone e che possono essere descritte mediante la fisica classica.

Per semplicità si considerano orbite circolari. L'energia dell'elettrone dipende dalla sua orbita, che avviene nel campo elettrostatico del nucleo. Fino a quando l'elettrone rimane su una data orbita, non irraggia. Quando l'elettrone passa da un'orbita a un'altra, la sua energia varia: questa variazione avviene attraverso l'emissione o l'assorbimento di un quanto di energia. Bohr postulò che

> 2. la transizione dell'elettrone da un'orbita con energia E_1 a un'orbita con energia E_2 avviene solo per assorbimento o emissione di un quanto di energia
>
> $$hf = |E_1 - E_2|$$

Gli spettri a righe indicano che l'atomo di idrogeno emette e assorbe solo fotoni con energie discrete. Questo fatto convinse Bohr dell'esistenza di una sorta di *discretizzazione* dei livelli energetici dell'atomo e quindi delle orbite possibili per l'elettrone.

Egli introdusse una condizione di quantizzazione dell'energia che possiamo così enunciare:

> 3. le energie dell'orbita dell'elettrone possono assumere solo un insieme discreto di valori
>
> $$E_1, E_2, E_3, \dots$$

Dalle ipotesi del modello deriva che le energie delle orbite elettroniche dell'idrogeno non possono assumere un valore qualsiasi. L'orbita più piccola è quella in cui l'elet-

509

Relatività e quanti

trone si muove quando l'atomo è nel suo stato fondamentale; l'energia corrispondente è

$$E_1 = -2{,}18 \cdot 10^{-18} \text{ J}$$

Osserviamo due fatti:

- l'energia totale dell'elettrone è negativa: per estrarre l'elettrone dall'atomo è necessario fornire a esso un'energia di $2{,}18 \cdot 10^{-18}$ J. Quindi l'elettrone è in uno stato legato, ossia è vincolato a muoversi attorno al nucleo;
- l'unità di misura più frequentemente utilizzata su scala atomica è l'*elettronvolt* (eV): 1 eV = $1{,}60 \cdot 10^{-19}$ J. Pertanto l'energia dello stato fondamentale è

$$E_1 = -2{,}18 \cdot 10^{-18} \text{ J} = \left(-2{,}18 \cdot 10^{-18}\right)\left(\frac{1}{1{,}60 \cdot 10^{-19}} \text{ eV}\right) = -13{,}6 \text{ eV}$$

Le altre orbite permesse all'elettrone sono quelle con le seguenti energie

$$E_n = \frac{1}{n^2}\left(-13{,}6 \text{ eV}\right)$$

con $n = 2, 3, 4 \ldots$

Per esempio, la seconda orbita ($n = 2$) permessa all'elettrone ha energia $E_2 = 1/2^2 (-13{,}6 \text{ eV}) = -3{,}40$ eV, la terza ($n = 3$) $E_3 = 1/3^2(-13{,}6 \text{ eV}) = -1{,}51$ eV e così via.

■ Livelli energetici e transizioni fra di essi

Il diagramma dei livelli energetici è una pratica rappresentazione delle energie che può avere un elettrone in un atomo.

Il livello energetico più basso, che corrisponde allo stato più legato, è detto **livello** o **stato fondamentale** e per l'idrogeno corrisponde all'energia $E_1 = -13{,}6$ eV.

Gli altri livelli sono detti **livelli** o **stati eccitati**. Al crescere di n l'elettrone è sempre meno legato al nucleo, fino a quando per $n \to \infty$ l'elettrone è libero perché la sua energia di legame tende a zero.

L'**energia di ionizzazione** è la minima energia che bisogna fornire all'elettrone per estrarlo dall'atomo e coincide con E_1: dunque per l'idrogeno il modello di Bohr prevede un'energia di ionizzazione pari a $-13{,}6$ eV, in ottimo accordo con i dati sperimentali.

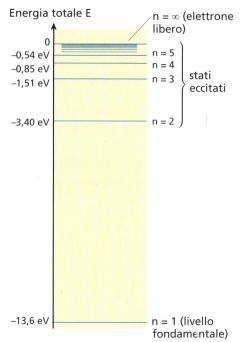

Le transizioni da un livello all'altro sono indicate con una freccia.

Nella transizione da un livello E_i a un livello E_f meno eccitato ($E_i > E_f$) viene emesso un fotone di energia

$$hf = E_i - E_f$$

La transizione da un livello E_i a un livello E_f più eccitato ($E_i < E_f$) avviene a seguito dell'assorbimento di un fotone di energia

$$hf = E_f - E_i$$

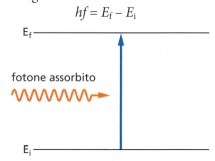

510

■ Atomi e luce

Il modello di Bohr fu prontamente esteso anche agli atomi degli altri elementi chimici e consentì di spiegare l'emissione e l'assorbimento della luce da parte degli atomi in continuità con l'ipotesi del fotone di Einstein: grazie alla quantizzazione dei livelli energetici, permise di legare tali processi alle transizioni energetiche degli elettroni all'interno dell'atomo. Secondo il modello, l'idrogeno e gli altri elementi emettono spettri a righe, formati da luce avente solo alcune frequenze e non altre, perché i loro livelli energetici sono quantizzati.

I processi di emissione e assorbimento della luce da parte di atomi e molecole sono estremamente complessi, ma in linea di principio possiamo schematizzarli mediante un esempio basato sull'atomo di sodio.

Quando viene esposto a una sorgente di energia esterna, come una scarica elettrica o una fiamma, il sodio emette una intensa luce gialla che è caratteristica di questo elemento. Puoi renderti conto di questo fenomeno gettando un pizzico di sale fino sopra una fiamma: vedrai un bagliore giallo, lo stesso che si osserva quando l'acqua salata per la pasta, contenente sodio, esce dalla pentola e cade sul fornello acceso.

La particolare luce gialla emessa dal sodio è composta da fotoni aventi energia $E = 2,11$ eV: ciò significa che nel sodio esistono due livelli energetici che differiscono proprio di 2,11 eV.

Se un atomo di sodio riceve 2,11 eV di energia dall'esterno, un suo elettrone effettua la transizione a uno stato con energia maggiore di 2,11 eV.	Dopo circa 10^{-9} s, l'elettrone effettua la transizione opposta ed emette un fotone avente un'energia di 2,11 eV.

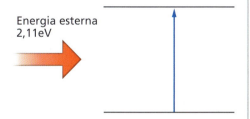 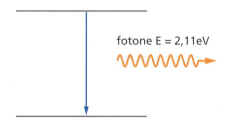

In questo modo, l'atomo ha trasformato l'energia ricevuta in luce. In generale, semplificando si può affermare che ogni processo di emissione luminosa è dovuto a una transizione in cui un elettrone salta da uno stato a energia più alta verso uno stato a energia più bassa: la differenza di queste due energie è uguale all'energia del fotone e determina la lunghezza d'onda e dunque il colore della luce emessa.

■ E la ricerca continua...

Per circa un decennio il modello di Bohr rappresentò il miglior modello atomico disponibile per comprendere la natura degli atomi e la loro interazione con la radiazione elettromagnetica. Pur manifestando evidenti limiti interpretativi, era infatti opinione diffusa che la proposta di Bohr andasse nella giusta direzione, proprio perché tentava di sviluppare idee nuove, talvolta non compatibili con la fisica classica, per illuminare il mondo nascosto degli atomi. Le implicazioni del lavoro di Bohr troveranno compiuto sviluppo in una nuova teoria fisica, la meccanica quantistica, che verrà elaborata a partire dal 1925 e che rappresenta uno dei pilastri della fisica teorica contemporanea.

Relatività e quanti

SIMULAZIONE

Luce dagli atomi

(PhET, Univerity of Colorado)

7 Processi ottici nei materiali

I materiali evidenziano caratteristiche estremamente differenziate quando sono colpiti dalla luce: per esempio, alcuni sono opachi mentre altri sono trasparenti.

I processi elementari di interazione tra fotoni e atomi o molecole danno luogo a fenomeni collettivi che a livello macroscopico distinguiamo come sintetizza il diagramma seguente.

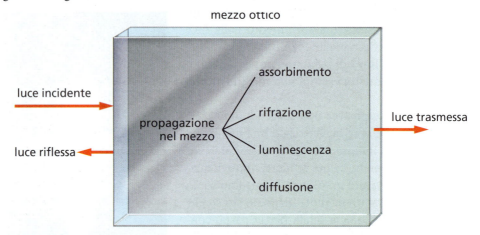

La spiegazione di questi fenomeni è estremamente complessa e richiede approfondite conoscenze di meccanica quantistica. È tuttavia possibile abbozzarne una semplice descrizione prendendo in considerazione alcuni meccanismi fondamentali che coinvolgono gli elettroni e i fotoni.

Senza alcuna pretesa di sistematicità, nel seguito ci limitiamo a proporre sintetiche risposte a domande che a volte ci poniamo nella vita di tutti i giorni.

■ Da cosa dipendono le proprietà ottiche dei materiali?

Le proprietà ottiche di un materiale differiscono da quelle dei suoi componenti atomici o molecolari a causa di vari effetti: limitiamoci ad analizzare quelli dovuti agli **spettri a bande**.

In un solido gli atomi sono densamente impacchettati: ciò fa sì che i livelli atomici si trasformino in **bande di livelli** formate da un numero enorme di livelli energetici vicinissimi.

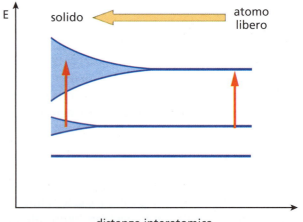

Gli elettroni del solido occupano lo stato a minore energia disponibile: pensando alle bande come a «contenitori», gli elettroni le riempiono fino a un livello massimo che determina molte delle proprietà fisiche del materiale. A temperatura prossima allo zero assoluto, gli stati di occupazione delle bande possono essere quelli indicati nella **figura** alla pagina seguente.

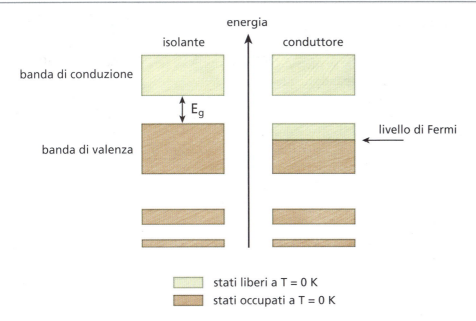

Negli isolanti la banda più esterna, detta **banda di valenza**, è totalmente riempita di elettroni; la prima banda sopra quella di valenza è detta **banda di conduzione**: le due bande sono separate da un **salto di energia** E_g.

Nei conduttori la banda più esterna è riempita fino al **livello di Fermi**, dal nome del fisico italiano Enrico Fermi (1901-1954), ma ha molti altri livelli liberi.

■ Perché i metalli sono buoni conduttori elettrici?

Per spostarsi in un solido, un elettrone legato deve ricevere energia dall'esterno ed effettuare una transizione a un livello libero. In un isolante, il primo livello libero è nella banda di conduzione, per cui la transizione è possibile solo se l'elettrone acquista un'energia maggiore di E_g. Per fornire tali energie a un elettrone di un isolante, bisogna accelerarlo con un campo elettrico estremamente intenso: per questa ragione gli isolanti come il vetro o la ceramica sono pessimi conduttori di elettricità.

Al contrario, in un conduttore sono disponibili livelli liberi sopra il livello di Fermi che sono raggiungibili per qualunque valore dell'energia fornita all'elettrone. Nei metalli basta quindi un piccolo campo elettrico per spostare gli elettroni e originare una corrente elettrica.

■ Perché i metalli riflettono la luce?

Quando un fotone incide su un metallo gli elettroni prossimi al livello di Fermi possono assorbirlo ed effettuare una transizione verso un livello libero: da questo livello decadono dopo brevissimo tempo (10^{-9} s) emettendo un fotone con la stessa energia di quello iniziale ma con direzione differente: ciò spiega la lucentezza delle superfici metalliche non ossidate.

Come effetto secondario, si ha l'opacità dei metalli: i fotoni incidenti nel visibile vengono quasi interamente assorbiti e non si propagano nel metallo.

Nel caso di argento e stagno, la mancanza di una colorazione caratteristica è dovuta al fatto che questi metalli non presentano alcun assorbimento selettivo di fotoni con energie nel visibile: i fotoni riemessi hanno la stessa distribuzione di energia di quelli incidenti e quindi la luce riflessa è molto simile a quella incidente.

Al contrario, altri metalli come il rame e l'oro hanno una colorazione marcata che si spiega come effetto dell'assorbimento di fotoni da parte degli elettroni di bande diverse da quella di conduzione. Per esempio, l'oro è giallo perché riflette i fotoni con frequenze corrispondenti al rosso-giallo, mentre assorbe quelli di frequenze maggiori caratteristici del verde-blu.

Relatività e quanti

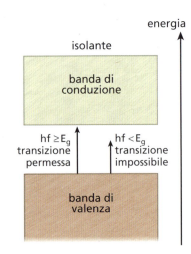

■ Perché il vetro è trasparente?

Molte sostanze isolanti come il vetro sono trasparenti, cioè trasmettono la quasi totalità della luce che incide su di esse. Questa proprietà è una diretta conseguenza della particolare struttura a bande di questi materiali.

Un fotone può essere assorbito da un elettrone solo se ha un'energia hf maggiore del salto E_g: in questo caso l'elettrone acquista un'energia sufficiente a passare dalla banda di valenza a quella di conduzione.

Al contrario, se $hf < E_g$ l'elettrone non può assorbire il fotone, che quindi si propaga all'interno del materiale.

Per il vetro l'energia E_g è maggiore dell'energia dei fotoni ottici: dunque i fotoni ottici non vengono assorbiti e attraversano il vetro che di conseguenza appare trasparente.

■ Che cosa rende colorati i materiali trasparenti?

Un materiale trasparente come il vetro appare privo di colorazione caratteristica se trasmette la luce bianca incidente senza alterarne la composizione spettrale.

Per esempio, il corindone (**foto a sinistra**) è un gemma composta da ossido di alluminio Al_2O_3 ed è trasparente poiché trasmette quasi interamente la luce visibile che incide su di esso.

Tuttavia la presenza di impurità, dovute a cause naturali durante la formazione del cristallo, può attribuire al materiale una colorazione molto netta. Nel caso del corindone, la presenza di una piccolissima quantità di cromo (meno dello 0,05%) lo trasforma nel ricercato rubino (**foto a destra**). Ciò accade perché la presenza del cromo induce un assorbimento marcato nella banda del blu e del giallo-verde, col risultato di trasmettere quasi solo il rosso, a cui si deve l'intensa colorazione della gemma.

Senza conoscerne le cause, oggi note grazie alla meccanica quantistica, gli artigiani medievali ottenevano i sorprendenti colori delle loro vetrate aggiungendo alla pasta fusa di vetro il cobalto (blu), il rame (rosso), il cromo (verde), il titanio (giallo).

Capitolo 18 Oltre la fisica classica

■ Come funziona una lampadina a basso consumo?

Le lampadine a basso consumo sfruttano il fenomeno della **fotoluminescenza** che ha luogo in alcuni materiali a seguito all'assorbimento di fotoni di alta energia.

Un elettrone del materiale assorbe un fotone e passa nella banda di conduzione. Poi effettua una transizione senza emissione di un fotone fino al livello energetico inferiore della banda di conduzione.

Se esiste uno stato libero nella banda di valenza, l'elettrone effettua una transizione verso quello stato, emettendo un fotone con energia $hf = E_g$.

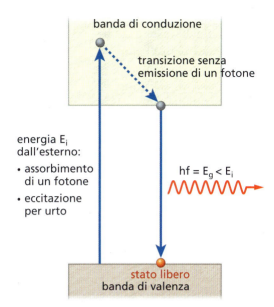

Questo meccanismo genera due effetti importanti:

- l'energia del fotone emesso è minore del salto energetico durante la transizione iniziale: la differenza fra le energie viene in genere dissipata all'interno del materiale;
- ogni materiale ha il suo spettro caratteristico, dovuto essenzialmente alla differenza di energia E_g fra le bande di conduzione e di valenza.

Analizziamo lo schema di funzionamento di una comune lampadina a luce bianca.

All'interno del tubo a vuoto sono presenti vapori di mercurio (Hg). Gli elettroni accelerati nel tubo cedono energia agli atomi di Hg, che emettono il loro spettro caratteristico, composto da due intense linee nell'ultravioletto e da una serie di linee nel visibile.

I fotoni emessi inducono fotoluminescenza nelle sostanze che rivestono l'interno del tubo, detti genericamente *fosfori*: nella lampadina presa in esame i fosfori sono una miscela di europio Eu^{++}, Eu^{+++} e terbio Tb^{+++}.

Dopo l'assorbimento di un fotone emesso dal mercurio, ciascun fosforo decade con il meccanismo visto sopra emettendo un fotone nel visibile con energia caratteristica E_g. I fosfori vengono scelti in modo che la loro emissione totale si estenda nell'intero spettro visibile.

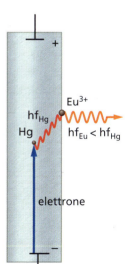
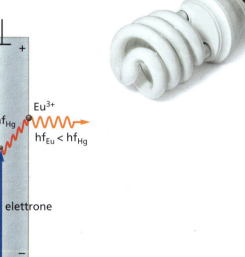

In estrema sintesi, la luce di una lampadina a basso consumo viene emessa dalle sostanze depositate nella superficie interna del tubo, che convertono in luce i fotoni ultravioletti, e dunque non visibili, emessi dal mercurio.

I concetti e le leggi

IN 3 MINUTI
$E = hf$

Quanti di energia (ipotesi di Planck)

- Un atomo e un'onda elettromagnetica di frequenza f si scambiano energia mediante quantità discrete, multiple di pacchetti di energia elementare definiti *quanti*.
- Un quanto ha energia
$$E = hf$$
dove $h = 6{,}626 \cdot 10^{-34}$ J·s è la costante di Planck.
- Un atomo può assorbire solo pacchetti di energia hf, $2\,hf$, $3\,hf$, ...

Quanti di luce o fotoni (ipotesi di Einstein)

- La radiazione elettromagnetica di frequenza f è composta da quanti elementari di energia
$$E = hf$$
- I quanti del campo elettromagnetico sono detti *fotoni*.

Spettro

- Ogni elemento presenta uno spettro proprio, che si differenzia da tutti gli altri per la disposizione e l'intensità delle righe spettrali.
- Mediante l'analisi dello spettro di emissione è possibile risalire all'elemento che lo ha prodotto.

Il modello atomico di Rutherford

- L'atomo è formato da un nucleo centrale di carica positiva Ne e da N elettroni che orbitano attorno al nucleo.
- La massa dell'atomo è concentrata nel nucleo.
- Ogni atomo è contraddistinto da un particolare numero N, che corrisponde a circa metà del peso atomico dell'elemento considerato.

Il modello atomico di Bohr

- Nell'atomo esistono orbite stabili in cui si muove l'elettrone e che possono essere descritte mediante la fisica classica.
- La transizione dell'elettrone da un'orbita con energia E_1 a un'orbita con energia E_2 avviene solo per assorbimento o emissione di un quanto di energia
$$hf = |E_1 - E_2|$$
- Le energie dell'orbita dell'elettrone possono assumere solo un insieme discreto di valori, in particolare i seguenti:
$$E_n = \frac{1}{n^2}(-13{,}6 \text{ eV})$$

Livelli energetici e transizioni

- Il livello energetico più basso viene definito *stato fondamentale*.
- I livelli superiori sono detti *stati eccitati*.
- Nella transizione da un livello a uno meno eccitato si ha l'emissione di un fotone.
- La transizione da un livello a uno più eccitato avviene a seguito dell'assorbimento di un fotone.

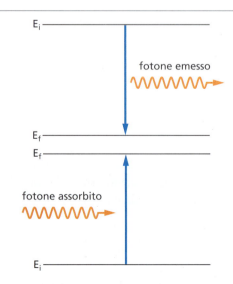

Esercizi

2 La radiazione termica

1 Un'onda elettromagnetica con frequenza pari a $f = 2,0 \cdot 10^{15}$ Hz incide su una parete di metallo. Secondo Planck radiazione e materia si scambiano pacchetti di energia $E = hf$.

▶ Calcola l'energia E di un singolo pacchetto.

▶ Esprimi il risultato in elettronvolt.

[$1,3 \cdot 10^{-18}$ J; 8,1eV]

2 Spiega in termini sintetici che cosa si intende per «catastrofe ultravioletta».

3 Il fotone ovvero la quantizzazione dell'energia

3 Stima l'energia di un fotone nel violetto ($f = 8 \cdot 10^{14}$ Hz) in elettronvolt. [3 eV]

4 La lunghezza d'onda della luce visibile varia da circa 390 nm a circa 750 nm.

▶ Quali sono i valori minimi e massimi dell'energia di un quanto della luce visibile?

[Da $2,6 \cdot 10^{-19}$ J a $5,1 \cdot 10^{-19}$ J]

ESERCIZIO GUIDATO

5 L'antenna del telefono cellulare trasmette onde elettromagnetiche a frequenza di circa 900 MHz. La potenza irraggiata, pari a circa 0,1 W, viene emessa sotto forma di fotoni.

Calcola

▶ l'energia dei singoli fotoni;

▶ il numero di fotoni emessi al secondo.

L'energia del singolo fotone è legata alla frequenza della radiazione elettromagnetica dalla relazione	$E = hf$
Dati numerici	$h = 6,626 \cdot 10^{-34}$ J·s $f = 900$ MHz $= 900 \cdot 10^6$ Hz $= 9 \cdot 10^8$ Hz $E = (6,626 \cdot 10^{-34}$ J·s$)(9 \cdot 10^8$ Hz$) = 6 \cdot 10^{-25}$ J
La potenza è l'energia irraggiata ogni secondo	$P = \dfrac{E}{t}$
quindi l'energia irraggiata in 1s è	$E = P \,(1\text{ s})$
L'energia è la somma delle energie degli n fotoni emessi	$E = n\,(6 \cdot 10^{-25}$ J$)$
da cui	$n = P\,\dfrac{(1\text{ s})}{6 \cdot 10^{-25}\text{ J}}$
Dati numerici	$P = 0,1$ W $= 0,1$ J/s
Risultato	$n = \dfrac{(0,1\text{ J/s})(1\text{ s})}{6 \cdot 10^{-25}\text{ J}} = 2 \cdot 10^{23}$

---

6 Un LED rosso emette luce con lunghezza d'onda 670 nm a una potenza di 0,5 W. Calcola

▶ l'energia dei singoli fotoni emessi;

▶ il numero di fotoni emessi in 1 s.

[$2,97 \cdot 10^{-19}$ J; $2 \cdot 10^{18}$]

Relatività e quanti

7 In un laboratorio di fisica si utilizza un laser verde a 532 nm con potenza pari a 130 mW.

▶ Quanti fotoni vengono emessi al secondo?

[$3{,}48 \cdot 10^{17}$]

8 Un fotone ha una lunghezza d'onda pari al diametro di un atomo di idrogeno (10^{-10} m).

▶ Calcola l'energia del fotone in joule e in eV.

[$2{,}0 \cdot 10^{-15}$ J, $1{,}2 \cdot 10^4$ eV]

9 La frequenza di soglia del cesio (Cs) è $4{,}6 \cdot 10^{14}$ Hz.

▶ Spiega che cosa significa «frequenza di soglia».

▶ Calcola l'energia minima dei fotoni che provocano emissione di elettroni da parte del cesio. [1,9 eV]

10 La frequenza di soglia per il tungsteno W è $1{,}1 \cdot 10^{15}$ Hz.

▶ Calcola la lunghezza d'onda massima della luce che provoca l'emissione di elettroni da parte di una placca di tungsteno. [$2{,}7 \cdot 10^{-7}$ m]

11 Una lampadina a incandescenza da 100 W emette luce uniformemente in tutte le direzioni. Assumi che la lunghezza d'onda media della luce sia 660 nm.

▶ Calcola il numero di fotoni emessi dalla lampadina in un secondo. [$3{,}3 \cdot 10^{20}$]

4 Gli spettri atomici

12 Quando la luce del Sole passa nel bordo di uno specchio molato si vedono tutti i colori.

▶ Si tratta di uno spettro a righe o di uno spettro continuo? Spiega.

13 Osserva gli spettri a pagina 506.

▶ Quale elemento ha una riga netta attorno ai 650 nm?

▶ Qual è l'energia dei fotoni emessi a quella lunghezza d'onda? [1,91 eV]

6 L'atomo di Bohr

14 Considera il diagramma dei livelli energetici dell'idrogeno (pagina 510). Spiega se un atomo di idrogeno può assorbire un fotone di energia

▶ 2,51 eV;

▶ 1,89 eV.

15 Calcola la lunghezza d'onda della luce gialla emessa dal sodio e formata da fotoni con energia 2,11 eV.

[Circa 590 nm]

16 In un atomo un elettrone passa da un livello energetico di −4,57 eV a un livello energetico di −7,45 eV.

▶ La transizione è conseguenza dell'assorbimento di un fotone oppure è causa dell'emissione di un fotone? Spiega.

▶ Calcola l'energia del fotone coinvolto.

[2,88 eV]

17 Un forno a microonde emette radiazione alla frequenza di 2,45 GHz.

▶ Stima la differenza di energia tra i due livelli atomici coinvolti nel processo. [$2 \cdot 10^{-24}$ J]

7 Processi ottici nei materiali

18 Il salto di energia E_g tra la banda di valenza e la banda di conduzione del selenio a temperatura ambiente è di 1,74 eV. Un fotone viene assorbito da un campione di selenio e un elettrone passa dalla banda di valenza alla banda di conduzione.

▶ Calcola la frequenza minima del fotone che consente questo processo. [$4{,}2 \cdot 10^{14}$ Hz]

19 Nell'arseniuro di alluminio (AlAs) la frequenza minima del fotone capace di provocare transizioni dalla banda di valenza a quella di conduzione è $5{,}2 \cdot 10^{14}$ Hz.

▶ Calcola il salto di energia. [2,2 eV]

ESERCIZIO GUIDATO

20 Un fotone di frequenza $f = 7{,}7 \cdot 10^{14}$ Hz viene assorbito da un elettrone di un campione di selenio. Nel selenio il salto di energia è 1,74 eV. L'elettrone passa dal livello di Fermi alla banda di conduzione; poi effettua transizioni non radiative, ossia senza emissione di radiazioni elettromagnetiche, verso la parte inferiore della banda di conduzione; infine torna nella banda di valenza emettendo un fotone in un processo di fotoluminescenza.

▶ Calcola la quantità di energia assorbita dal campione durante le transizioni non radiative. ▶

Capitolo 18 Oltre la fisica classica

L'energia assorbita dal campione è	$\Delta E = hf - E_g$
Utilizziamo la costante di Planck espressa in elettrovolt	$h = 4{,}14 \cdot 10^{-15} \text{ eV} \cdot \text{s}$
Dati numerici	$h = 4{,}14 \cdot 10^{-15}$ eV·s $\quad$ $f = 7{,}7 \cdot 10^{14}$ s^{-1} $\quad$ $E_g = 1{,}74$ eV
Risultato	$\Delta E = (4{,}14 \cdot 10^{-15} \text{ eV} \cdot \text{s})(7{,}7 \cdot 10^{14} \text{ s}^{-1}) - 1{,}74 \text{ eV} = 1{,}4 \text{ eV}$

21 La minima frequenza che permette una transizione degli elettroni dalla banda di valenza alla banda di conduzione nel germanio a temperatura ambiente è di $1{,}62 \cdot 10^{14}$ Hz.

▶ Calcola il salto di energia tra la banda di valenza e la banda di conduzione del germanio. **[0,67 eV]**

22 Una lastra di germanio a temperatura ambiente viene irradiata con luce di frequenza $2{,}1 \cdot 10^{14}$ Hz. Assumi che i fotoni vengano assorbiti dagli elettroni che si trovano nel livello di Fermi per transitare momentaneamente nella banda di conduzione.

▶ Calcola la frequenza dei fotoni emessi per fotoluminescenza dal germanio quando gli elettroni tornano nella banda di valenza.

(*Suggerimento*: tieni conto anche di dati dell'esercizio precedente.)

▶ Calcola quanta energia viene dissipata all'interno della lastra dopo l'emissione per fotoluminescenza di un fotone. **[1,62·10¹⁴ Hz; 0,2 eV]**

IPSE DIXIT: LE PAROLE DEI GRANDI FISICI

23 Planck

Nel saggio Nuovi orizzonti della fisica del 1913, Planck scrisse:

«*La fisica teorica odierna può far l'impressione di un vecchio e venerabile edificio che va in sfacelo, da cui un pezzo dopo l'altro si stacca e cade, mentre gli stessi muri maestri minacciano di vacillare.*
Ma così non è. Certo la struttura delle teorie fisiche sta oggi subendo delle grandi e profonde trasformazioni. Però, a guardar meglio, si rileva che non si tratta di lavori di demolizione, bensì di opere di completamento e di ampliamento; che certi pilastri vengono rimossi solo per essere ricollocati più opportunamente e più saldamente altrove, e che le vere fondamenta della teoria non furono mai tanto salde e sicure come ora.»

▶ Quali sono le «grandi e profonde trasformazioni» a cui si riferisce Planck? Enunciane alcune.

▶ Secondo te Planck ritiene che la fisica classica sia entrata definitivamente in crisi? Motiva la tua posizione.

24 Einstein

Nell'articolo del 1905 in cui introduce l'ipotesi del fotone, Einstein scrive:

«*In realtà, a me sembra che le osservazioni sulla "radiazione di corpo nero" [...] e altri fenomeni associati all'emissione o alla trasformazione della luce*

appaiano più comprensibili assumendo una distribuzione spaziale discontinua dell'energia luminosa. Secondo l'ipotesi qui considerata, quando un raggio luminoso si propaga partendo da una sorgente puntiforme l'energia non si distribuisce con continuità su volumi di spazio via via crescenti, bensì consiste in un numero finito di quanti di energia, localizzati in punti dello spazio, che si muovono senza dividersi e possono essere assorbiti o generati solo come unità intere.»

▶ Individua il punto in cui Einstein si riferisce al fotone

▶ Spiega perché le osservazioni sulla radiazione di corpo nero non sono pienamente comprensibili nella fisica classica.

25 Bohr

Nell'articolo del 1913 in cui presentò il suo modello atomico, Bohr scrisse:

«*[...] discuterò il legame degli elettroni al nucleo positivo alla luce della teoria di Planck. Dimostrerò inoltre che, adottando questo punto di vista, è possibile spiegare [...] le linee spettrali dell'idrogeno*».

▶ Spiega che cosa intende Bohr per «linee spettrali dell'idrogeno».

▶ Discuti le tre condizioni poste da Bohr alla base del proprio modello atomico. In particolare, spiega il ruolo della «teoria di Planck», ossia della quantizzazione dell'energia.

519

capitolo 19
Dai nuclei alle stelle

1 Le prime ricerche sulla radioattività

Il successo della teoria di Maxwell e le accurate indagini sulla radiazione elettromagnetica emessa dagli atomi contribuirono a promuovere negli ultimi anni dell'Ottocento un'intensa attività sperimentale rivolta a fenomeni mai esplorati prima. Nell'ambito di queste ricerche emerse un fenomeno inatteso, grazie al quale i fisici scoprirono un più profondo livello di realtà nel quale esistono e interagiscono particelle subatomiche: il regno del nucleo atomico.

■ Un fenomeno inatteso

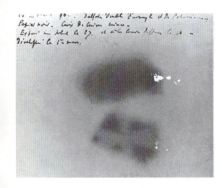

Nel 1896 Antoine Henri Becquerel scoprì che i sali di uranio emettevano radiazioni penetranti in grado di impressionare una lastra fotografica (vedi **foto**). Queste radiazioni, di cui si ignorava la natura, venivano emesse in modo spontaneo, senza che i sali fossero esposti a luce o a scariche elettriche. Ulteriori esperimenti evidenziarono che queste «emanazioni» provocavano la ionizzazione dei gas che attraversavano, ossia erano in grado di strappare elettroni dagli atomi con i quali interagivano. Gettando le basi di una nuova disciplina scientifica, la *radiochimica*, i coniugi Pierre e Marie Curie scoprirono due elementi pesanti, il radio e il polonio, che emettevano tali radiazioni. Essi avanzarono l'ipotesi che questa emissione, detta in seguito **radioattività**, fosse una proprietà dell'atomo, esattamente come il peso atomico, e non un effetto indotto da cause esterne o da legami chimici con altri atomi.

■ I raggi alfa, beta e gamma

Nel tentativo di comprenderne la natura, Rutherford indagò sperimentalmente le emanazioni di alcune sostanze radioattive e scoprì che il radio emette tre tipi distinti di radiazioni che chiamò **particelle alfa**, **beta** e **gamma**. In seguito si scoprì che tali particelle sono rispettivamente nuclei di elio, elettroni e fotoni.

Sviluppando un sistematico progetto di ricerca sui fenomeni della radioattività, Rutherford e Soddy evidenziarono che l'emissione di particelle alfa e beta trasformava l'elemento chimico iniziale in un nuovo elemento. Inoltre queste *trasmutazioni* non potevano in alcun modo essere favorite o ostacolate dall'esterno. Negli anni successivi, si affermò a poco a poco l'idea che nell'atomo vi fossero due livelli distinti: uno più superficiale e sensibile alle perturbazioni esterne, responsabile dei processi chimici e dell'emissione spettrale degli elementi, e un livello più profondo e quindi difficilmente influenzabile dall'esterno, responsabile dei processi radioattivi.

Così si gettarono le basi delle future direzioni di ricerca: la **fisica atomica** avrebbe studiato la struttura più esterna dell'atomo e dei suoi elettroni, mentre la **fisica nucleare** si sarebbe indirizzata verso l'esplorazione della parte più inaccessibile dell'atomo, il suo nucleo.

2 Il nucleo atomico

L'evidenza sperimentale dell'esistenza del nucleo atomico fu ottenuta per la prima volta attorno al 1910 da Rutherford nei suoi esperimenti sulla diffusione di particelle alfa da parte di un sottile bersaglio d'oro. Egli dimostrò che il nucleo ha carica positiva, dimensioni dell'ordine di 1 fm = 10^{-15} m e che in esso è concentrata quasi tutta la massa dell'atomo.

In quegli anni non si conoscevano particelle con caratteristiche tali da formare il nucleo: l'unica particella nota era l'elettrone, che però non poteva essere l'unico costituente della materia essendo carico negativamente. Le ricerche sperimentali dei decenni successivi, a cui lo stesso Rutherford contribuì in modo decisivo, evidenziarono che i costituenti del nucleo sono il protone e il neutrone:

- il **protone** è una particella con carica elettrica $+e = 1{,}60 \cdot 10^{-19}$ C, identica al valore assoluto della carica dell'elettrone, e massa $m_p = 1{,}672622 \cdot 10^{-27}$ kg: fu individuata da Rutherford nel 1919 con esperimenti di bombardamento di particelle alfa su elementi leggeri come l'azoto;
- il **neutrone** è una particella neutra con massa $m_n = 1{,}674927 \cdot 10^{-27}$ kg. Essendo una particella priva di carica elettrica, il neutrone non interagisce con le altre particelle cariche e quindi è molto difficile da rilevare: per questa ragione fu scoperto solo nel 1932 da James Chadwick.

■ Numero atomico e numero di massa

Il nucleo è costituito da protoni e neutroni, che sono detti collettivamente **nucleoni**: il loro numero all'interno di un nucleo ne determina le proprietà principali. Si definiscono pertanto:

- il **numero atomico** Z, cioè il numero di protoni nel nucleo;
- il **numero di neutroni** N;
- il **numero di massa** A che è il numero di nucleoni che formano il nucleo:

$$A = Z + N$$

Il numero atomico Z è il parametro ordinatore della tavola periodica degli elementi. Per indicare in modo sintetico le informazioni relative a un nucleo si scrive il simbolo del corrispondente elemento chimico con l'aggiunta dei numeri A (in alto a sinistra del simbolo) e Z (in basso a sinistra). Per esempio, la scrittura

$$^{56}_{26}\text{Fe}$$

indica il nucleo di ferro con 26 protoni e $N = A - Z = 56 - 26 = 30$ neutroni. Il protone si denota con $^{1}_{1}\text{H}$, in quanto il nucleo di idrogeno è formato solamente da un protone.

■ Gli isotopi

I nuclei con lo stesso numero atomico Z sono detti **isotopi**. Il nome deriva dal greco *isos topos*, ossia «stesso posto»: infatti gli isotopi di un dato elemento hanno lo stesso numero Z di elettroni e quindi occupano la stessa posizione nella tavola periodica degli elementi. Per esempio i due nuclei $^{56}_{26}\text{Fe}$ e $^{57}_{26}\text{Fe}$ sono due isotopi del ferro, rispettivamente con 30 e 31 neutroni.

In genere solo alcuni degli isotopi di un elemento sono stabili; quelli instabili sono detti **nuclei radioattivi** o **radionuclidi** e si trasformano in altri nuclei emettendo una o più particelle.

3 La stabilità dei nuclei

Tra i protoni del nucleo agiscono forze elettrostatiche repulsive che tendono ad allontanarli gli uni dagli altri e dunque a distruggere la struttura nucleare. Poiché in natura esistono nuclei stabili, deve esercitarsi fra i nucleoni una forza attrattiva che vince la repulsione elettrostatica e assicura la stabilità del nucleo. Questa forza attrattiva non può essere la forza gravitazionale, dato che questa è di decine di ordini di grandezza inferiore a quella elettrostatica. La stabilità del nucleo dev'essere quindi dovuta a una forza completamente nuova, osservata solo nell'interazione tra nuclei: la **forza nucleare**.

■ La forza nucleare

Le principali caratteristiche della forza nucleare sono le seguenti:

- agisce tra nucleoni e le intensità delle forze protone-protone, protone-neutrone e neutrone-neutrone sono molto simili;
- è molto intensa, di vari ordini di grandezza più della forza elettrica;
- è repulsiva quando la distanza fra i due nucleoni è inferiore a circa 0,5 fm;
- è attrattiva per distanze superiori a 0,5 fm e ha la massima intensità quando i nucleoni distano circa 1 fm;
- è una forza a corto raggio: per distanze superiori a 3 fm è praticamente nulla.

■ L'energia di legame dei nuclei

I protoni e i neutroni del nucleo sono in uno stato legato; per allontanarli in modo che non interagiscano più fra loro è necessario fornire un'energia minima detta **energia di legame** E_L del nucleo.

L'energia di legame di un nucleo è molto maggiore dell'energia con cui gli elettroni sono legati al nucleo stesso. Le energie di legame dei nuclei si esprimono in MeV. Poiché 1 eV = $1{,}6 \cdot 10^{-19}$ J, si ha

$$1 \text{ MeV} = 10^6 \text{ eV} = 1{,}6 \cdot 10^{-13} \text{ J}$$

Per valutare la stabilità dei nuclei si prende in considerazione l'**energia di legame per nucleone** E_L/A, definita come il rapporto fra l'energia di legame di un nucleo e il numero A di nucleoni che lo compongono. Un nucleo è tanto più stabile quanto più i suoi nucleoni sono legati in media agli altri, cioè tanto maggiore è la sua energia di legame per nucleone.

Il grafico mostra la curva dell'energia di legame per nucleone in funzione del numero di nucleoni, ossia il numero di massa A.

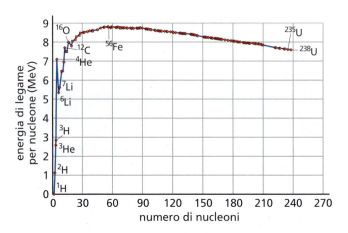

Si notano i seguenti fatti relativi all'energia di legame per nucleone:

- l'energia di legame per nucleone non è costante;
- in prima approssimazione vale circa 8 MeV per tutti i nuclei dopo il $^{12}_{6}$C;
- cresce all'aumentare del numero di massa fino al nucleo di $^{56}_{26}$Fe, per cui l'energia di legame per nucleone vale 8,79 MeV;
- decresce all'aumentare del numero di massa per gli isotopi oltre il ferro.

In base all'energia di legame si possono studiare le proprietà dei nuclei e analizzare le reazioni nucleari. I nuclei, infatti, possono dare luogo a reazioni nucleari in linea di principio simili alle reazioni chimiche che avvengono tra atomi. Nei prossimi paragrafi analizzeremo in maggior dettaglio le reazioni nucleari più importanti: la fissione e la fusione.

Fissione nucleare

Gli isotopi oltre il $^{56}_{26}$Fe si trasformano in nuclei più stabili mediante il processo di **fissione nucleare**, che consiste nella divisione di un nucleo in due frammenti, che hanno energie di legame per nucleone maggiori di quelle del nucleo originario.

Durante questo processo, il nucleo che si fissiona rilascia energia all'esterno. Questa energia è utilizzata nelle centrali nucleari per produrre energia elettrica.

Fusione nucleare

Nei nuclei leggeri ($A < 56$) un nucleone ha in media un'energia di legame minore di quella che ha un nucleo con A maggiore. Dal punto di vista energetico è quindi favorevole per due nuclei leggeri il processo di **fusione nucleare**, che consiste nell'unione dei due nuclei con il conseguente rilascio di energia.

L'energia rilasciata nei processi di fusione alimenta le stelle.

4 Le caratteristiche della radioattività

A partire dai primi esperimenti di Becquerel, i fisici hanno intensamente studiato i fenomeni connessi alla radioattività nel tentativo di comprendere prima la struttura dell'atomo e successivamente le proprietà del nucleo messo in luce dalle esperienze di Rutherford.

La radioattività consiste nella trasformazione spontanea, detta **decadimento radioattivo**, di nuclei instabili accompagnata dall'emissione di una o più particelle.

I decadimenti sono i processi spontanei con cui i nuclei instabili si trasformano in nuclei con una maggiore energia di legame, e dunque più stabili, mediante progressivi «assestamenti» del numero di protoni e di neutroni.

Esistono tre processi di decadimento distinti:

- il **decadimento alfa**, in cui viene emessa una particella alfa costituita da un nucleo di elio $^{4}_{2}$He;
- il **decadimento beta**, in cui può venire emesso un elettrone oppure un elettrone positivo detto *positrone*;
- il **decadimento gamma**, che consiste nell'emissione di radiazioni elettromagnetiche di grande energia.

In seguito a un decadimento alfa o beta, un nucleo si trasforma nel nucleo di un diverso elemento chimico. Per esempio, quando l'uranio ^{238}U decade emettendo una particella alfa si trasforma in torio ^{234}Th:

$$^{238}_{92}\text{U} \rightarrow {}^{234}_{90}\text{Th} + {}^{4}_{2}\text{He}$$

Quindi nel tempo diminuiscono i nuclei instabili presenti nel campione perché si trasformano nei nuclei di altri elementi più stabili.

Un campione di materiale radioattivo emette un flusso più o meno intenso di radiazioni: ognuna di esse proviene da un singolo decadimento per cui il loro numero

Relatività e quanti

è uguale a quello dei decadimenti che hanno luogo nel campione. La grandezza che si misura in laboratorio è l'**attività** R, ossia il numero di decadimenti al secondo. L'attività di un campione si misura in *becquerel* (Bq): 1 Bq = 1 decadimento al secondo.

Le particelle emesse a seguito di decadimenti radioattivi sono molto dannose per la salute e possono diventare letali se assorbite in dosi elevate.

■ La legge del decadimento radioattivo

L'attività di un campione radioattivo varia nel tempo secondo una legge nota come legge del decadimento radioattivo. Una delle grandezze fondamentali che compaiono in questa legge è il tempo di dimezzamento:

> il **tempo di dimezzamento** $T_{1/2}$ è l'intervallo di tempo in cui l'attività R di un campione si riduce alla metà del valore iniziale.

Il tempo di dimezzamento è una proprietà caratteristica di ogni elemento radioattivo. La proprietà fondamentale di questa grandezza è che $T_{1/2}$ rimane costante al trascorrere del tempo: dato un campione radioattivo, ogni volta che trascorre un intervallo di tempo pari a $T_{1/2}$ l'attività si dimezza, come mostrato dal grafico.

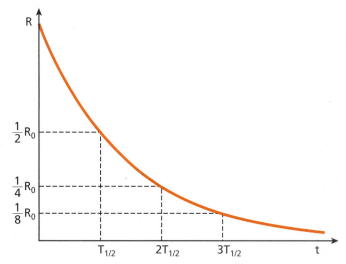

Per esempio, il tempo di dimezzamento del radio è circa 1600 anni: ciò significa che l'attività di un odierno campione contenente radio, per esempio una roccia, è la metà di quella che il campione aveva al tempo della caduta dell'Impero romano d'Occidente.

Man mano che i nuclei radioattivi decadono si trasformano in nuclei di altri elementi chimici, per cui il numero di nuclei iniziali diminuisce nel tempo. Si dimostra che il numero $N(t)$ di nuclei al tempo t decresce a partire dal numero iniziale N_0 secondo la stessa legge del decadimento radioattivo con cui cambia l'attività del campione.

■ La radiodatazione con il carbonio-14

L'isotopo $^{14}_{6}C$ del carbonio viene prodotto continuamente nell'alta atmosfera da reazioni nucleari tra l'azoto e le particelle provenienti dallo spazio (i raggi cosmici). Il $^{14}_{6}C$ è instabile e decade con un tempo di dimezzamento $T_{1/2} = 5730$ anni. Produzione e decadimento sono in equilibrio, perciò la sua concentrazione nell'atmosfera è costante e corrisponde a circa 1 atomo di $^{14}_{6}C$ ogni 10^{12} atomi di $^{12}_{6}C$.

Poiché gli isotopi sono identici dal punto di vista chimico, ogni essere vivente attraverso il suo metabolismo mantiene nei suoi tessuti la stessa concentrazione di $^{14}_{6}C$ presente nell'atmosfera. Questo equilibrio dinamico cessa quando l'organismo muore: la concentrazione di $^{14}_{6}C$ comincia a diminuire seguendo la legge del decadimento radioattivo. Misurando la concentrazione di $^{14}_{6}C$ in un tessuto organico si può quindi risalire alla data del decesso.

Capitolo 19 Dai nuclei alle stelle

■ Decadimento gamma e livelli nucleari

Il comportamento dei nuclei può essere compreso solo facendo ricorso alla meccanica quantistica. In modo del tutto analogo agli elettroni confinati nell'atomo, i nucleoni occupano stati con energia discreta all'interno del nucleo. La differenza sostanziale è nella scala energetica: le energie tipiche dei nuclei sono dell'ordine dei MeV, molto maggiori delle energie di legame degli elettroni nell'atomo.

In genere un nucleo si trova nel suo stato fondamentale, che è quello con energia totale minima. La transizione a un livello superiore avviene solo se il nucleo riceve dall'esterno un'energia pari alla differenza di energia tra i livelli iniziale e finale. In modo analogo, la transizione verso uno stato a energia minore viene accompagnata dal rilascio di un'energia uguale al salto di livello sotto forma di un fotone gamma.

Il decadimento γ è il processo mediante il quale un nucleo X in uno stato eccitato, genericamente indicato con un asterisco, decade a un livello energetico inferiore mediante l'emissione di un fotone:

$$X^* \to X + \gamma$$

Questo processo è equivalente all'emissione di fotoni da parte di un atomo. L'unica differenza è data dalle energie dei fotoni emessi: poiché la separazione fra i livelli energetici nucleari è dell'ordine del MeV, nei decadimenti γ i fotoni hanno lunghezze d'onda molto inferiori a quelle dei fotoni emessi nelle transizioni atomiche:

$$E = hf = \frac{hc}{\lambda} \Rightarrow \lambda = \frac{hc}{E} = \frac{(4{,}14 \cdot 10^{-15}\ \text{eV}\cdot\text{s})(3{,}00 \cdot 10^8\ \text{m/s})}{1 \cdot 10^6\ \text{eV}} \approx 1\ \text{pm}$$

Poiché i livelli nucleari sono discreti, lo spettro γ di un nucleo è uno spettro a righe, in cui compaiono solo le energie corrispondenti alle differenze di energia fra livelli nucleari. Nel disegno seguente i numeri posti in corrispondenza della transizione fra i livelli indicano le energie dei raggi emessi dall'uranio $^{238}_{92}\text{U}$.

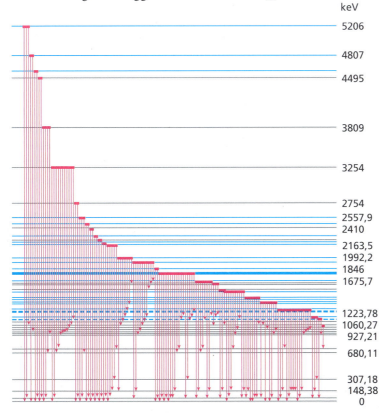

I raggi γ emessi dal $^{60}_{27}\text{Co}$ sono utilizzati per la sterilizzazione in campo medico e alimentare. Le energie dei legami molecolari coinvolti nel metabolismo dei batteri sono dell'ordine di 1 eV, mentre quelle dei raggi γ del cobalto sono oltre 1 MeV, cioè un milione di volte superiori. Di conseguenza, l'urto con un raggio γ provoca danni irreparabili al batterio.

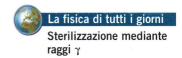

La fisica di tutti i giorni
Sterilizzazione mediante raggi γ

5 La fissione nucleare

La fissione è una reazione in cui un nucleo pesante si divide in due frammenti con il rilascio di energia. Questo processo avviene spontaneamente solo nei nuclei con $Z > 92$; per gli altri nuclei può essere indotto dall'assorbimento di un neutrone che penetra nel nucleo e ne altera la struttura.

Secondo il modello a goccia di liquido proposto nel 1939 da Niels Bohr e John Wheeler, la fissione si realizza attraverso gli stadi seguenti:

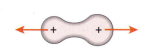

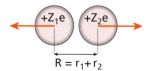

| un nucleo pesante assorbe un neutrone e oscilla come una goccia di liquido; | se si formano due lobi, questi si respingono perché entrambi positivi; | si formano due nuclei che si allontanano con grande energia cinetica. |

L'energia cinetica dei due nuclei prodotti è molto maggiore dell'energia cinetica del neutrone che ha innescato la reazione. In effetti, il ruolo del neutrone è solo quello di attivare il processo che trasforma in energia cinetica finale parte dell'energia potenziale elettrica immagazzinata dal nucleo durante la sua formazione.

Un esempio aiuta a comprendere questo punto. Supponiamo di collocare un oggetto in equilibrio instabile su una mensola: così facendo, trasferiamo energia potenziale all'oggetto. Colpendo l'oggetto con un piccolo corpo, per esempio una pallina da ping pong, questo cade sul pavimento. La grande energia cinetica dell'oggetto non proviene dall'energia cinetica (piccolissima) della pallina, ma dalla trasformazione della propria energia potenziale. Nel caso dei nuclei pesanti, la grande energia potenziale è stata fornita dall'ambiente in cui il nucleo si è formato che, come vedremo, è l'interno di una stella. Il neutrone attiva solamente la reazione, nella quale parte di questa energia potenziale si trasforma in energia cinetica dei frammenti.

■ La reazione a catena

SIMULAZIONE

Fissione nucleare

(PhET, University of Colorado)

La fissione di un nucleo di uranio rilascia un'energia decine di milioni di volte superiore a quella che si ottiene da un atomo di carbonio durante la combustione chimica. Questo dato sintetizza le speranze e i pericoli dell'energia nucleare: se da un lato infatti 1 kg di uranio può fornire la stessa energia di 20 000 tonnellate di carbone, dall'altro l'energia per unità di massa è tanto elevata da rendere estremamente difficile il suo controllo.

Ogni dispositivo che produce energia da fissione si basa su una **reazione a catena** che si autosostiene. Ogni nucleo di uranio che si fissiona emette anche 2 o 3 neutroni, che a loro volta urtano altri nuclei di uranio e ne provocano la fissione.

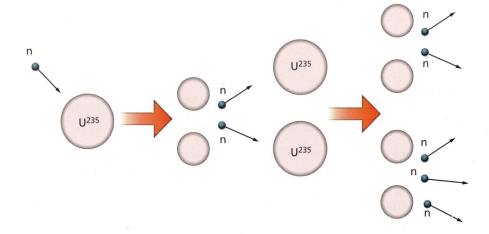

Nelle bombe atomiche, che in realtà sono bombe *nucleari*, la reazione a catena è incontrollata e provoca il rilascio quasi istantaneo di una immensa quantità di energia sotto forma di calore e radiazioni. In una bomba atomica, fra una generazione di neutroni e quella successiva passano solo alcuni istanti e l'ordigno esplode in pochi millisecondi.

Nel *reattore nucleare* di una centrale elettrica, un complesso sistema di controlli fa sì che la reazione a catena proceda a velocità costante: la potenza generata dal materiale fissile viene rimossa dal reattore e trasformata in energia elettrica.

6 Le centrali nucleari

Le centrali elettriche di tipo termico sono impianti nei quali una sorgente di energia viene utilizzata per produrre vapore mediante il quale si aziona un alternatore per la produzione di energia elettrica. Le centrali nucleari sono particolari centrali termiche in cui si sfrutta l'energia rilasciata dalla fissione di elementi pesanti come l'uranio o il plutonio.

Lo schema seguente illustra i principi di funzionamento di una centrale nucleare.

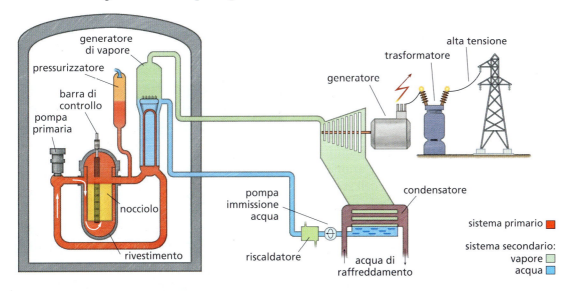

All'interno del reattore, barre di materiale fissile, tipicamente ^{235}U, generano energia termica che viene rimossa dall'acqua del circuito idraulico primario. Mediante un generatore di vapore, il calore rilasciato dal circuito primario trasforma in vapore l'acqua del circuito idraulico secondario. Il vapore mette in azione le turbine che forniscono energia meccanica all'alternatore il quale la converte in energia elettrica.

Grazie a un condensatore che utilizza l'acqua prelevata da una sorgente esterna come un fiume o il mare, il vapore si trasforma in acqua che viene pompata nuovamente ad alta pressione verso il generatore di vapore.

■ Energia dal nucleo

Il materiale fissile utilizzato nei reattori nucleari è ottenuto dall'uranio naturale mediante complessi procedimenti chimico-fisici. Un reattore di potenza media, paragonabile a quella di una centrale a carbone, necessita di circa 200 t di uranio naturale ogni anno e produce circa 10^{17} J di energia, in grado di soddisfare le esigenze di circa mezzo milione di utenze domestiche.

Nel caso di una centrale elettrica alimentata a carbone, per produrre la stessa energia servirebbero circa 2 milioni di tonnellate di carbone. Il maggior impatto ambientale è dato dalla CO_2 immessa ogni anno nell'atmosfera, oltre alle ceneri contenenti elementi radioattivi e metalli pesanti.

I problemi ambientali di una centrale nucleare sono legati principalmente al ciclo del combustibile nucleare.

I nuclei che si formano in una reazione di fissione sono instabili e decadono col tempo emettendo particelle alfa, elettroni e fotoni molto energetici detti raggi gamma. I prodotti di fissione sono pertanto nuclei altamente radioattivi che rimangono nelle barre di combustibile esausto. La loro pericolosità è dovuta alle particelle emesse, che hanno energie tali da alterare o distruggere la struttura delle molecole presenti nelle cellule e quindi provocare danni biologici irreparabili.

Le barre di combustibile esausto devono essere rimosse periodicamente dall'interno del nocciolo e costituiscono le scorie nucleari. Il trattamento e soprattutto lo stoccaggio di queste scorie presenta problemi ancora irrisolti, legati alla radioattività residua dei materiali presenti, con tempi di dimezzamento molto lunghi.

Una tipica centrale nucleare produce in un anno approssimativamente 50 t (circa 10 m^3) di scorie radioattive delle quali circa 30 t (3 m^3) di ossido di uranio UO_2. Il problema del confinamento definitivo delle scorie radioattive è ancora irrisolto. I grandi progetti di stoccaggio in siti sotterranei, come quello statunitense della Yukka Mountain nel Nevada, sono in una fase di stallo a causa dei problemi ambientali e di sicurezza che si devono affrontare e risolvere.

■ Gli incidenti di Fukushima

Gli incidenti alle centrali nucleari di Fukushima sono stati causati dal surriscaldamento del combustibile. L'11 marzo 2011 alle 14.46 si verificò un terremoto di magnitudo 9,0 al largo delle coste orientali del Giappone: in quel momento i reattori 1, 2 e 3 erano in funzione, i reattori 5 e 6 erano spenti mentre le circa 6400 barre di combustibile esausto del reattore 4 erano immagazzinate in una piscina di raffreddamento. I sistemi di sicurezza spensero le unità 1, 2 e 3 e attivarono i generatori diesel della centrale per azionare le pompe di ricircolo dell'acqua, in modo da assicurare la rimozione del calore prodotto all'interno dei reattori e della piscina.

Dopo 41 minuti un'onda di tsunami alta 15 m superò i muri di protezione della centrale, alti solo 5 m, e mandò fuori uso i generatori elettrici esterni. In assenza di raffreddamento, l'aumento della temperatura nel reattore provocò l'evaporazione dell'acqua con conseguente surriscaldamento delle barre di combustibile. Il rivestimento di zirconio delle barre reagì con il vapore producendo idrogeno che, a contatto con l'ossigeno dell'aria, diede luogo a una serie di esplosioni negli edifici dei reattori 1, 2 e 3.

Le esplosioni eiettarono nell'ambiente esterno una grande quantità di materiali radioattivi come iodio ^{131}I e cesio ^{137}Cs, mentre l'acqua utilizzata per il raffreddamento disperse le stesse sostanze in mare. Si ritiene che i noccioli dei reattori 1, 2 e 3 contengano ammassi fusi di combustibile e altri materiali a temperature molto elevate.

7 La fusione nucleare

Tra le reazioni nucleari che coinvolgono nuclei leggeri, particolare importanza rivestono le **reazioni di fusione**. La fusione è una reazione in cui due o più nuclei leggeri si combinano per formare un nucleo più pesante.

Poiché l'energia di legame per nucleone cresce fino al $^{56}_{26}Fe$, il nucleo prodotto nella reazione ha un'energia di legame maggiore della somma delle energie di legame dei nuclei iniziali. Le reazioni di fusione rilasciano quindi energia all'esterno sotto forma di creazione di nuove particelle e di energia cinetica dei prodotti della reazione.

Come esempio, riportiamo una delle reazioni fondamentali nella produzione di energia all'interno delle stelle: si tratta della reazione di fusione fra due deutoni (un deutone è il nucleo di un atomo di deuterio ^2_1H) in cui si formano un nucleo di elio ^3_2He e un neutrone:

$$^2_1H + ^2_1H \rightarrow ^3_2He + n$$

Il processo di fusione è ostacolato dalla repulsione coulombiana tra le cariche positive dei nuclei. Per farli avvicinare tanto da innescare la reazione i nuclei devono muoversi a grandissima velocità e avere quindi grandissime energie cinetiche. Ricordando che la temperatura di un gas è proporzionale all'energia cinetica delle sue molecole, concludiamo che le reazioni di fusione hanno luogo solo a temperature elevatissime.

■ La fusione termonucleare

La fusione nucleare rilascia un'enorme quantità di energia. Il primo uso di tale energia avvenne per scopi militari: a partire dagli anni Cinquanta, si diede inizio allo sviluppo di bombe nucleari a fusione (le *bombe H*) con capacità distruttive spaventose fino a 60 Megaton (l'equivalente di 60 milioni di tonnellate di esplosivo). Per confronto, le bombe che distrussero Hiroshima e Nagasaki erano «solo» da 20 kiloton.

L'impiego civile di questa energia presuppone che si riesca a ottenere un processo di fusione controllata in una regione di spazio contenente una miscela di deuterio e trizio. A temperature elevatissime il moto di agitazione termica fornisce l'energia cinetica necessaria per innescare la reazione, che nel caso della fusione $^2_1H + ^2_1H$ è circa 30 keV: la temperatura deve quindi essere superiore a 10^8 K. Per questo motivo si parla di **fusione termonucleare**.

A quelle temperature la materia si presenta sotto forma di **plasma**, un gas ionizzato composto da elettroni negativi e ioni positivi e complessivamente neutro.

Per utilizzare l'energia di fusione si deve mantenere confinato il plasma (che ha temperature oltre 10 volte maggiori dell'interno del Sole) in una regione limitata di spazio senza alcun contatto con la materia ordinaria e con una densità tale da garantire un tasso costante di reazioni.

Nel metodo di confinamento magnetico, il plasma viene confinato a bassa pressione mediante campi magnetici all'interno di un contenitore a forma di ciambella dett *tokamak* (in **foto** il tokamak dell'esperimento JET) e portato alla temperatura di innesco dall'energia rilasciata da flussi di particelle iniettate dall'esterno e da campi elettromagnetici ad alta frequenza.

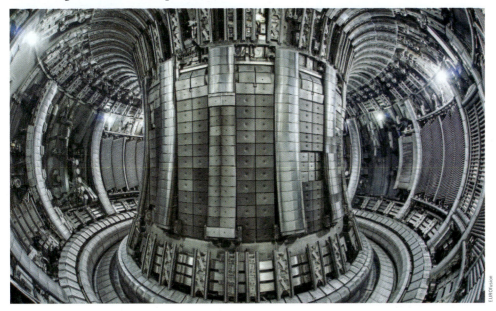

La comunità scientifica ripone grandi speranze nel reattore sperimentale a confinamento magnetico chiamato ITER attualmente in costruzione a Cadarache, nella Francia del Sud.

8 Elementi di fisica stellare

Osservando le stelle si ha l'impressione intuitiva che siano corpi molto luminosi, simili al Sole, e che siano molto distanti. Ma il fatto che siano così differenti dai corpi con cui abbiamo a che fare sulla Terra rende estremamente complesso capirne la vera natura.

I fisici giunsero alla comprensione profonda dei princìpi di funzionamento di una stella meno di un secolo fa, grazie agli sviluppi della fisica nucleare.

■ Che cos'è una stella?

In termini schematici una stella è un corpo che soddisfa due condizioni: viene tenuto assieme dalla sua stessa gravità e irraggia energia che produce al suo interno. Lo stato di una stella è conseguenza dell'equilibrio dinamico fra due tendenze contrapposte: la contrazione indotta dall'attrazione gravitazionale e la dilatazione per effetto dell'energia prodotta al suo interno.

La forma quasi sferica della stella si deve alla simmetria della forza di gravità, mentre la sua **luminosità** L, definita come l'energia totale irradiata nell'unità di tempo, è una conseguenza dei processi energetici che avvengono in essa.

Le caratteristiche fondamentali di una stella, come la luminosità e il tipo di evoluzione a cui va incontro, dipendono solo dalla sua massa. Analizziamo il caso di stelle simili al Sole.

■ L'origine delle stelle simili al Sole

La struttura e l'evoluzione di una stella sono intimamente correlate. Una stella simile al Sole si forma per effetto della contrazione gravitazionale di una nube di gas simile a quelle fotografate nella Nebulosa della Carena NGC 3372.

Queste gigantesche nubi hanno dimensioni di vari anni luce e sono composte quasi totalmente di idrogeno e di elio a temperatura di circa -260 °C e a densità così bassa che in quelle condizioni l'aria contenuta nei nostri polmoni occuperebbe circa 5 km^3. L'attrazione gravitazione fra atomi e molecole fa contrarre la nube verso il centro, aumentando la densità e la temperatura nel nucleo più interno della nube, che diventa opaco e assorbe la radiazione termica emessa. In circa un milione di anni il continuo accrescimento del nucleo centrale, dovuto alla cattura gravitazionale dei gas della nube, porta alla formazione di una protostella. In questa fase la protostella è ancora avvolta da gas e polveri che assorbono la radiazione visibile prodotta al suo interno e ne impediscono l'osservazione.

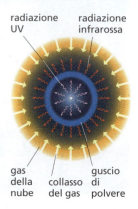

Nell'immagine seguente l'arco scuro della nebulosa M78 ospita oltre 40 protostelle.

■ La fusione nucleare all'interno delle stelle

Quando l'addensamento nella parte centrale del nucleo raggiunge circa un quinto della massa solare, nella protostella inizia l'attività di fusione nucleare. A partire da questo stadio, l'evoluzione della stella è determinata dalle reazioni nucleari al suo interno e dagli effetti che queste provocano sulla struttura stellare.

La prima conseguenza dell'attività nucleare è l'aumento della pressione interna, che fa cessare la contrazione gravitazionale e garantisce alla stella una condizione di equilibrio che, nel caso del Sole, dura alcuni miliardi di anni.

Durante questa fase, i processi di fusione all'interno del nucleo stellare generano energia che fluisce verso la superficie da dove viene irraggiata nello spazio sotto forma di onde elettromagnetiche.

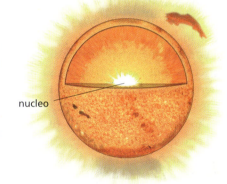

Nella prima fase di vita della stella, l'energia viene prodotta da reazioni di fusione tra nuclei di idrogeno. A seguito di una catena di fusioni, detta **ciclo p-p**, quattro nuclei di idrogeno si fondono dando luogo a un nucleo di elio e rilasciando una grande quantità di energia. Queste fusioni avvengono all'interno del nucleo della stella, dove la temperatura è maggiore del valore di innesco, o valore di soglia, che è di circa 4 milioni di kelvin.

Nel Sole, questi processi assicurano il 99% dell'intera potenza emessa, che è pari alla luminosità $L = 3{,}85 \cdot 10^{27}$ W emessa dalla superficie.

■ La nucleosintesi

L'evoluzione di una stella può essere interpretata come una successione di stadi in cui le «ceneri» dello stadio precedente diventano il «combustibile» dello stadio successivo.

Man mano che procede il ciclo p-p, avviene gradualmente una sequenza di fenomeni che modifica l'equilibrio della stella: il nucleo si impoverisce di nuclei di idrogeno, le reazioni di fusione hanno luogo con una probabilità minore e cala la produzione di energia che assicurava la temperatura e la pressione necessarie per equilibrare il peso degli strati esterni della stella.

Di conseguenza la pressione degli strati superiori comprime il nucleo della stella e ne aumenta la temperatura: si creano le condizioni per l'innesco di reazioni che utilizzano le «ceneri» del ciclo p-p, cioè l'elio, come combustibile nucleare per un nuovo ciclo di trasmutazioni.

La **tabella** seguente illustra in modo schematico la sequenza di cicli che hanno luogo durante la fase stabile della vita di una stella. Gli elementi prodotti in un ciclo divengono il combustibile che alimenta le reazioni nucleari del ciclo successivo. Con il procedere dei cicli sono necessarie temperature sempre più grandi perché avvengano le reazioni di fusione.

Combustibile nucleare	Temperatura di innesco	Prodotti di reazione
H	$4 \cdot 10^6$ K	He
He	$1 \cdot 10^8$ K	C, O
C	$6 \cdot 10^8$ K	O, Ne, Na, Mg
O	$1 \cdot 10^9$ K	Mg, S, P, Si
Si	$3 \cdot 10^9$ K	Fe, Co, Ni

La durata di ogni ciclo, e quindi la vita della stella, dipendono solo dalla massa iniziale della stella. Con masse simili a quella del Sole, una stella produce energia con il ciclo p-p per circa 10 miliardi di anni, mentre una stella con massa 100 volte quella del Sole conclude il suo ciclo stabile in meno di 1 milione di anni, come nel caso della stella Eta Carinae.

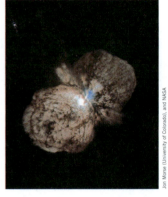

Nella vita di una stella si realizza la **nucleosintesi**, cioè quell'insieme di processi attraverso i quali vengono creati tutti gli elementi chimici a partire dall'idrogeno iniziale.

Lungo il succedersi delle fasi di equilibrio, la stella si arricchisce di elementi di massa sempre maggiore. Le reazioni di fusione rilasciano energia fino a quando i prodotti di reazione sono i nuclei di ferro $^{56}_{26}$Fe che, come discusso nel paragrafo 3, hanno la massima energia di legame per nucleone. A questo stadio la stella contiene tutti gli elementi fino al ferro.

La nucleosintesi continua solo nelle stelle con massa maggiore di quella solare. Per ottenere nuclei con $A > 56$ mediante reazioni di fusione è necessaria una fonte di energia esterna: queste reazioni non possono avvenire spontaneamente, per cui la stella rimane priva della sorgente di energia che ne sosteneva la struttura e implode sotto l'effetto della attrazione gravitazionale. Se la massa della stella non è troppo elevata, l'aumento di temperatura dovuto all'implosione riesce a contrastare il moto di caduta verso l'interno: si arriva a una situazione in cui il nucleo della stella diviene «incomprimibile» e gli strati in moto «rimbalzano» su di esso. Questo moto verso l'esterno eietta nello spazio gli strati più esterni della stella, come nel caso di NGC 2440.

Durante queste fasi si formano i nuclei più pesanti del ferro mediante un processo detto **cattura neutronica**: in presenza di flussi intensi di neutroni, i nuclei hanno una grande probabilità di catturare un neutrone, aumentando di volta in volta la loro massa.

Al termine della sua evoluzione, la stella rilascia nello spazio tutti gli elementi che ha formato a partire dall'idrogeno presente nella nube iniziale.

Gli elementi chimici presenti sulla Terra sono il risultato di questo grandioso processo di nucleosintesi avvenuto in stelle che sono esplose prima della formazione del Sistema Solare.

Capitolo **19** Dai nuclei alle stelle

I concetti e le leggi

↖ IN 3 MINUTI

La legge del decadimento radioattivo

Nucleo atomico

- È costituito da protoni e neutroni, che sono detti collettivamente *nucleoni*.
- Il numero di protoni nel nucleo è detto numero atomico Z.
- Il numero di neutroni si indica con N.
- Il numero di nucleoni di cui è costituito un nucleo è detto numero di massa A:

$$A = Z + N$$

- I nuclei aventi lo stesso numero atomico Z sono detti *isotopi*.

Forza nucleare

- Agisce tra i nucleoni.
- È una forza molto intensa.
- È repulsiva se la distanza tra i nucleoni è inferiore a 0,5 fm.
- È attrattiva se la distanza tra i nucleoni è superiori a 0,5 fm.
- È una forza a corto raggio: per distanze superiori a 3 fm si annulla.

Energia di legame

- È l'energia minima che bisogna fornire per allontanare i nucleoni in modo che non interagiscano più fra loro.
- È molto maggiore dell'energia (di natura elettrica) che lega gli elettroni al nucleo.

Energia di legame per nucleone

- È il rapporto tra l'energia di legame di un nucleo e il numero di nucleoni che lo compongono: E_L/A.
- Fornisce un'indicazione sulla stabilità del nucleo di un elemento: un nucleo è tanto più stabile quanto maggiore è la sua energia di legame per nucleone.

Decadimento radioattivo

È una trasformazione spontanea di nuclei instabili accompagnata dall'emissione di una o più particelle. Esistono tre processi di decadimento:
- il *decadimento alfa*, in cui viene emessa una particella alfa (nucleo di elio ^4_2He);
- il *decadimento beta*, in cui viene emesso un elettrone oppure un positrone (elettrone positivo);
- il *decadimento gamma*, che consiste nell'emissione di radiazioni elettromagnetiche.

Attività di un campione

- È il numero di decadimenti al secondo.
- Si misura in *bequerel* (Bq).

Legge del decadimento radioattivo

- Ogni elemento radioattivo è caratterizzato da un *tempo di dimezzamento* $T_{1/2}$.
- Il tempo di dimezzamento è l'intervallo di tempo in cui l'attività di un campione si riduce alla metà del valore iniziale.
- In un campione radioattivo, ogni volta che trascorre un tempo $T_{1/2}$ l'attività si dimezza.

Fissione nucleare

- È una reazione spontanea in cui un nucleo pesante si divide in due frammenti rilasciando energia.
- Avviene spontaneamente solo per nuclei con $Z > 92$.

Fusione nucleare

- È una reazione in cui due o più nuclei leggeri si combinano per formare un nucleo più pesante rilasciando energia.
- Necessita di temperature molto elevate per essere innescata.

Relatività e quanti

Esercizi

2 Il nucleo atomico

1 Quanti neutroni contiene l'isotopo $^{63}_{29}$Cu del rame?

[34]

2 Cerca il radio nella tavola periodica e individua il suo numero atomico Z.

▶ Determina il numero di neutroni presenti in un nucleo di radio con numero di massa $A = 226$.

[138]

3 Supponi di aver fornito sufficiente energia a un nucleo di nichel $^{60}_{28}$Ni affinché i suoi costituenti siano completamente separati l'uno dall'altro.

▶ Determina le masse complessive dei protoni e dei neutroni ottenuti.

[$4,7 \cdot 10^{-26}$ kg; $5,4 \cdot 10^{-26}$ kg]

3 La stabilità dei nuclei

4 Il raggio di un nucleo può essere stimato con la formula

$$r = r_0 \, A^{1/3}$$

dove $r_0 \approx 1,2$ fm.

▶ Stima quanto vale il raggio di un nucleo di oro ($A = 197$). [7,0 fm]

ESERCIZIO GUIDATO

5 Per separare completamente i nucleoni del nucleo di carbonio ^{12}C sono necessari $1,6 \cdot 10^{-11}$ J.

▶ Esprimi questa energia in MeV.

▶ Calcola l'energia di legame per nucleone del ^{12}C.

Poiché 1 eV = $1,6 \cdot 10^{-19}$ J	1 MeV = 10^6 eV = 10^6 ($1,6 \cdot 10^{-19}$ J) = $1,6 \cdot 10^{-13}$ J
La conversione da J a MeV è data quindi da	$1 \text{ J} = \dfrac{1}{1,6 \cdot 10^{-13}} \text{ MeV}$
Risultato	$E_L = 1,6 \cdot 10^{-11} \text{ J} = 1,6 \cdot 10^{-11} \left(\dfrac{1}{1,6 \cdot 10^{-13}} \text{ MeV} \right) = 100 \text{ MeV}$
Il nucleo di ^{12}C è formato da $A = 12$ nucleoni, pertanto l'energia di legame per nucleone è	$\dfrac{E_L}{A} = \dfrac{100 \text{ MeV}}{12} = 8,3 \text{ MeV}$

---

6 Un nucleo di oro ^{197}Au ha un'energia di legame di $2,4 \cdot 10^{-10}$ J. Calcola

▶ l'energia di legame in MeV;

▶ l'energia di legame per nucleone.

[1500 MeV; 7,6 MeV/nucleone]

7 L'energia di legame di una particella alfa è circa 28,26 MeV. Calcola

▶ l'energia di legame per nucleone;

▶ quanta energia (in joule) è necessaria per separare i 4 nucleoni che la compongono.

[7,065 MeV/nucleone; $4,52 \cdot 10^{-12}$ J]

8 Utilizza il grafico di pagina 522 per stabilire se sono più legati tra loro i nucleoni nel nucleo di ^{56}Fe o di ^{235}U.

9 Utilizza il grafico di pagina 522 per stimare l'energia di legame di

▶ un nucleo di ^{16}O;

▶ un nucleo di ^{238}U.

4 Le caratteristiche della radioattività

10 Un nucleo di polonio ^{210}Po decade emettendo una particella alfa.

▶ Stabilisci in quale nucleo si trasforma. [^{206}Pb]

534

Capitolo 19 Dai nuclei alle stelle

11 Vari dispositivi medici, come per esempio le siringhe, sono sterilizzati mediante irraggiamento con raggi gamma emessi da un isotopo radioattivo del cobalto, il ^{60}Co, che ha un tempo di dimezzamento $T_{1/2} = 5{,}27$ anni.

▶ Quanto tempo deve trascorrere perché l'attività di un dato campione contenente ^{60}C si riduca a un quarto di quella iniziale, pari a $R_0 = 10$ kBq?

[10,5 anni]

12 L'attività di un campione radioattivo si dimezza in 12 ore.

▶ Quanto tempo bisogna attendere perché l'attività diventi un quarto di quella iniziale? [24 ore]

13 Un campione di radon ^{222}Rn ha un'attività di 10^4 Bq. Tale isotopo ha un tempo di dimezzamento di 3,823 giorni.

▶ Calcola in quanti minuti l'attività del campione si riduce a 2500 Bq. [11 000 min]

14 Una sorgente radioattiva ha il tempo di dimezzamento di 2,0 minuti. All'istante iniziale, un contatore Geiger (un apparecchio rilevatore di decadimenti radioattivi) posto vicino alla sorgente rileva 3000 decadimenti al secondo.

▶ Quanti decadimenti al secondo vengono rilevati dopo 10 minuti? [94]

15 Il cesio ^{132}Cs ha un tempo di dimezzamento $T_{1/2} = 5{,}6 \cdot 10^5$ s. Un campione per usi medici viene utilizzato una settimana dopo essere stato creato.

▶ Durante questo intervallo di tempo, di quanto si è ridotta la sua attività? [Si è circa dimezzata]

16 Il cobalto ^{60}Co è un radioisotopo utilizzato nella sterilizzazione delle attrezzature mediche. Il suo tempo di dimezzamento è $T_{1/2} = 1925$ giorni.

▶ Spiega come puoi stabilire che sulla Terra non è più presente ^{60}Co creatosi durante la formazione del Sistema Solare, avvenuta circa 4,5 miliardi di anni fa.

17 Circa lo 0,013% del potassio è formato dall'isotopo radioattivo ^{40}K che ha un tempo di dimezzamento $T_{1/2} = 4{,}1 \cdot 10^{16}$ s.

▶ Esprimi $T_{1/2}$ in anni.

Gli integratori salini contengono potassio.

▶ Secondo te, è possibile misurare la variazione di attività del potassio contenuto in una bustina nell'arco di una settimana? Spiega.

[1,3 miliardi di anni; no...]

5 La fissione nucleare

18 La fissione di un nucleo di uranio libera circa 200 MeV di energia.

▶ Quante fissioni sono necessarie per ottenere il rilascio di 1,0 J di energia?

▶ A quanti grammi di uranio corrispondono?

[$3{,}1 \cdot 10^{10}$; circa 10^{-11} g]

ESERCIZIO GUIDATO

19 Considera la seguente reazione di fissione:

$$n + {}^{235}_{92}U \rightarrow {}^{141}_{56}Ba + {}^{k}_{36}X + 3n$$

È noto che nella reazione rimangono invariati il numero totale di neutroni e di protoni e la carica elettrica totale.

▶ Calcola il valore di k.
▶ Stabilisci a quali elemento appartiene l'isotopo X.

Il numero totale di nucleoni rimane invariato nella reazione	$A_i = A_f$
Nel membro di sinistra della reazione nucleare vi sono	$A_i = 1 + 235 = 236$ nucleoni ▶

535

Relatività e quanti

Invece tra i prodotti di reazione vi sono	$A_f = 141 + k + 3 = 144 + k$ nucleoni
Sostituendo nella prima equazione	$236 = 144 + k$
Risultato	$k = 236 - 144 = 92$ L'elemento chimico con $Z = 36$ è il kripton.

20 L'assorbimento di un neutrone da parte di un nucleo di uranio ^{235}U provoca la seguente reazione di fissione

$$n + {}^{235}_{92}U \to {}^{95}_{42}X + {}^{139}_{k}Z + 2n$$

È noto che nella reazione rimangono invariati il numero totale di neutroni e di protoni e la carica elettrica totale.

▶ Calcola il valore di k.

▶ Consulta la tavola periodica degli elementi e stabilisci a quali elementi appartengono gli isotopi X e Z.   [50; molibdeno Mo e stagno Sn]

7 La fusione nucleare

21 La fusione di due nuclei di deuterio rilascia 3,27 MeV di energia.

▶ Calcola quanta energia rilascerebbe la fusione di 2 mol di deuterio, circa 4 g.

La combustione di 1 kg di benzina produce $4,0 \cdot 10^7$ J.

▶ Quanta benzina bisognerebbe bruciare per ottenere la stessa energia calcolata al punto precedente.
           [$3,15 \cdot 10^{11}$ J; 7,9 t]

22 La potenza irraggiata dal Sole ($3,8 \cdot 10^{26}$ W) viene prodotta quasi interamente da reazioni di fusione in cui 4 protoni generano un nucleo di elio ^{4}He, liberando circa 26 MeV di energia.

▶ Calcola quanti nuclei di ^{4}He si formano in media ogni secondo all'interno del Sole.   [$9,1 \cdot 10^{37}$]

23 Affinché la fusione di due nuclei di deuterio abbia luogo, ciascuno di essi deve avere un'energia cinetica di almeno 400 keV. La massa del deuterio è 2,014102 u.

▶ Calcola la velocità dei due nuclei.

▶ A quale percentuale della velocità della luce corrisponde?   [$6,2 \cdot 10^6$ m/s; 2%]

IPSE DIXIT: LE PAROLE DEI GRANDI FISICI

24 Marie Curie

Nel 1911, in occasione del conferimento del Premio Nobel per la chimica, Marie Curie affermò:

«*L'importanza del radio dal punto di vista delle teorie generali è stata decisiva. La storia della scoperta e dell'isolamento di questa sostanza ha fornito la prova della mia ipotesi, secondo cui la radioattività è una proprietà atomica*».

▶ Perché Marie Curie si riferisce alla radioattività come a una «proprietà atomica» e non una proprietà «nucleare»?

25 Otto Hahn

Il tedesco Otto Hahn, che vinse il Premio Nobel per aver scoperto il fenomeno della fissione nucleare nel 1938, così scrisse di Enrico Fermi:

«*L'italiano Enrico Fermi fu il primo che capì la grande importanza dei neutroni per le reazioni nucleari, poiché previde che queste particelle neutre possono penetrare nei nuclei atomici senza essere respinte dalla carica positiva*».

▶ Spiega perché Fermi non pensò di provocare la fissione di un nucleo usando un altro nucleo come proiettile.

26 Albert Einstein

Convinto della possibilità che i fisici nazisti costruissero un ordigno sfruttando la radioattività, nell'agosto del 1939 Einstein scrisse al Presidente degli Stati Uniti d'America D. Roosevelt

«*... è probabile [...] che sia diventato possibile dare luogo a una reazione nucleare a catena in una grande massa di uranio, per mezzo della quale sarebbero generate grandi quantità di energia. Ora sembra quasi certo che ciò possa essere realizzato nell'immediato futuro [...]. Questo fenomeno condurrebbe anche alla costruzione di bombe*».

▶ Perché Einstein menziona esplicitamente il fenomeno della reazione a catena?

▶ Ricerca informazioni sul Progetto Manhattan, per mezzo del quale gli Stati Uniti costruirono le bome atomiche sganciate su Hiroshima e Nagasaki.

PHYSICS IN ENGLISH

SYMBOLS

IN SYMBOLS	IN WORDS	EXAMPLES	
+	plus, add	$a + b$	a *plus* b
−	minus, take away, substract	$a - b$	a *minus* b
±	plus or minus		
× · (dot product)	times, multiplied by	$a \times b$ $a \cdot b$	ab, a *times* b ab, a *times* b
÷	divided by	$\dfrac{a}{b}$	a *over* b, a *divided by* b in fractions, *a* is called the *numerator* and b the *denominator*
$\dfrac{...}{...}$ (vinculum or fraction bar)		how to read fractions $\dfrac{1}{2}, \dfrac{5}{2}, \dfrac{2}{3}, \dfrac{7}{10}, \dfrac{\pi}{4}, ...$	one half, five halves, two thirds, seven tenths, pi over four, ...
=	is equal, equals, is	$a = b$ $1 + 2 = 3$	a *equals* b or a *is equal* to b one plus two *is* (*equals*) three
≈	is approximately equal to		
≠	is not equal to	$a \neq b$	a is *different from* b, a is *not equal to* b
< > ≪ ≫ ≥ ≤	inequality signs	$a < b$ $a > b$ $a \ll b$ $a \gg b$ $a \geq b$ $a \leq b$	a is (strictly) *less than* b a is (strictly) *greater than* b a is *much less than* b a is *much greater than* b a is *greater than or equal to* b a is *less than or equal to* b
%	percent	5 %	five *percent*

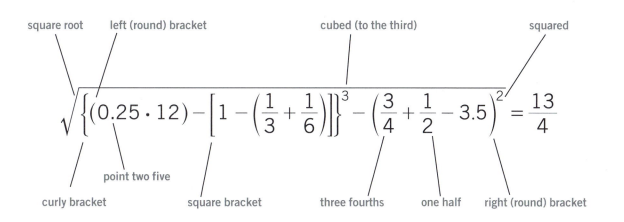

A1

PHYSICS IN ENGLISH

FORMULAE

SUBJECT	IN SYMBOLS	IN WORDS
Colulomb's law	$F = k_0 \dfrac{Q_1 Q_2}{r^2}$	The electrostatic force acting simultaneously between two point charges is equal to the product of the proportionality constant k_0, the charges Q_1 and Q_2, and the reciprocal of the square of the separation distance r of the point charges.
Permittivity of free space	$k_0 = \dfrac{1}{4\pi\varepsilon_0}$	The proportionality constant k_0 (also known as the Coulomb force constant) is equal to the reciprocal of the product of four pi and the permittivity of free space ε_0 (also known as the electric constant).
	$\varepsilon = \varepsilon_0 \varepsilon_r$	The absolute permittivity of a dielectric medium equals the product of the relative permittivity of the material ε_r and the permittivity of free space ε_0.
Electric field	$\vec{E} = \dfrac{\vec{F}}{q_0}$	The intensity of an electric field equals the ratio of the force that would be experienced by a stationary point charge (known as the test charge) to the charge q_0 of the test particle.
Electric field of a point charge	$E = \dfrac{1}{4\pi\varepsilon_0} \dfrac{Q}{r^2}$	The contribution to the electric field at a point in space due to a single point charge located at another point in space is equal to the product of the reciprocal of four pi multiplied by the permittivity of free space ε_0, the charge of the particle creating the electric force Q, and the reciprocal of the square of the separation distance r of the point charge to the evaluation point of the electric field.
Electric potential energy	$U = \dfrac{1}{4\pi\varepsilon_0} \dfrac{Q_1 Q_2}{r}$	The electric or electrostatic potential energy of charge Q_1 in the potential of charge Q_2 is equal to the product of the reciprocal of four pi multiplied by the permittivity of free space ε_0, the charges Q_1 and Q_2, and the reciprocal of the separation distance r of the point charges.
Electric potential	$V = \dfrac{U}{q_0}$	The electric potential at a point equals the ratio of the electric potential energy U of a charged particle at that location to the charge q_0 of the particle.
Electric potential of a point charge	$V = \dfrac{1}{4\pi\varepsilon_0} \dfrac{Q}{r}$	The electric potential created by a point charge equals the product of the reciprocal of four pi multiplied by the permittivity of free space ε_0, the charge Q, and the reciprocal of the distance r from the charge.
Capacitors	$Q = CV$	The magnitude of the charge stored on each plate in a parallel-plate capacitor equals the product of its capacitance C and the potential difference V between the plates.
Energy stored in a capacitor	$U = \dfrac{1}{2} CV^2$	The energy stored in a parallel-plate capacitor equals half the capacitance C multiplied by the square of the potential difference V between the plates.
Current	$i = \dfrac{\Delta Q}{\Delta t}$	The electric current in a medium equals the electric charge transferred through a surface ΔQ over a time interval Δt.
Ohm's first law	$\Delta V = iR$	The potential difference across two points in a conductor equals the current in the conductor i multiplied by the electrical resistance R of the conductor.

SUBJECT	IN SYMBOLS	IN WORDS
Ohm's second law	$R = \rho \dfrac{L}{A}$	The electrical resistance R of a conductor equals the resistivity ρ of the material multiplied by the ratio of the length L and the cross section area A of the material.
Electric power	$P = i^2 R$	The electrical power dissipated in a resistor equals the square of the electric current i flowing through the resistor multiplied by the resistance R of the resistor.
Magnetic field produced by an infinitely long straight wire carrying a current (Biot-Savart law)	$B = \dfrac{\mu_0 i}{2 \pi r}$	The magnitude of the magnetic field at a point due to an infinitely long wire carrying current equals the product of the magnetic permeability μ_0 of free space and the current i in the wire divided by the product of two pi and the distance r of the evaluation point from the wire.
Gauss law	$\Phi_\Omega(\vec{E}) = \dfrac{Q_{tot}}{\varepsilon_0}$	The electric flux through a closed surface equals the ratio of the total charge Q_{tot} enclosed by the surface to the permittivity of free space ε_0.
Gauss law for a magnetic field	$\Phi_\Omega(\vec{B}) = 0$	The magnetic flux through a closed surface Ω is zero. The law is often referred to as a statement of the «absence of free magnetic poles».
Generalised Ampère's law	$\Gamma_\gamma(\vec{B}) = \mu_0 \left(\sum_i i_i + \varepsilon_0 \dfrac{\Delta \Phi(\vec{E})}{\Delta t} \right)$	For an electric field that varies with time the circulation of the magnetic field around a closed path γ is equal to the product of the magnetic permeability μ_0 of free space and the sum of the currents that penetrate through the surface bounded by the path γ and the displacement current: the product of the permittivity of free space ε_0 and the rate of change of electric flux through the surface bounded by the path γ.
Faraday-Neumann law	$emf = -\dfrac{\Delta \Phi(\vec{B})}{\Delta t}$	When a circuit, whose material does not change over time, is subjected to a constant magnetic field, an electromotive force is induced which is equal to the change in the magnetic flux over time. The induced emf opposes the change in the magnetic flux hence the minus sign.
Time dilation equation	$\Delta t = \dfrac{\Delta t_0}{\sqrt{1 - \dfrac{v^2}{c^2}}} = \gamma \Delta t_0$	An interval of time Δt measured between two instances in the moving frame equals the product of the Lorentz factor γ and the corresponding time interval Δt_0 as measured in the rest frame.
Length contraction formula	$\Delta x = \sqrt{1 - \dfrac{v^2}{c^2}} \Delta x_0 = \dfrac{\Delta x_0}{\gamma}$	A distance Δx measured between two points in the direction of motion of a moving frame equals the distance between the points when the frame is at rest Δx_0 divided by the Lorentz factor γ.
Rest energy	$E_0 = m_0 c^2$	The total internal energy of a body at rest is equal to the product of its rest mass m_0 (also called invariant mass) and the square of the speed of light.
Energy of a photon	$E = hf$	The energy of a photon is equal to the product of the Planck constant h and the frequency f of its associated electromagnetic wave.

A3

Indice analitico

A

alternatore, 459
ampere (unità di misura), 397
– definizione operativa, 437
Ampère-Maxwell, legge di, 466
Ampère, teorema di, 441
antenna, 469
arco conduttore, 383
armature (condensatore), 380
atomo, 365
– di Bohr, 509
– modelli, 507-10
– nucleo, 365, 508, 521
– spettro, 505-7
aurore boreali, 433
autoinduzione, 458-9
azione a distanza, 370, 474-5

B

Biot-Savart, legge di, 436

C

calamita, 428
campo
– elettrico, 370
– – circuitazione, 378-9
– – di un condensatore piano, 380
– – di una carica puntiforme, 371
– – flusso, 373
– – indotto, 463-4
– – linee di forza, 371-2
– elettromagnetico, 467
– magnetico, 429-431
– – circuitazione, 440-442, 466
– – direzione e verso, 429
– – flusso, 442, 456
– – generato da un filo, 435
– – generato da un solenoide, 437-8
– – indotto, 465-6
– – intensità, 431
– – linee di forza, 430
– – terrestre, 430-1
capacità di un condensatore, 381
carbonio-14, 524
carica
– di prova, 370
– elettrica, 362, 364
– – conservazione, 365
– – quantizzazione, 365
centrali nucleari, 527-8
circuitazione
– del campo elettrico indotto, 464
– del campo elettrostatico, 378-9
– del campo magnetico, 440-2, 466
circuito, 400
– con resistori, 405
– – in parallelo, 405
– – in serie, 405
– indotto, 452
– induttore, 452
– primario (trasformatore), 462
– risoluzione di un, 409
– secondario (trasformatore), 462
condensatore, 380
– capacità, 381
conduttore, 366, 380, 513
– arco, 383
– ohmico, 402
– proprietà elettrostatiche, 380
conduzione
– banda di, 513
– elettroni di, 397

– nei metalli, 397
connessioni
– in parallelo, 405
– in serie, 405
conservazione della carica, 365
contrazione delle lunghezze, legge di, 493
corpo nero, 502
corrente, 396
– alternata, 460
– – valore efficace, 461
– continua, 397
– di Foucault, 457-8
– di spostamento, 466
– elettrica, 397
– – intensità, 397, 402
– – nei gas, 412-3
– – nei liquidi, 411-2
– indotta, 454
– – verso, 456
– parassita, 457
– partitori di, 407
costante di Planck, 503
cottura a induzione, 457-8
coulomb (unità di misura), 365
– definizione operativa, 437
Coulomb, legge di, 368

D

datazione con il carbonio-14, 524
decadimento
– alfa, 523
– beta, 523
– gamma, 523, 525
– radioattivo, 523
– – legge del, 524
differenza di potenziale, 377
dilatazione dei tempi, legge di, 491
dimezzamento, tempo di, 524
domìni di Weiss, 439
dualismo ondulatorio-corpuscolare della luce, 505

E

effetto
– fotoelettrico, 505
– Joule, 403
elettrizzazione
– per contatto, 367
– per induzione, 367
– per strofinio, 362-3
elettromagnete, 440
elettroni, 365, 507-11, 523
– di conduzione, 397
elettroscopio, 364
energia
– a riposo, 494
– dal nucleo, 527
– di ionizzazione, 510
– di legame, 522
– – per nucleone, 522
– equivalenza con la massa, 494
– immagazzinata in un condensatore, 381
– potenziale elettrica, 374-5
– quantizzazione, 504
equazioni di Maxwell, 467, 475
equivalenza massa-energia, 494

F

farad (unità di misura), 381
Faraday-Neumann, legge di, 455-6, 464, 467
Faraday, gabbia di, 380
ferromagnetismo, 428, 439

– origine microscopica, 439
fisica
– classica, 486, 500-1
– stellare, 530
fissione nucleare, 523, 526
flusso
– del campo magnetico, 442, 456
– del campo elettrico, 373
forza
– di Lorentz, 432
– elettrica, 363, 368, 370
– – vs forza gravitazionale, 369
– elettromotrice, 399
– – alternata, 460
– – indotta, 454
– linee di, 372, 465, 474-5
– – del campo elettrico, 372
– – del campo magnetico, 430
– magnetica, 432, 436
– – tra fili percorsi da corrente, 436
– nucleare, 522
Foucault, correnti di, 457-8
frequenza di soglia, 505
fulmini, 413
fusione nucleare, 523, 528-9, 531-2

G

Galvani, Luigi, 382-3
gauss (unità di misura), 431
Gauss, teorema di
– per il campo magnetico, 442, 467
– per il campo elettrico, 373-4, 467
generatore di tensione, 398-400
– forza elettromotrice, 399
– resistenza interna, 410-1

I

induzione
– cottura a, 457
– elettrizzazione per, 367
– elettromagnetica, 452, 455, 474
– legge dell', 455
intensità
– del campo magnetico, 431-2
– di corrente elettrica, 397, 402
– di radiazione, 501-3
ionizzazione, 412, 510
– energia di, 510
isolanti, 366, 513-4
isotopi, 521-2

J

Joule, effetto, 403

K

kilowattora (unità di misura), 400-1

L

legge
– del decadimento radioattivo, 524
– di Ampère-Maxwell, 466
– di Biot-Savart, 436
– di contrazione delle lunghezze, 493
– di Coulomb, 368
– di dilatazione dei tempi, 491
– di Faraday-Neumann, 455-6, 464, 467
– di Lenz, 457
– di Ohm
– – prima, 402
– – seconda, 402-3
– di Planck, 503-4
– di Rayleigh-Jeans, 502-3
Lenz, legge di, 457

linee di forza, 372
– del campo elettrico, 371-2
– del campo magnetico, 430
Lorentz, forza di, 432
luce
– dualismo ondulatorio-corpuscolare, 505
– quanti di, 504
– velocità della, 467, 475, 487
– – costanza, 487

M

magnete, 428-9
– campo magnetico, 430-1
massa
– equivalenza con l'energia, 494
– numero di, 521
Maxwell, equazioni di, 467, 475
messa a terra, 368
microonde, 471
modello atomico, 507-10
– di Bohr, 509
– di Rutherford, 507-8
– di Thomson, 507
– planetario, 508
motore elettrico, 433-64

N

neutrone, 521
nucleo
– atomico, 365, 508, 521
– di una stella, 531-2
– radioattivo, 522
nucleosintesi, 532
numero
– atomico, 521
– di massa, 521
– di neutroni, 521

O

Oersted, esperienza di, 435, 474
ohm (unità di misura), 402
Ohm
– prima legge di, 402
– seconda legge di, 402-3
onde
– elettromagnetiche, 467-70
– radio, 470-1

P

particelle
– alfa, 507-8, 520, 523
– beta, 520
– gamma, 520
piani cottura a induzione, 457-8
Planck
– costante di, 503
– legge di, 503-4
plasma, 529
poli magnetici, 428-9
positrone, 523
potenza
– dissipata in un conduttore, 403-4
– elettrica, 400
potenziale
– differenza di, 377
– elettrico, 376
– – di una carica puntiforme, 376
protone, 365, 521

Q

quanti
– di energia, 504
– di luce, 504

quantizzazione
– del campo elettromagnetico, 504, 509
– dell'energia, 502-4, 509
– della carica elettrica, 365

R

radiazione
– infrarossa, 471
– termica, 501-3
– ultravioletta, 472
– visibile, 471
radioattività, 520-1, 523-4
radiodatazione con il carbonio-14, 524
radionuclidi, 522
raggi
– cosmici, 524
– gamma, 473
– X, 473
raggio d'azione infinito, 368, 371
rapporto di trasformazione, 462
Rayleigh-Jeans, legge di, 502-3
reattore nucleare
– a fissione, 527
– a fusione, 529
reazione nucleare
– a catena, 526
– di fissione, 526
– di fusione, 528-9
relatività
– del tempo, 489
– dello spazio, 493
– principio di, 487
resistenza, 402, 404
– equivalente, 405-6
– interna di un generatore, 410-1
resistività, 403
resistori, 402, 405
– in parallelo, 405
– – resistenza equivalente, 407
– in serie, 405
– – resistenza equivalente, 406

S

simultaneità, 488
sostanze
– diamagnetiche, 438
– ferromagnetiche, 439
– paramagnetiche, 438
spettro
– atomico, 505-6
– – a righe, 506
– – continuo, 506
– elettromagnetico, 470

T

tempo di dimezzamento, 524
tensione alternata, 459-61
– valore efficace, 461
teorema
– di Ampère, 441
– di Gauss per il campo magnetico, 442, 467
– di Gauss per il campo elettrico, 373-4, 467
tesla (unità di misura), 431
tokamak, 529
trasformatore, 462

V

valore efficace
– di una tensione alternata, 461
– di una corrente alternata, 461
velocità della luce, 467, 475, 487
– costanza, 487
verso
– del campo magnetico, 429-30
– della corrente indotta, 456
volt (unità di misura), 376-7

W

Weiss, domìni di, 439

Tavola periodica degli elementi

Legenda:
- Numero atomico → **26 Fe** → Simbolo
- Peso atomico → 58,85
- Configurazione elettronica esterna → $3d^6 4s^2$

Elementi di transizione (blocco d) · blocco s · blocco p · blocco f

PERIODO	GRUPPO I	GRUPPO II	3	4	5	6	7	8	9	10	11	12	GRUPPO III	GRUPPO IV	GRUPPO V	GRUPPO VI	GRUPPO VII	GRUPPO VIII
1	1 **H** 1,01 $1s^1$																	2 **He** 4,00 $1s^2$
2	3 **Li** 6,94 $2s^1$	4 **Be** 9,01 $2s^2$											5 **B** 10,81 $2p^1$	6 **C** 12,01 $2p^2$	7 **N** 14,01 $2p^3$	8 **O** 16,00 $2p^4$	9 **F** 19,00 $2p^5$	10 **Ne** 20,18 $2p^6$
3	11 **Na** 22,99 $3s^1$	12 **Mg** 24,31 $3s^2$											13 **Al** 26,98 $3p^1$	14 **Si** 28,09 $3p^2$	15 **P** 30,97 $3p^3$	16 **S** 32,07 $3p^4$	17 **Cl** 35,45 $3p^5$	18 **Ar** 39,95 $3p^6$
4	19 **K** 39,10 $4s^1$	20 **Ca** 40,08 $4s^2$	21 **Sc** 44,96 $3d^1 4s^2$	22 **Ti** 47,88 $3d^2 4s^2$	23 **V** 50,94 $3d^3 4s^2$	24 **Cr** 52,00 $3d^5 4s^1$	25 **Mn** 54,94 $3d^5 4s^2$	26 **Fe** 55,85 $3d^6 4s^2$	27 **Co** 58,93 $3d^7 4s^2$	28 **Ni** 58,69 $3d^8 4s^2$	29 **Cu** 63,55 $3d^{10} 4s^1$	30 **Zn** 65,39 $3d^{10} 4s^2$	31 **Ga** 69,72 $4p^1$	32 **Ge** 72,61 $4p^2$	33 **As** 74,92 $4p^3$	34 **Se** 78,96 $4p^4$	35 **Br** 79,90 $4p^5$	36 **Kr** 83,80 $4p^6$
5	37 **Rb** 85,47 $5s^1$	38 **Sr** 87,62 $5s^2$	39 **Y** 88,96 $4d^1 5s^2$	40 **Zr** 91,22 $4d^2 5s^2$	41 **Nb** 92,91 $4d^4 5s^1$	42 **Mo** 95,94 $4d^5 5s^1$	43 **Tc** (98) $4d^5 5s^2$	44 **Ru** 101,07 $4d^7 5s^1$	45 **Rh** 102,91 $4d^8 5s^1$	46 **Pd** 106,42 $4d^{10} 5s^6$	47 **Ag** 107,87 $4d^{10} 5s^1$	48 **Cd** 112,41 $4d^{10} 5s^2$	49 **In** 114,82 $5p^1$	50 **Sn** 118,71 $5p^2$	51 **Sb** 121,76 $5p^3$	52 **Te** 127,60 $5p^4$	53 **I** 126,90 $5p^5$	54 **Xe** 131,29 $5p^6$
6	55 **Cs** 132,91 $6s^1$	56 **Ba** 137,33 $6s^2$	57 **La** 138,91 $5d^1 6s^2$ *	72 **Hf** 178,49 $5d^2 6s^2$	73 **Ta** 180,95 $5d^3 6s^2$	74 **W** 183,85 $5d^4 6s^2$	75 **Re** 186,21 $5d^5 6s^2$	76 **Os** 190,2 $5d^6 6s^2$	77 **Ir** 192,22 $5d^7 6s^2$	78 **Pt** 195,08 $5d^9 6s^1$	79 **Au** 196,97 $5d^{10} 6s^1$	80 **Hg** 200,59 $5d^{10} 6s^2$	81 **Tl** 204,36 $6p^1$	82 **Pb** 207,2 $6p^2$	83 **Bi** 208,98 $6p^3$	84 **Po** (209) $6p^4$	85 **At** (210) $6p^5$	86 **Rn** (222) $6p^6$
7	87 **Fr** (223) $7s^1$	88 **Ra** 226,03 $7s^2$	89 **Ac** 227,03 $6d^1 7s^2$ †	104 **Rf** (261) $6d^2 7s^2$	105 **Db** (262) $6d^3 7s^2$	106 **Sg** (266) $6d^4 7s^2$	107 **Bh** (264) $6d^5 7s^2$	108 **Hs** (269) $6d^6 7s^2$	109 **Mt** (268) $6d^7 7s^2$	110 (271)	111 (272)	112 (277)		114 (289)		116 (289)		118 (293)

Lantanidi (*)

57	58 **Ce** 140,12 $5d^1 4f^1 6s^2$	59 **Pr** 140,91 $4f^3 6s^2$	60 **Nd** 144,24 $4f^4 6s^2$	61 **Pm** (145) $4f^5 6s^2$	62 **Sm** 150,36 $4f^6 6s^2$	63 **Eu** 151,96 $4f^7 6s^2$	64 **Gd** 157,25 $5d^1 4f^7 6s^2$	65 **Tb** 158,93 $5d^1 4f^8 6s^2$	66 **Dy** 162,50 $4f^{10} 6s^2$	67 **Ho** 164,93 $4f^{11} 6s^2$	68 **Er** 167,26 $4f^{12} 6s^2$	69 **Tm** 168,93 $4f^{13} 6s^2$	70 **Yb** 173,04 $4f^{14} 6s^2$	71 **Lu** 174,97 $5d^1 4f^{14} 6s^2$

Attinidi (†)

89	90 **Th** 232,04 $6d^2 7s^2$	91 **Pa** 231,04 $5f^2 6d^1 7s^2$	92 **U** 238,03 $5f^3 6d^1 7s^2$	93 **Np** 237,05 $5f^4 6d^1 7s^2$	94 **Pu** (244) $5f^6 6d^0 7s^2$	95 **Am** (243) $5f^7 6d^0 7s^2$	96 **Cm** (247) $5f^7 6d^1 7s^2$	97 **Bk** (247) $5f^8 6d^1 7s^2$	98 **Cf** (251) $5f^{10} 6d^0 7s^2$	99 **Es** (252) $5f^{11} 6d^0 7s^2$	100 **Fm** (257) $5f^{12} 6d^0 7s^2$	101 **Md** (258) $5f^{13} 6d^0 7s^2$	102 **No** (259) $5f^{14} 6d^0 7s^2$	103 **Lr** (262) $5f^{14} 6d^1 7s^2$

Il Sistema Internazionale di Unità

Grandezze fondamentali		
Grandezza fisica	**Unità di misura**	**Simbolo**
Lunghezza	metro	m
Massa	kilogrammo	kg
Intervallo di tempo	secondo	s
Intensità di corrente	ampere	A
Temperatura	kelvin	K
Intensità luminosa	candela	cd
Quantità di sostanza	mole	mol

Prefissi per le unità di misura					
Nome	**Simbolo**	**Fattore**	**Nome**	**Simbolo**	**Fattore**
exa	E	10^{18}	deci	d	10^{-1}
peta	P	10^{15}	centi	c	10^{-2}
tera	T	10^{12}	milli	m	10^{-3}
giga	G	10^{9}	micro	μ	10^{-6}
mega	M	10^{6}	nano	n	10^{-9}
kilo	k	10^{3}	pico	p	10^{-12}
etto	h	10^{2}	femto	f	10^{-15}
deca	da	10^{1}	atto	a	10^{-18}

Costanti fondamentali

Nome della costante	Simbolo	Valore
costante di gravitazione universale	G	$6{,}67 \cdot 10^{-11}\ (\mathrm{N \cdot m^2})/\mathrm{kg^2}$
temperatura standard (0 °C)	T_0	$273{,}15$ K
costante dei gas perfetti	R	$8{,}315$ J/(mol·K)
costante di Boltzmann	k_B	$1{,}38 \cdot 10^{-23}$ J/K
numero di Avogadro	N_A	$6{,}02 \cdot 10^{23}\ (\mathrm{mol})^{-1}$
velocità della luce nel vuoto	c	$2{,}9979 \cdot 10^{8}$ m/s
costante dielettrica del vuoto	ε_0	$8{,}854 \cdot 10^{-12}$ F/m
permeabilità magnetica del vuoto	μ_0	$4\pi \cdot 10^{-7}$ N/A^2
carica elementare	e	$1{,}60 \cdot 10^{-19}$ C
massa dell'elettrone	m_e	$9{,}11 \cdot 10^{-31}$ kg
massa del protone	m_p	$1{,}673 \cdot 10^{-27}$ kg
massa del neutrone	m_n	$1{,}675 \cdot 10^{-27}$ kg
costante di Planck	h	$6{,}63 \cdot 10^{-34}$ J·s
raggio di Bohr	a_0	$5{,}292 \cdot 10^{-11}$ m
magnetone di Bohr	ε_B	$9{,}274 \cdot 10^{-24}$ A·m^2

Dati relativi al sistema solare

Nome	Raggio equatoriale (km)	Massa (relativa a quella della Terra)	Densità media (kg/m^3)	Gravità alla superficie (relativa a quella della Terra)	Semiasse maggiore dell'orbita 10^6 km	Semiasse maggiore dell'orbita U.A.	Velocità di fuga (km/s)	Periodo di rivoluzione (anni)	Eccentricità dell'orbita
Mercurio	2440	0,0553	5430	0,38	57,9	0,387	4,2	0,240	0,206
Venere	6052	0,816	5240	0,91	108,2	0,723	10,4	0,615	0,007
Terra	6370	1	5510	1	149,6	1	11,2	1,000	0,017
Marte	3394	0,108	3930	0,38	227,9	1,523	5,0	1,881	0,093
Giove	71492	318	1360	2,53	778,4	5,203	60	11,86	0,048
Saturno	60268	95,1	690	1,07	1427,0	9,539	36	29,42	0,054
Urano	25559	14,5	1270	0,91	2871,0	19,19	21	83,75	0,047
Nettuno	24776	17,1	1640	1,14	4497,1	30,06	24	163,7	0,009

A8